"十四五"职业教育国家规划教材

国家职业教育网络技术专业
教学资源库配套教材

Linux网络操作系统配置与管理（第3版）

▶主　编　许　斗　夏跃武
▶副主编　钱　峰　李　敏　陶维成
　　　　　陶玉贵　胡　明　水　勇
　　　　　黄　莺

中国教育出版传媒集团
高等教育出版社·北京

内容提要

本书为"十四五"职业教育国家规划教材,同时为国家职业教育网络技术专业教学资源库配套教材。

本书以 Red Hat Enterprise Linux 8 操作系统为平台,选取面向职业岗位的内容及案例,采用项目导向的方式组织教学内容。全书共设置 14 个项目,主要内容包括 Linux 操作系统的基础知识、Linux 操作系统的基本管理和服务器的搭建与维护,详细介绍 Linux 操作系统的基本概念、常用命令、系统管理、服务器配置等知识。

本书配有微课视频、课程标准、教学设计、授课用 PPT、案例素材、习题库等丰富的数字化学习资源。与本书配套的数字课程在"智慧职教"平台(www.icve.com.cn)上线,学习者可登录平台在线学习,授课教师可调用本课程构建符合自身教学特色的 SPOC 课程,详见"智慧职教"服务指南。教师也可发邮件至编辑邮箱 1548103297@qq.com 获取相关教学资源。

本书为高等职业院校计算机网络技术等相关专业的教材,也可作为 Linux 培训教材以及 Linux 爱好者的自学参考书。

图书在版编目(CIP)数据

Linux 网络操作系统配置与管理 / 许斗,夏跃武主编. --3 版. --北京:高等教育出版社,2023.8(2024.4 重印)
ISBN 978-7-04-059756-1

Ⅰ. ①L… Ⅱ. ①许… ②夏… Ⅲ. ①Linux 操作系统-高等职业教育-教材 Ⅳ. ①TP316.89

中国国家版本馆 CIP 数据核字(2023)第 008763 号

Linux Wangluo Caozuo Xitong Peizhi yu Guanli

策划编辑	吴鸣飞	责任编辑 吴鸣飞	封面设计 李沛蓉	版式设计	于 婕
责任绘图	易斯翔	责任校对 高 歌	责任印制 刁 毅		

出版发行	高等教育出版社		网 址	http://www.hep.edu.cn
社 址	北京市西城区德外大街 4 号			http://www.hep.com.cn
邮政编码	100120		网上订购	http://www.hepmall.com.cn
印 刷	北京玥实印刷有限公司			http://www.hepmall.com
开 本	787 mm×1092 mm 1/16			http://www.hepmall.cn
印 张	19		版 次	2015 年 1 月第 1 版
字 数	380 千字			2023 年 8 月第 3 版
购书热线	010-58581118		印 次	2024 年 4 月第 2 次印刷
咨询电话	400-810-0598		定 价	53.50 元

本书如有缺页、倒页、脱页等质量问题,请到所购图书销售部门联系调换
版权所有 侵权必究
物 料 号 59756-00

"智慧职教" 服务指南

"智慧职教"（www.icve.com.cn）是由高等教育出版社建设和运营的职业教育数字教学资源共建共享平台和在线课程教学服务平台，与教材配套课程相关的部分包括资源库平台、职教云平台和 App 等。用户通过平台注册，登录即可使用该平台。

● 资源库平台：为学习者提供本教材配套课程及资源的浏览服务。

登录"智慧职教"平台，在首页搜索框中搜索"Linux 网络操作系统配置与管理"，找到对应作者主持的课程，加入课程参加学习，即可浏览课程资源。

● 职教云平台：帮助任课教师对本教材配套课程进行引用、修改，再发布为个性化课程（SPOC）。

1. 登录职教云平台，在首页单击"新增课程"按钮，根据提示设置要构建的个性化课程的基本信息。

2. 进入课程编辑页面设置教学班级后，在"教学管理"的"教学设计"中"导入"教材配套课程，可根据教学需要进行修改，再发布为个性化课程。

● App：帮助任课教师和学生基于新构建的个性化课程开展线上线下混合式、智能化教与学。

1. 在应用市场搜索"智慧职教 icve" App，下载安装。

2. 登录 App，任课教师指导学生加入个性化课程，并利用 App 提供的各类功能，开展课前、课中、课后的教学互动，构建智慧课堂。

"智慧职教"使用帮助及常见问题解答请访问 help.icve.com.cn。

总　序

国家职业教育专业教学资源库是教育部、财政部为深化高职院校教育教学改革，加强专业与课程建设，推动优质教学资源共建共享，提高人才培养质量而启动的国家级建设项目。2011年，网络技术专业被教育部确定为国家职业教育专业教学资源库立项建设专业，由深圳信息职业技术学院主持建设网络技术专业教学资源库。

2012年初，网络技术专业教学资源库建设项目正式启动建设。按照教育部提出的建设要求，建设项目组聘请了哈尔滨工业大学张乃通院士担任资源库建设总顾问，确定了深圳信息职业技术学院、江苏经贸职业技术学院、湖南铁道职业技术学院、黄冈职业技术学院、湖南工业职业技术学院、深圳职业技术学院、重庆电子工程职业学院、广东轻工职业技术学院、广东科学技术职业学院、长春职业技术学院、山东商业职业技术学院、北京工业职业技术学院和芜湖职业技术学院等30余所院校以及思科系统（中国）网络技术有限公司、英特尔（中国）有限公司、杭州H3C通信技术有限公司等28家企事业单位作为联合建设单位，形成了一支学校、企业、行业紧密结合的建设团队。建设团队以"合作共建、协同发展"理念为指导，整合全国院校和相关国内外顶尖企业的优秀教学资源、工程项目资源和人力资源，以用户需求为中心，构建资源库架构，融学校教学、企业发展和个人成长需求为一体，倾心打造面向用户的应用学习型网络技术专业教学资源库，圆满完成了资源库建设任务。

自项目启动以来，本套教材的项目建设团队深入调研企业的人才需求，研究专业课程体系，梳理知识技能点，充分结合资源库数字化教学内容，以建设代表国家职业教育特色的开放、共享型专业教学资源库配套教材为目标，紧跟我国职业教育改革的步伐，构建了以职业能力为依据，专业建设为主线，课程资源为核心，多元素材为支撑的体系架构。在"互联网+"的时代背景下，以线上线下混合教学模式推动信息技术与教育教学深度融合，助力专业人才培养目标的实现，对推动专业教学改革，提高专业人才的培养质量，促进职业教育教学方法与手段的改革起到了一定的积极作用。

本套教材是国家职业教育网络技术专业教学资源库的重要成果之一，也是资源库课程开发成果和资源整合应用实践的重要载体。教材体例新颖，具有以下鲜明特色。

第一，以网络工程生命周期为主线，构建网络技术专业教学资源库的课程体系与教材体系。项目组按行业和应用两个类别对企业职业岗位进行调研并分析归纳出网络技术专业职业岗位的典型工作任务，开发了"网络工程规划与设计""网络设备安装与调试"等课程的教学资源及配套教材。

第二，在突出网络技术专业核心技能——网络设备配置与管理重要性的基础上，强化网络工程项目的设计与管理能力的培养。在教材编写体例上增加了项目设计和工程文档编写等方面的内容，使得对学生专业核心能力的培养更加全面和有效。

第三，传统的教材固化了教学内容，不断更新的网络技术专业教学资源库提供了丰富鲜活的教学内容。本套教材创造性地使相对固定的职业核心技能的培养与鲜活的教学内容"琴瑟和鸣",实现了教学内容"固定"与"变化"的有机统一,极大地丰富了课堂教学内容和教学模式,使得课堂的教学活动更加生动有趣,极大地提高了教学效果和教学质量。同时也对广大高职网络技术专业教师的教学技能水平提出了更高的要求。

第四,有效地整合了教材内容与海量的网络技术专业教学资源,着力打造立体化、自主学习式的新形态一体化教材。教材创新采用辅学资源标注,通过图标形象地提示读者本教学内容所配备的资源类型、内容和用途,从而将教材内容和教学资源有机整合,浑然一体。通过对"知识点"提供与之对应的微课视频二维码,让读者以纸质教材为核心,通过互联网尤其是移动互联网,将多媒体的教学资源与纸质教材有机融合,实现"线上线下互动,新旧媒体融合",称为"互联网+"时代教材功能升级和形式创新的成果。

第五,受传统教材篇幅以及课堂教学学时限制,学生在校期间职业核心能力的培养一直是短板,本套教材借助资源库的优势在这方面也有所突破。在教师有针对性地引导下,学生可以通过自主学习企业真实的工作场景、往届学生的顶岗实习案例以及企业一线工作人员的工作视频等资源,潜移默化地培养自主学习能力和对工作环境的自适应能力等诸多的职业核心能力。

第六,本套教材装帧精美,采用双色印刷,并以新颖的版式设计突出直观的视觉效果,搭建知识、技能、素质三者之间的架构,给人耳目一新的感觉。

本套教材经过多年来在各高等职业院校中的使用,获得了广大师生的认可并收集到了宝贵的意见和建议,根据这些意见和建议并结合目前最新的课程改革经验,紧跟行业技术发展,在上一版教材的基础上,不断整合、更新和优化教材内容,注重将新标准、新技术、新规范、新工艺等融入改版教材中,与企业行业密切联系,保证教材内容紧跟行业技术发展动态,满足人才培养需求。本套教材几经修改,既具积累之深厚,又具改革之创新,是全国30余所院校和28家企事业单位的300余名教师、工程师的心血与智慧的结晶,也是网络技术专业教学资源库多年建设成果的集中体现。我们相信,随着网络技术专业教学资源库的应用与推广,本套教材将会成为网络技术专业学生、教师和相关企业员工立体化学习平台中的重要支撑。

国家职业教育网络技术专业教学资源库项目组

前　言

在操作系统领域，开源的 Linux 操作系统已成为目前最流行的操作系统之一。由于 Linux 操作系统在网络应用以及安全性方面的独特表现，我国众多的行业企业越来越多地采用 Linux 作为服务器的操作系统。相应地，人才市场对 Linux 技术人员也具有广泛的需求，希望通过本书的出版，为培养 Linux 网络服务器的安装、配置和管理等计算机网络应用技术人才有所贡献。

作为国家职业教育网络技术专业教学资源库"Linux 网络操作系统配置与管理"课程建设项目配套教材，本书以项目导向式的教学组织形式和"角色扮演"式教学手段设置了 14 个教学项目，教学安排（项目名称、各项目的任务数量、建议课时和建议考核分值等）见表 1。

表 1　教 学 安 排

项目序号	项目名称	简称	任务数量	建议课时	建议考核分值
1	安装与启动 Linux 操作系统	安装 Linux	4	2	5
2	Linux Shell 基础	Shell 基础	6	6	10
3	管理用户与文件权限	管理用户与文件	3	4	5
4	管理存储设备	管理存储设备	4	3	5
5	管理进程与服务	管理进程与服务	2	3	5
6	管理软件包	管理软件包	3	3	5
7	配置网络连接	配置网络连接	5	5	10
8	配置 Linux 网关防火墙	配置防火墙	4	4	5
9	安装与配置 Samba 服务	配置 Samba	4	4	5
10	安装与配置 DHCP 服务	配置 DHCP	4	4	5
11	安装与配置 DNS 服务	配置 DNS	5	6	10
12	安装与配置 FTP 服务	配置 FTP	4	6	10
13	安装与配置 Web 服务	配置 Web	8	6	10
14	安装与配置 E-mail 服务	配置 E-mail	4	4	10
合计			60	60	100

每个教学项目根据教学需要合理设置"学习目标""学习情境""任务描述""问题引导""知识学习""任务实施""实训""项目总结""课后练习"等环节，有利于实施项目化教学。

本书为"十四五"职业教育国家规划教材，同时为国家职业教育网络技术专业教学资源库配套教材。本书在第 2 版的基础上，基于广大院校师生的教学应用反馈并结合目前最新的行业技术发展动态，以及课程教学改革成果，不断升级、优化教材内容，同时，为推进党的二十大精神进教材、进课堂、进头脑，将"加快建设网络强国、数字中国"作为指导思想，首先在各项目开始处设置素养目标，重点培养或提升保护知识产权、诚实守信、遵守职业道德和法律法规、精益求精的工匠精神、安全意识和创新思维等核心职业能力，通过加强行为规范与思想意识的引领作用，落实"培养德才兼备的高素质人才"要求；其次，在各项目中针对 Linux 网络操作系统目前最新的技术发展成果，将新技术、新工艺、新规范、典型生产案例及时纳入教学内容，进一步推动现代信息技术与教育教学深度融合，着力于培养新一代网络基础设施建设所需的复合型高技能人才，将"实施科教兴国战略，强化现代化建设人才支撑"的指引落实到课程中，具体体现如下：

（1）将 Linux 操作系统的版本升级为 Red Hat Enterprise Linux 8，更新了该操作系统的安装方法、常用命令及使用方法、进程与服务管理、各种常用服务的安装与配置等内容。

（2）对本书所有项目的子任务、实训案例、数字化配套资源进行了全部更新。

（3）新增远程登录软件 Xshell、文件特殊权限和隐藏权限、DNF 软件仓库、网络连接配置工具 nmtui、防火墙管理工具 firewalld、数据库管理系统 MariaDB 等新技术和应用的内容。

（4）对部分教学内容的顺序进行了优化调整：将用户管理与文件权限的内容合并调整至项目 3，将存储设备管理内容调整至项目 4，将防火墙配置内容调整至项目 8。

本书采用项目导向的形式组织教学内容，注重实践性和可操作性；选取面向职业岗位的内容及案例，根据网络工程实际工作过程所需的知识和技能选取教学项目；在编写过程中注意保持教学内容的系统性，以 Internet 技术及应用为主线，加入了高速网络技术、网络系统集成方法、Intranet 工程、网络安全与网络管理等新内容，力求能反映计算机网络的目前最新发展成果。在本书的编写过程中，编者主要参考了近年来的文献资料，并力求做到层次清楚、语言简洁流畅、内容丰富，使本书既便于读者循序渐进地系统学习，又能使读者了解计算机网络技术的新发展动态。

本书作为国家职业教育网络技术专业教学资源库"Linux 网络操作系统配置与管理"课程的配套教材，配备了丰富的数字化教学资源，见表 2。

表 2　数字化教学资源

序号	资源名称	表现形式与主要内容
1	课程简介	Word 电子文档，包括与本课程相关职业岗位的需求调研与分析材料、课程目标、单元设计、教学流程设计、操作任务设计等内容
2	课程标准	Word 电子文档，包括与本课程相关职业岗位的需求分析、课程定位、课程目标、单元设计、教学流程设计、操作任务设计、考核方案设计、教学实施设计、参考教学资源等内容
3	教学设计	Word 电子文档，包括单元设计、教学流程设计、操作任务设计、考核方案设计、教学实施设计等内容
4	实训任务单	Word 电子文档，包括实训项目名称、实训要求、实训过程、考核评价方式等内容
5	课程电子教案	Word 电子文档，包括各个教学单元的教学目标、知识要点和各项操作任务的主要实施步骤及要求
6	微课视频	MP4 视频文件，读者通过扫描书中二维码进行学习

续表

序号	资源名称	表现形式与主要内容
7	授课用 PPT	PPT 电子文件，教师可根据具体需要加以修改后使用
8	授课录像	MP4 视频文件
9	习题库	提供丰富的习题，让读者自主测试知识掌握情况
10	网页文档	提供台式计算机、笔记本电脑及其配件的外观图片、企业生产现场图片、常见故障分析与处理文档

　　本书依托国家职业教育网络技术专业教学资源库"Linux 网络操作系统配置与管理"课程资源，辅助读者学习。教师可发邮件至编辑邮箱 1548103297@qq.com 获取教学基本资源。

　　本书由芜湖职业技术学院许斗、夏跃武担任主编，芜湖职业技术学院钱锋、李敏、陶维成、陶玉贵、胡明、水勇及马鞍山师范高等专科学校黄莺担任副主编，芜湖职业技术学院王勇、胡飞、马书香、郎璐红、周先飞、孔孟、王钧等参与了素材的准备、整理与部分章节的编写、文稿校对、教学资源制作等工作。安徽子牙信息技术有限公司刘庆丰、合肥绿维信息科技有限公司许卫民、合肥智圣新创信息技术有限公司刘盾在教材编写过程中提供了实际应用场景素材，并对教材编写给与了指导意见，在此一并表示感谢。

　　限于编者的水平，书中的疏漏与不妥之处在所难免，敬请读者批评指正。编者联系邮箱为 xia15@whit.edu.cn。

　　谨以此书纪念和缅怀前两版主编钱峰老师！

编　者
2023 年 6 月

使 用 说 明

1. 关于操作系统的说明

本书使用的操作系统是 Red Hat Enterprise Linux（RHEL），版本号是 8.4。由于 CentOS 与 RHEL 同源，除去商业收费功能以外，两个操作系统在功能和操作上区别很小，所以本书内容适用于 RHEL 8、CentOS 8、CentOS Stream 8 以及兼容 RHEL 8/CentOS 8 对应版本操作系统的教学以及实践（差异之处会进行说明）。虚拟机软件使用的是 VMware Workstation Pro 16。

2. 关于虚拟机软件的注意事项

如果宿主机安装的是 Windows 10/11 操作系统（尤其是家庭版），则建议安装 VMware Workstation Pro 16 版本软件；如果宿主机安装的是 Windows 7 操作系统，则需要安装 VMware Workstation 15 版本软件。

3. 本书案例所使用的计算机网络规划

本书案例所使用的计算机网络规划见下表。

计算机	主机名	用途	IP 地址	网络参数
HS_Cilent（宿主机）	XIA15PC	Windows 客户端（Windows 10）	DHCP 自动获取（VMnet8 默认为 192.168.100.1）	网络地址：192.168.100.0 子网掩码：255.255.255.0 网关：192.168.100.254 DNS：114.114.114.114
VM_Server1（虚拟机）	vms1.whit.com	Linux 服务器（RHEL 8.4）	192.168.100.253	
VM_Server2（虚拟机）	vms2.whit.com	Linux 服务器（RHEL 8.4）	192.168.100.252	
VM_Server3（虚拟机）	whitai.com	Linux 服务器（RHEL 8.4）	192.168.100.251	
VM_L_Client（虚拟机）	vmc1.whit.com	Linux 客户端（CentOS 8.4）	DHCP 自动获取	
VM_Win_Client（虚拟机）	client-PC	Windows 客户端（Windows 7）	DHCP 自动获取	

目　　录

项目 **1**
安装与启动 Linux 操作系统

学习目标

【知识目标】
- 了解开源软件与开源许可证。
- 了解 Linux 内核与 Linux 操作系统的基础知识。

【技能目标】
- 掌握虚拟机软件 VMware Workstation 的安装及使用方法。
- 掌握 Linux 操作系统的安装方法。
- 掌握 Linux 操作系统的启动、登录、注销、退出方法。

【素养目标】
- 培养学习者关于软件著作权、版权方面的相关法律意识。
- 培养学习者对系统软件的应用能力。
- 做事有规划、安排，在出现问题的时候冷静处理。

安装与启动 Linux
操作系统

PPT

笔 记

【任务】 安装与启动 Linux 操作系统

学习情境

公司为推进企业内部信息化办公，同时拓展线上业务，需要在企业私网中架设服务器。根据企业需求，为保障服务器的正常运行，需要在服务器上安装 Linux 操作系统。为保险起见，需要先在虚拟机中进行模拟安装与部署，然后再在物理服务器或者虚拟服务器具体实施。

任务描述

安装与配置虚拟机软件 VMware Workstation，在 VMware Workstation 中创建符合需求的虚拟机，并在虚拟机中安装 Linux 操作系统，创建新的用户 whit。使用 root 用户、whit 用户登录 Linux 操作系统，并进行外网连通测试，测试完成后注销用户或关机。

问题引导

- 什么是开源软件，什么是开源许可证，常见的开源许可证有哪些？
- Linux 内核与 Linux 操作系统有哪些区别与联系？
- RHEL 操作系统与 CentOS 操作系统有哪些区别与联系？

知识学习

1. 开源软件和开源许可证

开源软件是把软件程序与源代码文件一起打包提供给用户，用户既可以不受限制地使用该软件的全部功能，也可以根据自己的需求修改源代码，甚至可编制成衍生产品再次发布。需要强调的是，开源不等于免费。

版权法默认禁止共享，即软件如果没有许可证，就等同于保留版权，虽然开源了，但用户只能查看源代码，不能使用。如果使用会侵犯版权。而开源许可证是一种法律许可，版权拥有人明确允许，用户可以免费地使用、修改、共享版权软件。所以如果软件开源，就必须明确地授予用户开源许可证。开源许可证保障了开源工作者和用户双方的权益。目前，国际公认的开源许可证共有80 多种。这些许可证共同特征是允许用户免费地使用、修改、共享源代码，但是都有各自的使用条件。根据使用条件的不同，常见的开源许可证可分为两类：宽松式许可证、Copyleft 许可证，如图 1-1 所示。

宽松式许可证对用户几乎没有限制。用户可以任意使用代码，可不保证代码的质量，用户自担风险，但用户必须披露原始作者。常见的宽松式许可证有三种：伯克利软件套件许可证（Berkeley Software Distribution，BSD）、Apache 软件组织许可证（Apache License，Apache）、麻省理工学院许可证

（Massachusetts Institute of Technology, MIT）。它们都允许用户任意使用代码，区别在于要求用户遵守的条件不同，具体如下。

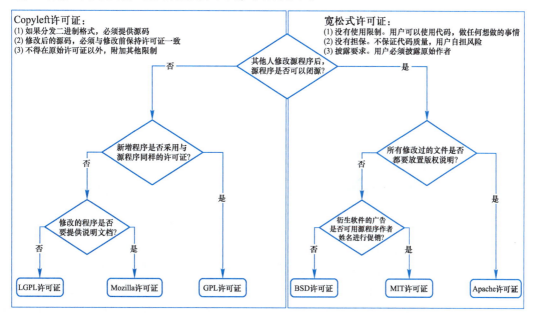

图 1-1　常见的开源许可证

BSD 允许用户使用、修改和重新发布遵循该许可的软件，并可以将软件作为商业软件发布和销售。

MIT 是限制最少的开源许可协议之一，只要程序的开发者在修改后的源码中保留原作者的许可信息即可，被广泛用于商业软件。

Apache 和 BSD 类似，都适用于商业软件。Apache 在为开发人员提供版权及专利许可的同时，允许用户可自由地修改代码并再发布。

Copyright（版权）意为不经许可，用户无权复制。与 Copyright 相对应，Copyleft 的含义是不经许可，用户可以随意复制，但是其具有前提条件（比宽松式许可证的限制要多），其核心有 3 条：如果分发二进制格式，则必须提供源代码；对于修改后的源代码，必须与修改前保持许可证一致；不得在原始许可证以外，附加其他限制，即修改后的 Copyleft 代码不得闭源。

常见的 Copyleft 许可证也有 3 种，分别是：通用公共许可证（GNU General Public License, GPL）、较宽松的 GPL 许可证（GNU Lesser General Public License，LGPL）、Mozilla 公共许可证（Mozilla Public License，MPL）。

GPL 是影响力非常大的开源许可证。其核心是每个用户均有权取得、修改、重新发布自由软件源代码，需要公布具体修改的源代码。

LGPL 允许实体连接个人版权代码到开放源代码，并可以在任何形式下发布这些合成的二进制代码，只要这些代码是动态连接的就没有限制，不需要公开全部源代码，为商业软件提供了广阔的开发空间。

Mozilla 是开源的软件许可证，由 Mozilla 基金会开发并维护。该协议融合了 BSD 和 GPL 的特性，追求平衡并解决专有软件和开源软件开发者之间的顾虑。

2. GNU 项目

在 Linux 诞生之前，已经有了 Unix 操作系统。由于 UNIX 系统采用收费、商业闭源模式，行业发起了 GNU 项目（GNU is not Unix，GNU），旨在建立一套完全自由的、可移植的类 Unix 操作系统，该系统包括内核、系统库、开发工具、相关应用程序等。1985 年，自由软件基金会（Free Software Foundation，FSF）成立，并将 GNU 项目列为主要项目之一，为 GNU 提供技术等支持。

3. Linux 的诞生

1991 年，开发者参考 POSIX 规范，编写了部分基于 386 机器上的 Linux 内核原型代码（0.02 版），并将它公开到了网络上。1993 年，采用 GPL 版本协议的 Linux 内核 1.0 版本发行。在众多开发者的努力下，Linux 内核不断完善和增强，基于 Linux 内核开发的相关软件也不断增多。基于 Linux 内核的操作系统也随之诞生，并在越来越多的领域被广泛使用。目前常用的基于 Linux 内核的操作系统包括：银河麒麟（KylinOS）、中标麒麟（NeoKylin）、优麒麟（UbuntuKylin）、红旗（RedFlag）、统信（UOS）、深度（Deepin）、欧拉（EulerOS）、龙蜥（AnolisOS）、RHEL、CentOS、Fedora、Debian、Ubuntu、OpenSUSE、Arch、Kali 等。

4. Linux 内核与 Linux 操作系统

（1）Linux 内核

操作系统是管理和控制硬件资源工作，控制其他程序运行并为用户提供交互界面的系统软件集合。其中，内核（Kernel）是操作系统中最核心、最常用的基本模块，直接与硬件交互，主要用于进程管理、内存管理、设备管理、文件管理等。Linux 内核是操作系统内核的一种，具有多任务处理、虚拟内存、共享库、按需加载、共享的写时复制可执行文件、适当的内存管理以及包括 IPv4 和 IPv6 在内的多栈网络等功能。

可将 Linux 内核分为四类：Prepatch、Mainline、Stable、Longterm，具体说明如下。

Prepatch（或 Release Candidate，RC）是主线内核预发布版本，主要针对其他内核开发人员和 Linux 爱好者，该版本必须由源代码编译而得，其中包含了新的内核特性，这些新特性需要测试通过后才能放入稳定版本中，由 Linux 内核发明人维护和发布。

Mainline 是主线版本，汇集了截至目前已提交的内核新特性和新开发成果，由 Linux 内核发明人维护和发布，每 9～10 周发布一次新版本。

Stable 是稳定版本，每个主线版本发布后，默认该版本是"稳定的"。该稳定版将已知所有错误的补丁移植到主线版本树的后续内核版本中，并由指定的稳定版内核维护人员将之启用。一般来说，当前稳定版本在其生命周期内会进行几次错误修订并发布。稳定版本内核更新根据需要发布，通常每周 1 次。

Longterm 是长期维护版本，少部分的稳定版本会被指定为长期维护版本，长期维护版本会得到维护人员的长期维护，对其进行错误修复。

如果某内核版本被标记为生命周期结束（End of Life，EOL），则表明该版本停用，维护人员将不再对其进行错误修复和更新。

Linux 内核版本号由三段组成，其通用格式为 version.patchlevel.sublevel，如 5.15.51。各段说明见表 1-1。

表 1-1　Linux 内核版本号各段含义

版本号段	含　义
version	内核在设计结构或者实现上的重大改变才进行变更
patchlevel	随着新版本发布而增加
sublevel	代表 Bug 修复、安全更新、新特性、新驱动的次数

Linux 内核在 2.6 版之前，patchlevel 用偶数表示相对稳定、公开发行的版本；用奇数表示不稳定、预发布的版本。在 2.6 版之后，不再用奇偶数区别版本是否为稳定发行版，而改用-rc 标记表示预发布版本。例如，5.17.15 是稳定版，而非预发布版；5.19-rc4 表示 5.19 内核版本的第 4 预发布版，如图 1-2 所示。

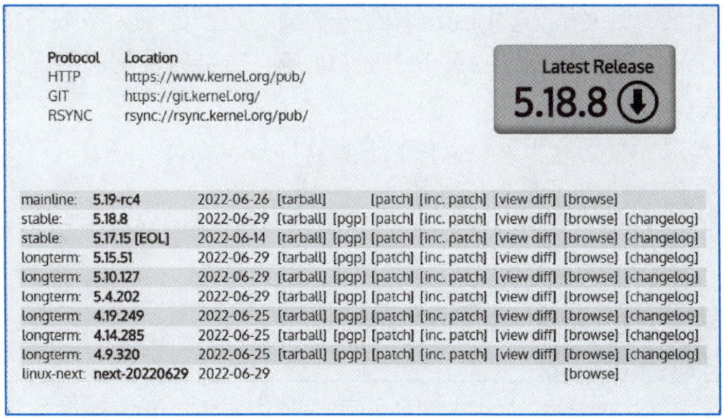

图 1-2　Linux 内核版本

（2）Linux 操作系统

发行方根据需求，以稳定的 Linux 内核版本为基础，进行一定程度的修改并重新打包，加上部分 GNU 软件（如 Emacs、GCC、Bash 等）、X Windows 系统项目、系统管理工具、各种应用程序等，通过整合后对外发布的操作系统就是 Linux 操作系统。此时 Linux 内核版本号会在 version.patchlevel.sublevel 后加上-build.desc，形成特定发行版的 Linux 内核版本信息，如

5.14.0-75.el9.x86_64 和 5.10.0-11-amd64。其中，bulid 代表编译或构建次数，功能仅少量优化或修改且无大变化；desc 代表特殊版本信息，包括处理器版本（如 x86_64、amd64）、操作系统产品名称（如 el8 表示 RHEL 8/CentOS 8、fc 表示 Fedora）。发行版操作系统的版本号命名规则由发行方自行制定，如 RHEL 8.4、CentOS 8.4.2111。

需要注意，本书中的 Linux 默认是指 Linux 操作系统。

5. Linux 操作系统的特点

（1）技术成熟、可靠性高。Linux 操作系统可以在不用重启的情况下长时间连续工作，且不容易出现问题。

（2）强大的硬件支持能力。Linux 操作系统支持多种 CPU 架构，包括 x86、HP-PA、MIPS、PowerPC、ARM 等，以及 SMP、MPP 等技术。

（3）支持多用户、多任务。Linux 操作系统具有强大的支持多用户、多任务的特性，其应用领域非常广泛，尤其是 IT 服务器应用领域。近年来，Linux 操作系统在 IT 服务器领域应用占据越来越大的市场份额。

（4）强大的网络能力、完善的网络服务。Linux 操作系统支持 TCP/IP、NFS、IPX/SPX、SLIP、PPP 等多种网络协议。能很好地支持 Web、FTP、E-mail、Samba、DNS、DHCP、SSH、Telnet 等多种网络服务。

（5）强大的数据库支持能力。Linux 操作系统支持 Oracle、DB2、Sybase、Informix、PostgreSQL、MySQL、MangoDB、Redis、MariaDB、Elasticsearch 等多种数据库。

（6）强大的开发能力。Linux 操作系统支持目前的绝大多数开发语言，如 C/C++、Java、Perl、Python、PHP、Go 等，支持各种图形界面的 API，如 QT、GTK+等。

（7）大量免费的应用软件支持。很多软件开发工具、办公、图像处理、设计工具等应用软件都包含 Linux 版本。

（8）完善的图形用户界面。Linux 操作系统常用的图形界面有 KDE、Gnome、Xfce、LXDE 等。

（9）拥有众多业界知名厂商的支持。

6. RHEL 操作系统

RHEL 是 Red Hat 公司发布的面向企业用户的 Linux 操作系统，是全世界使用最广泛的 Linux 系统之一，稳定性好，其功能软件和商业服务需要付费。

7. CentOS 操作系统

CentOS 操作系统也称为社区企业操作系统，是 RHEL 操作系统的再编译版本，即相同的操作系统版本。由于去掉了收费的功能软件和商业服务，因此 CentOS 操作系统的是免费的，其技术支持主要通过社区的官方邮件列表、论坛和聊天室等渠道获得。CentOS 操作系统可以像 RHEL 操作系统一样去构筑企业级的 Linux 操作系统环境。

2021 年底，不再提供 CentOS 8 操作系统的官方技术支持，对 CentOS 7

笔记

操作系统的官方技术支持也将于 2024 年 6 月 30 日结束。新的 CentOS 操作系统命名为 CentOS Stream，CentOS Stream 操作系统作为 RHEL 操作系统的上游项目存在，CentOS Stream 操作系统中经过实践与验证通过的功能则会添加到 RHEL 操作系统中。

8. 虚拟机软件 VMware Workstation 的虚拟网络连接方式

VMware Workstation 的虚拟网络连接方式主要有三种。

微课 1-1
VMware 常用虚拟网络连接方式

（1）桥接网络（Bridge）。该模式创建桥接模式网络 VMnet0，其中包括虚拟网络交换机 VMnet0 等。虚拟机需设置本机网络适配器的 IP 地址、子网掩码、网关、DNS 等参数，确保与宿主机在同一个网段。虚拟机连接到虚拟网络交换机 VMnet0，虚拟交换机 VMnet0 通过虚拟网桥自动桥接到宿主机的物理网络适配器。如果宿主机与广域网连通，则虚拟机可以访问广域网。

（2）网络地址转换（NAT）。该模式创建 NAT 模式网络 VMnet8，其中包括虚拟 NAT 设备、虚拟 DHCP 服务器、虚拟网络交换机 VMnet8、宿主机虚拟网络适配器 VMware Network Adapter VMnet8 等。宿主机和虚拟机通过各自的虚拟网络适配器分别连接虚拟网络交换机 VMnet8，并加入到网络 VMnet8，由虚拟 DHCP 服务器自动分配各主机的网络适配器参数，实现互通。虚拟 NAT 设备连接到宿主机的物理网络适配器，实现局域网 IP 地址与宿主机 IP 地址的转换。如果宿主机与广域网连通，则虚拟机可以访问广域网。

（3）仅主机模式（Host-Only）。该模式创建仅主机模式网络 VMnet1，其中包括虚拟网络交换机 VMnet1、虚拟 DHCP 服务器、宿主机虚拟网络适配器 VMware Network Adapter VMnet1 等。宿主机和虚拟机通过各自的虚拟网络适配器分别连接虚拟网络交换机 VMnet1，并加入到网络 VMnet1，由虚拟 DHCP 服务器自动分配各主机的网络适配器参数，实现互通。仅主机模式下，默认虚拟机不能访问广域网。如果将宿主机的物理网络适配器共享给网络 VMnet1，且宿主机与广域网连通，则虚拟机可以访问广域网。

此外，还有自定义网络、LAN 区段两种方式，均用于特殊场景，此处不再赘述。

任务实施

以 RHEL 8 操作系统为例，进行服务器 Linux 操作系统的安装与配置。宿主机配置参数见表 1-2。

表 1-2　宿主机配置参数表

类　　别	名　　称	规 格 参 数
硬件	CPU	Intel i5 9400F
	内存	16 GB
	硬盘可用空间	1 TB SATA
	物理网络适配器	Intel Ethernet Connection (7) I219-V
	虚拟网络适配器	VMnet8

续表

类　　别	名　　称	规 格 参 数
软件	操作系统	Windows10 Professional Edition
	虚拟机软件	VMware Workstation Pro 16
	远程登录软件	Xshell 7
网络	物理网络	物理网络适配器连接
	虚拟网络	VMware 软件生成，通过虚拟网络适配器连接

　　在宿主机中安装、配置虚拟机软件 VMware Workstation，创建一台适合运行需求的虚拟机 VM_Server1，虚拟机环境配置需求见表 1-3。

表 1-3　虚拟机 VM_Server1 环境配置需求表

类　　别	名　　称	规 格 参 数
硬件	CPU	单颗双核
	内存	2 GB
	磁盘接口	SCSI
	磁盘控制器	LSI Logic
	磁盘可用空间	30 GB
	虚拟光驱	ISO 镜像文件
	虚拟网络适配器	ens160
软件	操作系统	RHEL 8.4 64 位
虚拟网络	连接模式	NAT

　　将虚拟机 VM_Server1 作为主服务器，安装 RHEL 8 操作系统，虚拟机操作系统配置需求见表 1-4。安装完成后使用不同的用户登录操作系统，并进行外网连通测试。在实际应用中，一般使用远程登录软件登录服务器。远程登录软件有多种，如 Xshell、SecureCRT、WinSCP、PuTTY、MobaXterm、WindTerm、FinalShell 等。本书使用 Xshell 7 远程登录主服务器，登录成功后，注销账户或关机。

表 1-4　虚拟机操作系统环境配置需求表

类　　别	名　　称	规 格 参 数
磁盘	分区	系统默认自动分区
账号	root 用户	用户名：root 密码：Demo_vm1r@01
	普通用户	用户名：whit 密码：Demo_vm1u@01
虚拟网络	虚拟网络适配器 ens160	详见教材使用说明

子任务 1　创建 Linux 虚拟机

1. 实施要求

在宿主机上安装虚拟机软件 VMware Workstation。按照 RHEL 8 操作系统的需求创建出对应的 Linux 虚拟机。

微课 1-2
创建 Linux 虚拟机

2. 实施步骤

步骤 1：安装虚拟机软件 VMware Workstation。

双击 VMware Workstation 安装文件开始安装，安装界面如图 1-3 所示。

 笔 记

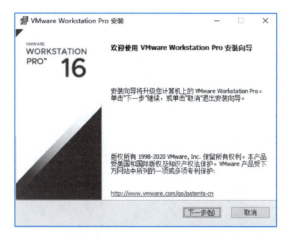

图 1-3　VMware Workstation 安装界面

选择典型方式安装。安装完成后启动 VMware Workstation，软件主界面如图 1-4 所示。

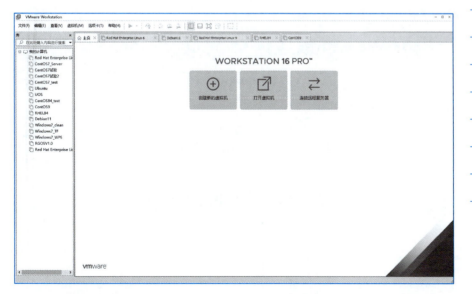

图 1-4　VMware Workstation 主界面

步骤 2：按需求创建 Linux 虚拟机。

单击"创建新的虚拟机"按钮，打开"新建虚拟机向导"对话框，如图 1-5 所示。单击"自定义（高级）（C）"单选按钮，根据实际需求创建虚拟机。确认后，单击"下一步"按钮。进入"选择虚拟机硬件兼容性"界面，在"硬件兼容性"下拉列表框中选择 Workstation 16.2.x，如图 1-6 所示。确认后，单击"下一步"按钮。

图 1-5 "新建虚拟机向导"对话框

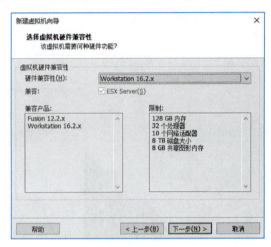

图 1-6 "选择虚拟机硬件兼容性"界面

进入"安装客户机操作系统"对话框，单击"稍后安装操作系统"单选按钮，如图 1-7 所示。确认后，单击"下一步"按钮。

进入"选择客户机操作系统"界面。单击 Linux 单选按钮，在"版本"下拉列表中选择"Red Hat Enterprise Linux 8 64 位"，如图 1-8 所示。确认后，单击"下一步"按钮。

注意：如果需要安装 CentOS 8 操作系统，则可在"版本"下拉列表中选择"CentOS 8 64 位"即可。

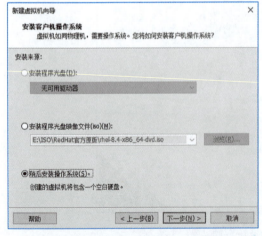

图 1-7 "安装客户机操作系统"界面

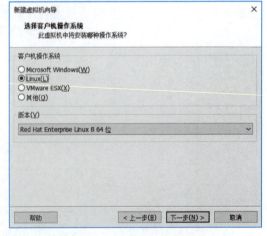

图 1-8 "选择客户机操作系统"界面

进入"命名虚拟机"界面，在"虚拟机名称"文本框中填入 VM_Server1，根据需要可单击"浏览"按钮修改虚拟机文件存放目录，如图 1-9 所示。确认后，单击"下一步"按钮。

进入"处理器配置"界面，设置处理器（CPU）的内核数量。设置原则是虚拟的 CPU 总核数不能超过物理 CPU 的总核数。在"处理器数量"下拉列表中选择 1，在"每个处理器的内核数量"下拉列表中选择 2，如图 1-10 所示。确认后，单击"下一步"按钮。

图 1-9 "命名虚拟机"界面　　　　　　　图 1-10 "处理器配置"界面

进入"此虚拟机的内存"界面，在"此虚拟机的内存"文本框中输入 2048，如图 1-11 所示。确认后，单击"下一步"按钮。

进入"网络类型"界面，单击"使用网络地址转换（NAT）"单选按钮，如图 1-12 所示。确认后，单击"下一步"按钮。

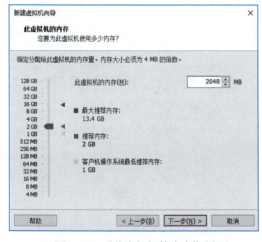

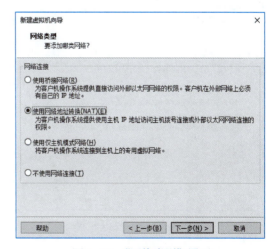

图 1-11 "此虚拟机的内存"界面　　　　　图 1-12 "网络类型"界面

进入"选择 I/O 控制器类型"界面，单击 LSI Logic 单选按钮，如图 1-13

所示。确认后，单击"下一步"按钮。

进入"选择磁盘类型"界面，单击"SCSI（S）"单选按钮，如图 1-14 所示。确认后，单击"下一步"按钮。

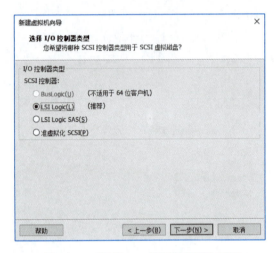

图 1-13 "选择 I/O 控制器类型"界面   图 1-14 "选择磁盘类型"界面

进入"选择磁盘"界面，选中"创建新虚拟磁盘"单选按钮，如图 1-15 所示。确认后，单击"下一步"按钮。

进入"指定磁盘容量"界面，在"最大磁盘大小（GB）"文本框中输入 30，如图 1-16 所示。"立即分配所有磁盘空间"选项的作用是一次性分配所有空间给虚拟机，可以提高磁盘性能，但在分配空间过程中的等待时间较长。对"将虚拟磁盘存储为单个文件""将虚拟磁盘存储为多个文件"两个单选按钮，根据需要二选一即可。确认后，单击"下一步"按钮。

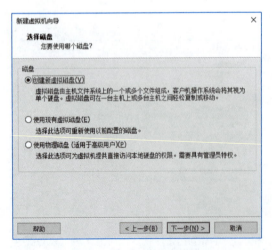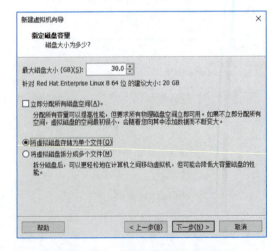

图 1-15 "选择磁盘"界面   图 1-16 "指定磁盘容量"界面

进入"指定磁盘文件"界面，在"磁盘文件"文本框中输入需要保存的虚拟机文件名 VM_Server1.vmdk，如图 1-17 所示。确认后，单击"下一步"按钮。

进入"已准备好创建虚拟机"对话框，核对虚拟机设置信息，如图 1–18
所示。

图 1–17 "指定磁盘文件"界面　　　　　图 1–18 "已准备好创建虚拟机"界面

单击"自定义硬件"按钮，打开"硬件"对话框。选择"新 CD/DVD（SATA）"
选项，在"连接"选项区域中选中"使用 ISO 映像文件"单选按钮后，单击"浏
览"按钮，打开"浏览 ISO 映像"对话框，选择对应目录中 RHEL 8 操作系统
的 ISO 映像文件，单击"打开"按钮，添加镜像文件到虚拟光驱，如图 1–19
所示。使用类似的操作，选择"USB 控制器"选项，将"连接"选项区域的
USB 兼容性修改为 USB3.1。单击"关闭"按钮，完成自定义硬件工作。在"已
准备好创建虚拟机"界面中单击"完成"按钮。

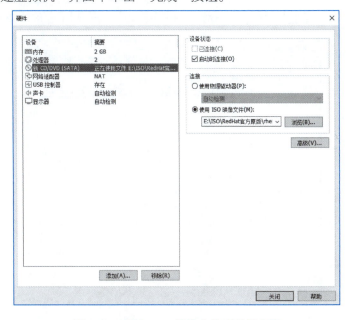

图 1–19 添加 ISO 镜像文件到虚拟光驱

修改虚拟机网络设置。在 VMware Workstation 主界面的菜单栏中，选择"编辑"→"虚拟网络编辑器"菜单命令，打开"虚拟网络编辑器"对话框，如图 1-20 所示。

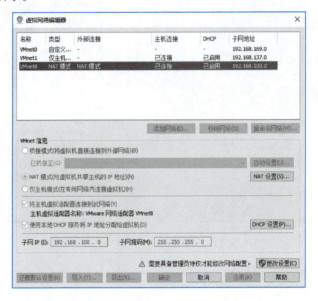

图 1-20　"虚拟网络编辑器"对话框

单击"更改设置"按钮，在列表框中选择"VMnet8"，在"子网 IP"文本框中输入 192.168.100.0，在"子网掩码"文本框中输入 255.255.255.0，如图 1-21 所示。单击"NAT 设置"按钮，打开"NAT 设置"对话框，在"网关"文本框中输入 192.168.100.254，单击"确定"按钮。在"虚拟网络编辑器"对话框中单击"确定"按钮，完成 VMware Workstation 的网络配置。

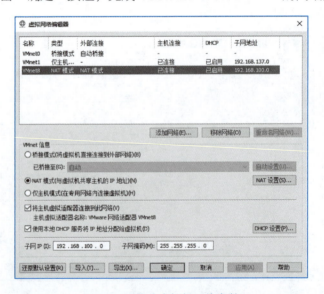

图 1-21　修改虚拟机网络参数

创建完成的 VM_Server1 虚拟机如图 1-22 所示。

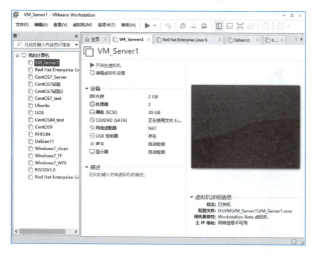

图 1-22　虚拟机 VM_Server1 创建完成

子任务 2　安装 Linux 操作系统

1. 实施要求

RHEL 8 操作系统支持多种安装方式，如光盘安装、硬盘安装、网络安装等。本任务将选用光盘（映像文件）安装的方式进行 RHEL 8 操作系统的安装。

微课 1-3
安装 Linux 操作系统

2. 实施步骤

步骤 1：开启虚拟机 VM_Server1。

单击 VM_Server1 虚拟机的"开启此虚拟机"按钮，进入 RHEL 8 操作系统安装选择菜单。通过按键盘上的↑、↓键选择 Install Red Hat Enterprise Linux 8.4 选项，被选中的选项字符均为白色（第一个字符除外），如图 1-23 所示。确定后，按 Enter 键。

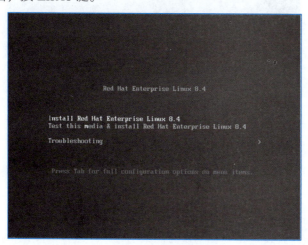

图 1-23　安装选择菜单

进入"您在安装过程中想使用哪种语言？"界面，单击左侧列表框中的"中文"，再单击右侧列表框中的"简体中文（中国）"，如图 1-24 所示。确认后，单击"继续"按钮。

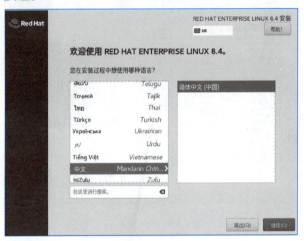

图 1-24 "您在安装过程中想使用哪种语言？"界面

步骤 2：定制操作系统配置项。

打开"安装信息摘要"对话框，对话框中包含"键盘""语言支持""日期和时间""安装源""软件选择""安装目的地""KDUMP""网络和主机名""安全策略""根密码""创建用户"等配置项，如图 1-25 所示。橙色三角形中间含有感叹号标记的配置项是必须要进行配置的。根据需求对"软件选择""安装目的地""KDUMP""网络和主机名""时间和日期""根密码""创建用户"等逐一进行配置。

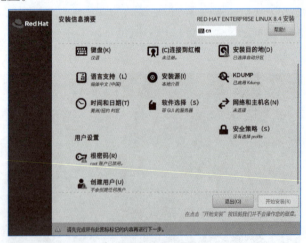

图 1-25 "安装信息摘要"对话框

"软件选择"是系统安装时的软件定制项。用户可根据需求选择基本环境和附加选项定制系统需要安装的软件。单击"软件选择"按钮，打开"软件选择"对话框。单击"基本环境"选项区域中的"带 GUI 的服务器"单选按钮，再依次选择"已选环境的额外软件"选项区域中的"开发工具"和"图形管理工具"复选框，如图 1-26 所示。确认后，单击"完成"按钮。

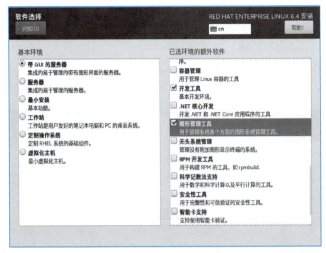

图 1-26 "软件选择"对话框

"安装目的地"主要完成确定操作系统安装的目标存储设备以及存储设备的分区等工作。单击"安装目的地"按钮，打开"安装目标位置"对话框，如图 1-27 所示。单击"本地标准磁盘"选项区域的 VMware, VMware Virtual S 图标，如果图标上出现黑底白钩的标记，则表明磁盘已被选中。采用操作系统自动分区方案，"存储配置"区域默认选中"自动"单选按钮，单击"完成"按钮即可，安装程序会自动创建分区。

拓展阅读
Linux 操作系统手动
创建分区

图 1-27 "安装目标位置"对话框

KDUMP 是 Linux 内核崩溃转储机制。在系统崩溃时，KDUMP 创建一个内存映像（vmcore），可以帮助确定崩溃原因。需要通过 KDUMP 专用储备系统存储器的一部分启用 KDUMP，且这段内存不可用作其他用途。初学者可以将该项设置为禁用。

　　"网络和主机名"用于进行网络参数设置。单击"网络和主机名"按钮，打开"网络和主机名"对话框，单击"配置"按钮，选择"IPv4 设置"选项卡，单击"方法"下拉列表框并选择"手动"。单击"添加"按钮，在"地址"文本框中输入 192.168.100.253，在"子网掩码"文本框中输入 24，在"网关"文本框中输入 192.168.100.254，在"DNS 服务器"文本框中输入 114.114.114.114，如图 1-28 所示。配置完成后，单击"保存"按钮。

图 1-28　网络适配器参数配置

　　在"网络和主机名"对话框中，单击"以太网"按钮为"打开"，开启网络适配器。在"主机名"文本框中输入 vms1.whit.com，完成后单击"应用"按钮，结果如图 1-29 所示。配置完成后，单击"完成"按钮。

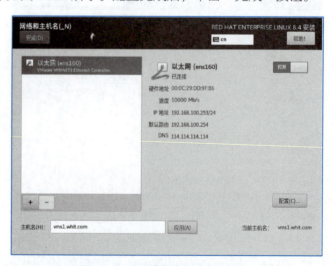

图 1-29　"网络和主机名"对话框

　　"时间和日期"的设置比较简单，单击"时间和日期"按钮，打开"时间和日期"对话框，在地图上单击选择相应的位置即可，完成后单击"完成"按钮退出。

"根密码"用于设置 root 用户密码。root 用户是 Linux 操作系统中唯一的超级用户，具有系统中所有的权限，类似于 Windows 操作系统的 Administrator。设置密码时，密码长度要不少于 6 位，同时尽量采用不同的字符和区分大小写，以确保密码不易被破解。单击"根密码"按钮，打开"root 密码"对话框，分别在"root 密码"文本框和"确认"文本框中输入 root 用户密码，单击"完成"按钮。

"创建用户"用于新建普通用户，单击"创建用户"按钮，打开"创建用户"对话框，在"用户名"文本框中输入新建的普通用户名，在"密码"文本框和"确认密码"文本框中分别输入新建普通用户的登录密码。输入完成后，单击"完成"按钮。

"安装信息摘要"对话框中的其他项可按需配置。

步骤 3：安装操作系统及初始设置。

单击"开始安装"按钮，打开"安装进度"对话框，开始安装 RHEL 8 操作系统，如图 1-30 所示。

图 1-30 "安装进度"对话框

当"安装进度"对话框中出现"完成"字样后，单击"重启系统"按钮。操作系统重启后，打开"初始设置"对话框，单击"许可信息"按钮，打开"许可信息"对话框，单击"我同意许可协议"复选框，单击"完成"按钮。打开"初始设置"对话框，单击"结束配置"按钮。至此，RHEL 8 操作系统安装基本完成。

子任务 3 启动与登录 Linux 操作系统

1. 实施要求

启动 RHEL 8 操作系统，在登录界面中输入登录用户名、密码，完成登录操作。打开网页浏览器软件，输入网址，测试外网是否连通。使用远程登录软

笔 记

微课 1-4
启动、登录、注销、退出 Linux 操作系统

件登录虚拟机 VM_Server1，登录用户名为 whit。

2. 实施步骤

（1）图形化界面登录操作系统

步骤 1：选择用户，输入登录用户名和密码。

RHEL 8 操作系统启动完成后会进入登录界面，登录界面会显示登录用户名，如图 1-31 所示。

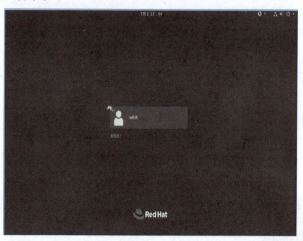

图 1-31　用户登录界面

单击需要登录的用户图标，打开"密码"对话框，在"密码"文本框中输入对应的账号密码，如图 1-32 所示。

图 1-32　用户密码输入界面

如果用户未列在登录界面上，则可单击登录界面中的"未列出？"按钮，单击"未列出？"按钮，弹出用户登录界面，如图 1-33 所示。在"用户名"文本框中输入用户账号，单击"下一步"按钮，在"密码"文本框中输入对应的密码，单击"登录"按钮，进入系统。

步骤 2：操作系统设置及联网测试。

单击"登录"按钮，进入系统。如果是第一次登录系统，则需要根据系统提示，进行系统语言、输入法、位置服务、在线账号等设置。

笔 记

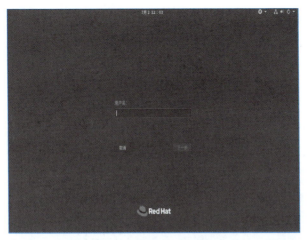

图 1-33 未列出用户登录界面

单击 RHEL 8 操作系统的桌面左上角的"活动"按钮,再单击 Firefox 快捷方式启动 Firefox 浏览器软件,在 URL 地址栏中输入百度网址,按 Enter键。如果出现百度首页内容,并能打开相应的新闻链接,则表明连接外网测试成功,关闭 Firefox 浏览器。

(2)命令行界面登录操作系统

在实际工作中,出于安全措施等多种因素考虑,一般使用远程登录软件登录服务器。以 Xshell 7 为例,初始配置方法如下。

Xshell 7 安装完成后,启动宿主机的远程登录软件 Xshell 7,选择"文件"→"新建"菜单命令,打开"新建会话属性"对话框,在"名称"文本框输入 VM_Server1,在"协议"下拉列表中选择 SSH,在"主机"文本框输入 192.168.100.253,如图 1-34 所示。完成后,单击"连接"按钮。

图 1-34 "新建会话属性"对话框

打开"SSH 安全警告"对话框，单击"接受并保存"按钮，如图 1-35 所示，通过主机密钥的验证。

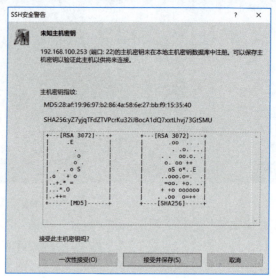

图 1-35　主机密钥验证

打开"SSH 用户名"对话框，在"请输入登录的用户名"文本框中输入用户名，勾选"记住用户名"复选框，单击"确定"按钮。打开"SSH 用户身份验证"对话框，单击 Password 单选按钮，在"密码"文本框中输入密码，选择"记住用户名"复选框，单击"确定"按钮。当编辑区中出现命令行 [whit@vms1～]$字样时，表明登录成功，如图 1-36 所示。

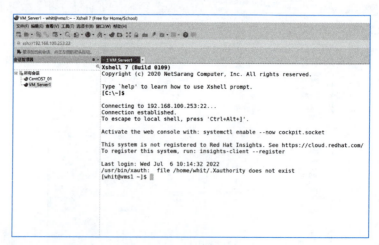

图 1-36　远程登录服务器

子任务 4　注销与退出 Linux 操作系统

1. 实施要求

注销、退出 RHEL 8 操作系统。

2. 实施步骤

当需要注销用户时，可单击桌面右上角的下拉按钮，再单击 whit 下拉列表的下拉按钮，然后单击"注销"按钮，如图 1-37 所示。打开"注销 whit"窗口，单击"注销"按钮在图形界面下选择"注销"选项，即可注销 whit 用户。

笔 记

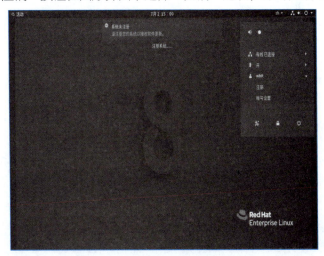

图 1-37　图形界面下注销用户

当需要退出系统（关机）时，可单击桌面右上角的下拉按钮，再单击右下角的"关机"按钮，打开"关机"窗口，单击"关机"按钮即可。如果需要重启，则可单击"重启"按钮。

在命令行界面中，可使用命令（如 exit、logout、reboot、poweroff、halt、shutdown 等）注销、退出用户。如何使用命令操作将在项目 2 中进行讲解。

安装完系统后，使用 VMware Workstation 的快照功能拍摄当前系统状况的快照，如图 1-38 所示。后期如果操作系统出现问题需要还原，通过恢复快照即可。

图 1-38　管理系统快照

实训文档

笔 记

【实训】 安装、登录、注销、退出 Linux 操作系统

实训目的

1. 掌握 Linux 操作系统的虚拟机环境配置方法。
2. 掌握 Linux 操作系统的安装方法。
3. 掌握 Linux 操作系统的登录方法。
4. 掌握 Linux 操作系统的注销、退出方法。

实训内容

使用 VMware Workstation 软件创建 Linux 操作系统运行的虚拟机环境，虚拟机环境配置需求见表 1-5。

表 1-5 虚拟机环境配置需求表

类　别	名　称	规格参数
虚拟机	虚拟机名	VM_Server2
硬件	CPU	单颗单核
	内存	2 GB
	磁盘接口	SCSI
	磁盘控制器	LSI Logic
	磁盘可用空间	40 GB
软件	操作系统	RHEL 8.4
网络	连接模式	NAT
	网段	根据实训室实际情况而定

RHEL 8 操作系统环境配置需求见表 1-6。

表 1-6 RHEL 8 操作系统环境配置需求表

类　别	名　称	规格参数
操作系统	Linux	RHEL 8.4/CentOS 8.4.2111（Red Hat 8 系皆可）
主机	主机名	vms2.whit.com
用户账号	root 用户	用户名: root 密码: Demo_vm2r@01
	普通用户	用户名: test 密码: Demo_vm2u@01
网络	IP 地址/子网掩码	根据实训室实际情况而定
磁盘	分区	系统自动分区

系统安装完成后，使用 Firefox 浏览器访问"智慧职教"平台，测试虚拟主机是否能够顺利访问外网。

使用远程登录软件登录虚拟机 VM_Server2。

实训环境

宿主机系统配置见表 1-7。

表 1-7　宿主机系统配置表

类　　别	名　　称	规 格 参 数
硬件	CPU	Intel i5 及以上
	内存	8 GB 及以上
	硬盘可用空间	100 GB 及以上
软件	操作系统	Windows 7/10/11 Professional Edition
	虚拟机软件	VMware Workstation 15/16
	远程登录软件	Xshell 7、MobaXterm 21.5、WindTerm 2.5 等皆可
网络	主机名	宿主机实际主机名称
	IP 地址/子网掩码	宿主机实际网络 IP 地址/子网掩码
	网关	宿主机实际网络网关
	DNS	宿主机实际网络 DNS

实训步骤

步骤 1：在符合表 1-7 要求的宿主机上启动 VMware Workstation 软件。

步骤 2：根据表 1-5 要求配置 CPU、内存、磁盘、网络创建虚拟机，并加载光盘镜像文件。

步骤 3：使用光盘启动方式启动虚拟机 VM_Server2，进入 Linux 系统安装界面。

步骤 4：按照表 1-6 的要求和系统安装界面的提示，对主机名、网络配置、时区、用户账号、用户密码、磁盘分区、定制系统安装选项等各项进行设置。

步骤 5：分别使用 root 用户、test 用户登录 Linux 操作系统，打开 Firefox 浏览器，输入"智慧职教"平台网址，测试是否能够正常浏览网站。关闭 Firefox 浏览器，单击"注销"按钮，注销用户。

步骤 6：打开远程登录软件，新建会话，输入虚拟机 VM_Server2 的 IP 地址、用户账号、用户密码等，登录虚拟机 VM_Server2。登录成功后，关闭虚拟机 VM_Server2。

【项目总结】

本项目首先介绍开源软件和开源许可证；接着讲解 Linux 内核及 Linux

操作系统的基础知识；最后以任务实操的方式讲解虚拟机软件 VMware Workstation Pro 16 以及 RHEL 8 操作系统的安装及使用。

练习答案

【课后练习】

1. 选择题

（1）Linux 是_____操作系统。

    A. 单用户、单任务   B. 单用户、多任务

    C. 多用户、单任务   D. 多用户、多任务

（2）Linux 内核是基于_____许可证的开源软件。

    A. GPL   B. BSD   C. Apache   D. MIT

（3）在下列系统中，不属于基于 Linux 内核的发行版操作系统的是_____。

    A. Windows   B. RHEL   C. Debian   D. UOS

（4）VMware Workstation 中有三种网络模式，其中与宿主机物理网络适配器在同一网段，并可直接连通外网的模式是_____。

    A. 桥接模式   B. NAT 模式

    C. 仅主机模式   D. 无网络模式

（5）在 VMware 软件中，NAT 模式对应的虚拟网络适配器是_____。

    A. VMnet0   B. VMnet1   C. VMnet8   D. Virbr0

2. 简答题

（1）简述开源软件、开源许可证的概念。

（2）简述 Linux 内核的版本号的构成。

项目 **2**
Linux Shell
基础

学习目标

【知识目标】

● 理解 Shell 的本质和作用。

● 理解 Linux Shell 命令涉及的操作系统原理知识。

● 掌握 Linux Shell 命令的通用格式和使用注意事项。

【技能目标】

● 熟练掌握常用 Linux Shell 命令的使用方法。

● 熟练掌握通配符、重定向符、管道符的使用方法。

● 熟练掌握 Vim 编辑器的使用方法。

【素养目标】

● 培养学习者在命令行界面 Shell 中使用 Linux 命令解决实际应用问题的能力。

● 仔细查看项目文档，做好准备工作，有计划完成任务。

● 培养质量意识，任务完成后做好检查，确定达到任务目标。

Linux Shell 基础

【任务】 Linux Shell 基础

 学习情境

在 Linux 服务器运维过程中，使用图形界面 Shell 在很多时候的工作效率并不高，且不易于远程登录，无法实现无人值守运维。命令行界面 Shell 中使用命令可以高效、方便地完成运维工作。

 任务描述

学习并掌握 Linux 常用命令以及通配符、重定向符、管道符等的基础用法，掌握使用 Vim 编辑器编辑文件的基础用法。

 问题引导

- 什么是 Shell？Shell 的作用是什么？
- Linux Shell 具有哪些特色功能？
- Linux Shell 包含几种启动方式？如何启动？
- Linux Shell 命令的基本格式是怎样的？有哪些使用注意事项？
- 常用的 Linux Shell 命令有哪些？如何使用？
- 如何使用通配符、重定位符、管道符？
- 如何使用 Vim 编辑器？

 知识学习

微课 2-1
Shell 简介

1. Shell 概述

Shell 是用户与操作系统内核进行交互操作的软件，并为实现交互提供了用户界面。Shell 本质上是命令解释器，解释用户输入的命令或者操作，并交给内核相关的功能模块去执行。Shell 包括命令解释程序、命令语言及程序设计语言。

用户与操作系统的交互关系如图 2-1 所示，用户通过 Shell 的用户界面输入命令或者启动程序，由 Shell 对命令或者程序进行解释并调用内核中相应的功能模块，由内核分配和调度软、硬件资源，按照功能模块的执行流程完成工作。

Shell 分为命令行界面 Shell（Command Line Interface Shell，CLI Shell）、图形界面 Shell（Graphical User Interface Shell，GUI Shell）两种。图形界面 Shell 包括 KDE、Gnome 等。项目 1 中的 RHEL 8 操作系统安装完成后，登录、注销、退出系统时所使用的就是图形界面 Shell，远程登录 Linux 服务器进行操作时默认使用的是命令行界面 Shell。在本书后续的内容中，Shell

默认是指命令行界面 Shell。

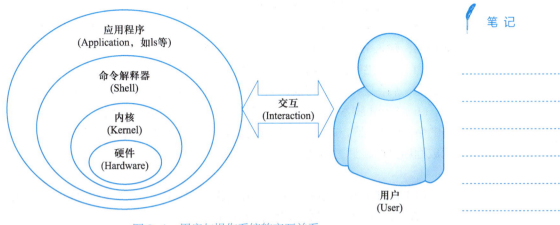

图 2-1　用户与操作系统的交互关系

Linux Shell 种类众多，常见的有 Bash、sh、ksh、zsh、tcsh 等。使用命令查看 RHEL 8 操作系统可以使用的 Shell 如下。

```
[whit@vms1 ~]$ cat /etc/shells
/bin/sh
/bin/bash
/usr/bin/sh
/usr/bin/bash
```

从执行结果可以看出 RHEL 8 操作系统支持的 Shell 都记录在/etc/shells文件中。此外，系统中每个用户也有自己对应使用的 Shell。相关信息记录在/etc/passwd 文件中，文件的部分内容如下。

```
root:x:0:0:root:/root:/bin/bash
……
mail:x:8:12:mail:/var/spool/mail:/sbin/nologin
……
```

由此可以看出，root 用户和 mail 用户使用的是不同的 Shell。

2. Linux Shell 的特色功能

当今主流的 Linux 操作系统默认使用的 Shell 是 Bash，如 RHEL 8 操作系统，Linux Shell 具有以下特色功能。

（1）命令的记忆功能。在 Linux 操作系统中，每个用户使用过的命令都会被记录到用户家目录的.bash_history 文件中。如果需要快速查找近期使用过的命令，则可以通过键盘的↑、↓方向键或者 history 命令进行查找。

（2）命令与文件补全功能。在输入命令或者查找文件时，如果命令、目录、文件的名称过长不便于记忆，则可使用命令与文件补全功能。在命令后输入目录或者文件的前几个字符，按一次 Tab 键补齐目录名或者文件名，连按两次 Tab 键显示查询目录下以前几个字符开头的全部文件。输入命令的前几个字符，连按两次 Tab 键显示以输入字符开头的命令。此功能可以大幅提高工作效率，同时可以使用户避免错误输入。

（3）命令别名设置功能。使用 alias 将自定义的命令可以替换 Bash 原有的命令，便于使用。例如，alias ll='ls –l --color=auto'，表示 ll 是命令 ls –l 的别名，输入 ll 即可实现命令 ls –l 的功能。

（4）作业控制、前后台控制功能。在命令行界面 Shell 中，通过命令使进程在前、后台之间进行切换，而不中断进程的执行，达到多任务的目的。

（5）Shell 脚本。Shell 脚本是使用 Shell 编写的脚本程序，将多个需要执行的命令以编程的方式（含有变量、运算符、程序控制结构、数组、函数等）写成程序文件，通过自动化的方式来执行。

3. Linux Shell 的启动方法

以 RHEL 8 操作系统中的 Bash 为例，包含以下 3 种启动 Bash 的方法。

方法 1：启动"终端"软件，进入 Bash。

方法 2：启动虚拟终端，进入 Bash。

方法 3：使用支持 Bash 的远程登录软件，以命令行方式登录操作系统，进入 Bash。

4. Linux Shell 命令的基本格式

以 Bash 为例，Linux Shell 命令的通用格式为：命令名称 [选项] [参数]

关于命令格式，有以下注意事项。

（1）区分大小写。命令名称、选项、参数严格区分大小写。

（2）可省略部分。选项和参数根据命令的不同可以做不同程度的省略。

（3）选项格式。选项是对命令的"个性化"定制，以方便不同用户的需求，选项的格式按照格式写法分为以下 3 种。

① BSD 风格。选项不加前缀，直接填写字母，此时选项一般使用英文缩写，多个选项可以连写在一起。如 ps aux。

② UNIX/POSIX 风格。通常称为短格式，选项以–作为前缀，此时选项一般使用英文缩写，多个选项可以写在同一个–的后面，如 ls –l –a 可以写成 ls –la。

③ GNU 风格。通常称为长格式，选项以--作为前缀，此时选项一般使用英文单词。如 ls --all。长格式中多个选项不能写在同一个--的后面，如 ls --all --directory 不能写成 ls --all directory。长格式与短格式可以混用，但不能写在同一个–或者--的后面，如 ls --all –d 不能写成 ls --alld。

（4）参数的范围。参数是指命令的操作对象，操作对象主要是普通文件、目录、设备、用户、进程等。

（5）空格的使用。命令名称、选项、参数中间都需要用空格隔开，多个空格会被 Shell 视为一个空格来处理。

（6）;号的使用。两条命令之间使用;隔开，可以实现一行中输入多条命令，命令的执行顺序和输入的顺序相同。

（7）\号的使用。如果命令一行写不完，可在每行结尾输入\，再按 Enter

键，换行后会出现>，在其后继续输入后面的内容。

5. Bash 常用的快捷键

Bash 中常用的快捷键见表 2-1。

表 2-1　Bash 常用的快捷键

快 捷 键	功　　能
Tab	命令或者文件路径补齐
Ctrl+A/Ctrl+←	将光标定位到命令行开头
Ctrl+E/Ctrl+→	将光标定位到命令行结尾
Ctrl+K	剪切光标所在位置到行结尾的文本
Ctrl+U	剪切光标所在位置到行开头的文本
Ctrl+Y	粘贴 Ctrl+K/Ctrl+U 剪切的文本
Ctrl+Insert	复制选定的文本
Shift+Insert	粘贴选定的文本
Ctrl+C	终止命令或程序功能、删除整行
Ctrl+D	键盘输入结束，也可以用来取代 exit 的输入
Ctrl+L	清除屏幕所有内容，功能与 clear 相同
Ctrl+Z	暂停当前正在执行的任务

6. 通配符

通配符又称多义符。在批量处理文件或者目录时，使用通配符能够提高工作效率。通配符的常见用法见表 2-2。

表 2-2　通配符的常见用法

符　　号	用　　法
?	匹配任意一个字符。例如，a?.txt 是表示匹配 a 开头，后跟一个任意字符的文本文件名（ax.txt、a1.txt、a_.txt……）
*	匹配任意若干个（个数>=0）字符。例如，a*.txt 是表示匹配 a 开头，后跟任意个字符的文本文件名（ax.txt、ax1.txt、ax_1.txt……）
[ ]或者[-]	匹配中括号内字符集中的任意一个字符。例如，a[135].txt 是表示匹配 a 开头后跟 1、3、5 三个字符中任意一个字符的文本文件名（a1.txt、a3.txt、a5.txt）；a[1-5].txt 是表示匹配 a 开头后跟字符 1～5 范围内任意一个字符的文本文件名（a1.txt、a2.txt、a3.txt、a4.txt、a5.txt）；a[0-9,a-z].txt 是表示匹配 a 开头后跟字符 0～9 或者 a～z 范围内任意一个字符的文本文件名
[!]或者[! -]或者[^]或者[^ -]	匹配中括号内字符集以外的任意一个字符。例如，a[!123].txt、a[!1-3].txt、a[^123].txt、a[^1-3].txt 都是表示匹配 a 开头后跟 1、2、3 三个字符以外的任意一个字符的文本文件名（a0.txt、a4.txt、a5.txt、a7.txt、ax.txt……）

7. 重定向符

用于改变命令的输入源与输出目标。一般情况下，Bash 默认输入是从键盘输入，默认输出是输出到显示器。如果需要重新指定输入或者输出设备，就要使用重定向。例如，脚本执行的过程需要保存到日志文件中而不是显示器上，需要使用重定向。重定向符的常见用法见表 2-3。

表 2-3　重定向符的常见用法

符　号	用　法
标准输入（stdin）	文件描述符，值为 0。适用于<和<<
标准输出（stdout）	文件描述符，值为 1。适用于>和>>
标准错误（stderr）	文件描述符，值为 2。适用于>和>>
命令<文件	将文件的内容读取出来作为标准输入
命令<<分界符	从标准输入读入，直到遇到分界符为止
命令<文件 a>文件 b	将文件 a 的内容读取出来作为标准输入，执行结果作为标准输出写到文件 b 中
命令>文件	将标准输出重定向到文件（覆盖原文件）
命令 2>文件	将错误输出重定向到文件（覆盖原文件）
命令>>文件	将标准输出重定向到文件（追加到原文件内容后）
命令 2>>文件	将错误输出重定向到文件（追加到原文件内容后）
命令>>文件 2>&1	将标准输出和错误输出写到同一个文件中（追加到原文件内容后）

8. 管道符

利用 Linux 提供的管道符丨连接若干命令，管道符左边命令的输出结果就会作为管道符右边命令的标准输入，适用于对数据流做多次处理的情况。

9. 常用的 Linux Shell 命令

Linux Shell 命令众多，本书以 RHEL 8.4 操作系统为例，在本项目中讲解常用的命令及其基础用法，在后续项目中会根据应用场景补充已有命令的其他用法或者讲解新的命令及其用法。常用的 Linux Shell 命令包括查询及帮助、系统关机/重启/注销、系统内建命令、系统信息显示、文件和目录操作、文件查看及内容处理、文件命令搜索、用户查看及用户/用户组管理、系统及用户权限、磁盘与文件系统、系统管理与性能监测、进程管理、网络操作、文件包管理等。

拓展阅读
Linux 基础常用命令
示例

本项目主要讲解查询及帮助、系统关机/重启/注销、系统内建命令、系统信息显示、用户管理、文件和目录操作、文件查看及内容处理、文件搜索等常用命令。

（1）查询及帮助命令

Linux 操作系统中 Shell 命令的帮助信息或文档由开发者提供，权威性强，建议用户以此为依据解决使用中遇到的问题。查询及帮助的常用命令见表 2-4。

表 2-4　查询及帮助的常用命令

命　令	功　能
help	查看 Linux Shell 内置命令的帮助信息
man	在 man 手册中查看命令、配置文件及服务的帮助信息
info	在 info 格式文件中查看命令的帮助信息

① help 命令

功能：查看 Linux Shell 内置命令的帮助信息，外部命令需要使用 man 或者 info 命令查看。

命令格式：help [选项] 命令名称

常用选项见表 2-5。

表 2-5　help 命令的常用选项

选　项	功　能
-d	输出命令的简短描述
-s	输出短格式的简明帮助信息
-m	以 man 手册的格式显示帮助信息

② man 命令

功能：官方提供的帮助手册，使用 man 命令可以查看手册中的命令、配置文件及服务的帮助信息，可以查看外部命令。

命令格式：man [选项] 命令名称

常用选项见表 2-6。

表 2-6　man 命令的常用选项

选　项	功　能
-a	在所有的帮助手册中搜索
-d	检查新加入的文件是否有错误
-f	显示给定关键字的简短描述信息
-P	指定内容时使用分页程序
-M	指定 man 手册搜索的路径
-w	显示文件所在位置

查看完整的帮助信息可使用快捷键，快捷键及其功能见表 2-7。

表 2-7　man 命令的快捷键及其功能

快　捷　键	功　能
q	退出
Enter	向下翻一行

续表

快 捷 键	功 能
PageDown 或者 Space	向下翻一页
PageUp 或者 b	向上翻一页
/字符串	向下依次查找字符串
?字符串	向上依次查找字符串
n，N	搭配 "/字符串" 或者 "?字符串" 使用，n 表示沿当前方向搜索下一个匹配字符串，N 表示沿当前方向反向搜索下一个匹配字符串

③ info 命令

功能：Linux 整个软件包的帮助文档以 info 格式文件的方式存放在 /usr/share/info 目录中，info 格式文档支持链接跳转功能，使用 info 命令查看该文档，可以查看外部命令。相对 help、man 命令而言，info 命令使用较少。

命令格式：info [选项] 命令名称

常用选项见表 2-8。

表 2-8　info 命令的常用选项

选 项	功 能
-w	显示 info 文档的物理位置
-f	指定要访问的 info 文件
-n	在首个浏览过 info 文件中指定节点
-O	跳转至命令行选项节点

（2）系统关机/重启/注销命令

系统关机/重启/注销的常用命令见表 2-9。

表 2-9　系统关机/重启/注销的常用命令

命 令	功 能
shutdown	关机、重启计算机
halt	关机、重启计算机
poweroff	关机
reboot	重启
logout	退出已登录 Shell
exit	退出 Shell

① shutdown 命令

功能：关闭、重启计算机。

命令格式：shutdown [选项] [时间] [警告信息]

常用选项见表 2-10。

表 2-10 shutdown 命令的常用选项

选 项	功 能
-h	系统关机
-c	取消关机
-k	发送信息给所有用户
-r	系统重启

② halt 命令

功能：关闭、重启计算机。

命令格式：halt [选项]

常用选项见表 2-11。

表 2-11 halt 命令常用选项

选 项	功 能
-w	模拟关机，仅将过程写入到日志文件
-d	关机时，不写入日志记录
-f	强制关机
-p	关机
--reboot	重启

③ poweroff 命令

功能：关闭计算机操作系统并且切断系统电源。如果确认系统中已经没有用户存在且所有数据都已保存，需要立即关闭系统，则可以使用 poweroff 命令。

命令格式：poweroff [选项]

常用选项见表 2-12。

表 2-12 poweroff 命令的常用选项

选 项	功 能
-w	模拟关机，仅将过程写入到日志文件
-d	关机时，不将操作写入日志文件
-f	强制关机
-p	关机
--reboot	重启

④ reboot 命令

功能：重新启动计算机。

命令格式：reboot

常用选项见表 2-13。

表 2-13 reboot 命令的常用选项

选 项	功 能
-n	直接重启系统，不保存当前资料
-w	模拟重启过程，将过程写入到日志中
-d	重启系统但不将过程写入到日志中
-f	强制重启系统

注意：shutdown、halt、poweroff、reboot 命令都只能在 root 用户或者获得 root 权限的用户下运行。

⑤ logout 命令

功能：用户退出一个已登录 Shell，与 login 命令作用相反。

命令格式：logout

⑥ exit 命令

功能：退出 Shell。

命令格式：exit

（3）系统内建及其他的常用命令

Linux 操作系统内建了许多 Shell 命令。一般来说，内建的 Shell 命令会比外部的 Shell 命令执行更快。因为执行内建命令相当于调用当前 Shell 进程里面的函数，而执行外部命令的话需要启动外部命令对应的程序，创建进程后才能执行，执行完成后再退出。系统内建及其他的常用命令见表 2-14。

表 2-14 系统内建及其他的常用命令

命 令	功 能
type	Shell 内建命令，判断命令是否属于 Shell 内建命令
history	Shell 内建命令，显示与管理历史命令记录
alias	Shell 内建命令，设置命令的别名
unalias	Shell 内建命令，取消命令的别名
echo	Shell 内建命令，用于 Shell 脚本编程，输出变量或者字符串值
printf	Shell 内建命令，用于 Shell 脚本编程，将结果格式化输出到 stdout
set	Shell 内建命令，用于 Shell 脚本编程以及文本编辑，设定 Shell 的执行方式，更改 Shell 属性和位置参数的值，或显示 Shell 变量的名称和值
unset	Shell 内建命令，用于 Shell 脚本编程，取消设定 Shell 变量和函数的值和属性

续表

命　令	功　能
export	Shell 内建命令，用于 Shell 脚本编程，设置或显示环境变量
declare	Shell 内建命令，用于 Shell 脚本编程，声明变量类型
let	Shell 内建命令，用于 Shell 脚本编程，执行整数运算
local	Shell 内建命令，用于 Shell 脚本编程，用于声明局部变量
read	Shell 内建命令，用于 Shell 脚本编程，从键盘读入值
return	Shell 内建命令，用于 Shell 脚本编程，函数的返回值
test	Shell 内建命令，用于 Shell 脚本编程，测试表达式的值
time	Shell 关键字，计算命令执行时间
clear	其他命令，清屏

① type 命令

功能：显示所要查看命令的类型，判断是否属于 Shell 内建命令。

命令格式：type [选项] 命令名称

常用选项见表 2-15。

表 2-15　type 命令的常用选项

选　项	功　能
-a	显示所有包含名称为 NAME 的可执行文件的位置；包括别名、内建和函数。仅当'-p'选项没有使用时
-f	抑制 Shell 函数查询
-P	为每条命令名称列出路径（别名、内建或函数），并且返回将被执行的磁盘上文件的名称
-p	返回将被执行的磁盘上文件的名称
-t	返回 alias、keyword、function、builtin、file 中的某一个

② history 命令

功能：显示与管理历史命令记录。

命令格式：history [选项]

常用选项见表 2-16。

表 2-16　history 命令的常用选项

选　项	功　能
-a	写入命令记录
-c	清空命令记录
-d	删除指定序号的命令记录

续表

选　项	功　能
-n	读取命令记录
-r	读取命令记录到缓冲区
-s	将指定的命令添加到缓冲区
-w	将缓冲区信息写入到历史文件

③ alias 命令

功能：设置命令的别名，适用于较长命令的简化。使用 alias 时，用户必须使用单引号' '将原来的命令标记，防止特殊字符导致错误。

命令格式：alias [选项]

常用选项见表 2-17。

表 2-17　alias 命令的常用选项

选　项	功　能
-p	输出已经设置的命令别名

④ unalias 命令

功能：取消命令的别名。

命令格式：unalias [选项] 别名

常用选项见表 2-18。

表 2-18　unalias 命令常用选项

选　项	功　能
-a	取消所有已经设置的命令别名

⑤ echo、printf、set、unset、export、declare、let、local、read、return、test 命令

以上命令都是 Shell 内建命令，用于 Shell 脚本编程或者文本编辑。在对字符串的处理过程中，这些命令都会用到单引号、双引号、反引号，这 3 种符号各自的代表含义以及使用过程中的区别见表 2-19。

表 2-19　单引号、双引号、反引号的使用区别

符　号	用　法
单引号' '	字符串内容原样输出
双引号" "	当字符串内容是命令、变量名、特殊转义字符时，可以输出字符串解析后的值
反引号` `	一般用于引用命令。输出结果就是命令的执行结果，效果等同于 echo $(命令)

⑥ time 命令

功能：测量特定指令执行时所需消耗的时间及系统资源等消息，如 CPU 时间、内存、输入输出等。

命令格式：time [选项] 命令名称

⑦ clear 命令

功能：清除屏幕。命令将会刷新屏幕，本质上只是让终端显示页向后翻了一页，如果向上滚动屏幕还可以看到之前的操作信息。

命令格式：clear

（4）系统信息显示命令

系统信息显示的常用命令见表 2-20。

表 2-20　系统信息显示的常用命令

命　　令	功　　能
uname	显示操作系统相关信息
hostname	显示和设置系统的主机名称
date	显示和设置系统的日期与时间信息

① uname 命令

功能：用于显示系统主机名、内核及硬件架构等相关信息。如果不加任何选项，则默认仅显示系统内核名称。

命令格式：uname [选项]

常用选项见表 2-21。

表 2-21　uname 命令的常用选项

选　　项	功　　能
-a	显示系统所有相关信息
-m	显示计算机硬件架构
-n	显示主机名称
-r	显示内核发行版本号
-s	显示内核名称
-v	显示内核版本
-p	显示主机处理器类型
-o	显示操作系统名称
-i	显示硬件平台

② hostname 命令

功能：用于显示和设置系统的主机名。重启系统后，修改的主机名失效。

命令格式：hostname [选项]

常用选项见表 2-22。

表 2-22　hostname 命令的常用选项

选　　项	功　　能
-a	显示主机别名
-d	显示 DNS 域名
-i	显示主机的 IP 地址，依赖 DNS 解析，速度慢
-I	显示主机的 IP 地址，不依赖 DNS 解析，速度快
-s	显示短格式主机名

③ date 命令

功能：显示和设置系统日期与时间信息。系统默认的时间格式是 [MMDDhhmm[[CC]YY][.ss]]，其中 MM 为月份，DD 为日，hh 为小时，mm 为分钟，CC 为年份前两位数字，YY 为年份后两位数字，ss 为秒数。修改的时间在系统重启后会失效。

命令格式：date [选项] [+时间格式]

常用选项见表 2-23。

表 2-23　date 命令的常用选项

选　　项	功　　能
-d datestr	显示 datestr 中所设定的时间 (非系统时间)
-s datestr	将系统时间设为 datestr 中所设定的时间
-u	显示目前的格林尼治时间

常用格式标记见表 2-24。

表 2-24　date 常用格式标记

格式标记	含　　义
%d	按月计的日期（如 01 ）
%H	小时（00～23 ）
%m	月份（01～12 ）
%M	分钟
%S	秒（00～60 ）
%Y	年份

（5）用户管理命令

在 Linux 操作系统中存在多个用户，用户查看、切换命令用于判定当前用户、多个用户之间切换等，常用命令见表 2-25。

表 2-25　用户管理的常用命令

命　令	功　能
su	切换用户身份
whoami	显示当前正在使用的用户名称
who	显示当前登录系统的用户信息

① su 命令

功能：用于切换用户身份。管理员切换至任意用户无需密码验证，普通用户切换至其他用户均需密码验证。切换到 root 用户时，用户名可以省略。

命令格式：su [选项] [用户名]

常用选项见表 2-26。

表 2-26　su 命令的常用选项

选　项	功　能
-l	变更身份时，也同时变更工作目录
-m	变更身份时，不要变更环境变量
-c	执行完指定命令后，恢复原来身份

② whoami 命令

功能：显示当前正在登录的用户名，与 id -un 命令效果相同。

命令格式：whoami

③ who 命令

功能：显示当前登录用户账号信息，包含登录的用户名、终端、日期和时间、进程等信息。

命令格式：who [选项]

常用选项见表 2-27。

表 2-27　who 命令的常用选项

选　项	功　能
-a	全面信息
-b	系统最近启动时间
-d	结束的进程
-l	系统登录进程
-H	带有列标题打印用户名，终端和时间

（6）文件和目录操作命令

文件是计算机中信息存储的载体，数据都保存在文件中。目录负责对文件进行管理（创建、删除、修改、查找、复制、移动等）。

Linux 中的目录结构是树形结构，目录树的根是根目录，用/表示。对目录的访问和切换可以通过两种方式来实现：绝对路径和相对路径。

绝对路径：从根目录开始的路径，如/usr/share 目录。

相对路径：相对于当前目录的路径，如 local/share 目录。

Linux 文件（目录）的命名规范有如下 6 条。

规范 1：长度不超过 255 个字符。

规范 2：严格区分字母大小写，不建议使用大写字母区分不同的文件，文件名尽量使用小写字母。

规范 3：可以包含空格、?、*、>、<、| 等特殊字符，但不建议使用。确需使用时，则需要使用引号括起来，如 cd "/my dir"。

规范 4：不可以使用/字符。

规范 5：如果文件名由若干单词组成，建议各单词之间使用下画线_连接，如 whit_info_20220701.log。

规范 6：文件扩展名可选。因为 Linux 操作系统并不以文件的扩展名来区分文件类型，所以 Linux 文件的扩展名对 Linux 操作系统没有特殊的含义。例如，run.exe 在 Linux 操作系统中不一定是可执行文件。但文件的扩展名可以帮助运维人员更好地区分不同的文件类型。

文件和目录操作的常用命令见表 2-28。

表 2-28 文件和目录操作的常用命令

命　　令	功　　能
pwd	显示当前工作目录的绝对路径
ls	列出当前工作目录中的文件信息，如内容（目录、文件）及内容的属性信息
tree	以树状形式列出目录中的内容
cd	切换目录
mkdir	创建新目录
rmdir	删除空目录
touch	创建新的空文件与修改时间戳
rm	删除文件或目录
mv	移动、重命名目录或文件
cp	复制目录或文件
rename	重命名文件
find	查找目录或文件
file	显示文件的类型

① pwd 命令

功能：显示当前工作目录的绝对路径。

命令格式：pwd

② ls 命令

功能：列出当前工作目录中的文件信息。

命令格式：ls [选项] [文件或目录]

常用选项见表 2-29。

表 2-29 ls 命令的常用选项

选　　项	功　　能
-a	显示所有文件及目录（包括以.开头的隐藏文件）
-l	使用长格式列出文件及目录的详细信息，RedHat 系列操作系统用 ll 作为其别名
-r	将文件以相反次序显示（默认依英文字母次序）
-t	根据最后的修改时间排序
-A	同-a，但不列出当前目录及父目录
-S	根据文件大小排序
-R	递归列出所有子目录
-d	查看目录本身的信息，而不是目录里面内容的信息
-i	输出文件的 inode 节点信息
-m	水平列出文件，以逗号间隔
-X	按文件扩展名排序
-Z	输出每个文件的任何安全上下文
--color	输出信息中带有着色效果

注意：Linux 操作系统命令行界面 Shell 中使用.代表当前目录，使用..代表上一级目录（父目录）。

③ tree 命令

功能：以树状图形式列出目录中的内容，帮助用户快速了解目录的层次关系。

命令格式：tree [选项] [目录]

常用选项见表 2-30。

表 2-30 tree 命令的常用选项

选　　项	功　　能
-a	显示所有文件和目录
-d	仅显示目录名称
-f	显示完整的相对路径名称

续表

选 项	功 能
-g	显示文件所属群组名称
-i	不以阶梯状列出文件或目录名称
-l	直接显示连接文件所指向的原始目录
-N	直接列出文件和目录名称
-p	列出权限标示
-q	用?号取代控制字符，列出文件和目录名称
-L level	层级显示，level 为整数

④ cd 命令

功能：切换当前所处的工作目录，路径可以是绝对路径，也可以是相对路径。

命令格式：cd [选项] [目录]

常用选项见表 2-31。

表 2-31　cd 命令的常用选项

选 项	功 能
-P	如果切换的目标目录是一个符号链接，则直接切换到符号链接指向的目标目录
-L	如果切换的目标目录是一个符号链接，则直接切换到符号链接名所在的目录

注意：**cd -** 命令的功能是将目录切换回进入此目录之前所在的目录。**cd ～** 代表当前用户的家目录，"**cd ～用户**"代表某用户的家目录。**cd** 后面全部省略则是切换到当前用户的家目录。

⑤ mkdir 命令

功能：创建新目录。如果要创建的目标目录已经存在，则会提示已存在而不继续创建，不覆盖已有文件。

命令格式：mkdir [选项] 目录

常用选项见表 2-32。

表 2-32　mkdir 命令的常用选项

选 项	功 能
-p	递归创建多级目录
-m	建立目录的同时设置目录的权限
-Z	设置安全上下文
-v	显示目录的创建过程

⑥ rmdir 命令

功能：删除空目录。

命令格式：rmdir [选项] 目录

常用选项见表 2-33。

表 2-33　rmdir 命令的常用选项

选　项	功　能
-p	用递归的方式删除指定的目录路径中的所有父级目录，非空则报错
-v	显示目录的删除过程

⑦ touch 命令

功能：创建新的空文件与修改时间戳。如果文件不存在，则会创建出一个空文本文件；如果文件已经存在，则会对文件的访问时间（Atime）和修改时间（Ctime）进行修改操作。

命令格式：touch [选项] 文件

常用选项见表 2-34。

表 2-34　touch 命令的常用选项

选　项	功　能
-a	改变指定文件的最后访问时间
-m	改变指定文件的最后修改时间
-r file	参照模板文件设置指定文件的时间，与模板文件的时间相同
-c	不创建新文件
-d STRING	使用字符串 STRING 代表的时间作为模板设置指定文件的时间
-t STAMP	按照从左到右顺序，使用世纪、年、月、日、时、分、秒格式（世纪、年、秒可省略）设置文件的时间

⑧ rm 命令

功能：删除文件或目录，一次可以删除多个文件，也可以递归删除目录及目录内的所有内容。

命令格式：rm [选项] 文件或目录

常用选项见表 2-35。

表 2-35　rm 命令的常用选项

选　项	功　能
-f	不询问直接强制删除
-i	删除前会询问用户是否操作
-r 或者-R	递归删除目录
-v	显示指令的详细执行过程

注意：rm 命令要慎用，尤其是 rm -rf /*命令，执行该命令后会导致磁盘所有数据被删除。

⑨ mv 命令

功能：对文件或目录进行移动和重命名。在同一个目录内进行移动的操作，实际效果与重命名操作相同。

命令格式：mv [选项] 源文件 目标文件

常用选项见表 2-36。

表 2-36　mv 命令的常用选项

选　　项	功　　能
-f	目标文件存在时，不进行任何提示直接覆盖已有文件
-i	目标文件存在时，询问是否覆盖
-n	不覆盖已有文件
-b	当目标文件存在时，覆盖前为其创建一个备份
-u	当源文件比目标文件新，或者目标文件不存在时，才执行移动操作

⑩ cp 命令

功能：将一个或多个文件或目录复制到指定位置。

命令格式：cp [选项] 源文件 目标文件

常用选项见表 2-37。

表 2-37　cp 命令的常用选项

选　　项	功　　能
-f	不询问用户，强制复制。若目标文件已存在，则会直接覆盖原文件
-i	若目标文件已存在，则会询问是否覆盖
-p	与源文件的属性一起复制给新文件
-r	递归复制文件和目录
-d	若源文件为连接文件的属性，则复制连接文件属性
-l	对源文件建立硬连接，而非复制文件
-s	对源文件建立符号连接，而非复制文件
-b	覆盖已存在的文件目标前将目标文件备份
-v	详细显示 cp 命令执行的操作过程
-a	等价于-pdr 选项

⑪ rename 命令

功能：修改文件名称，可以通过搭配通配符*或者?实现批量修改。

命令格式：rename 原字符 新字符 文件

⑫ find 命令

功能：根据给定的路径和条件查找相关文件或目录。

命令格式：find [路径] [选项] 文件或目录

常用选项见表 2-38。

表 2-38　find 命令的常用选项

选　项	功　能
-name	匹配名称
-perm	匹配权限
-user	匹配用户
-group	匹配用户组
-mtime -n +n	匹配修改内容的时间（-n 指 n 天以内，+n 指 n 天以前）
-atime -n +n	匹配访问文件的时间（-n 指 n 天以内，+n 指 n 天以前）
-ctime -n +n	匹配修改文件权限的时间（-n 指 n 天以内，+n 指 n 天以前）
-nouser	匹配无所有者的文件
-nogroup	匹配无所有组的文件
-newer f1 !f2	匹配比文件 f1 新但比 f2 旧的文件
-type b/d/c/p/l/f	匹配文件类型（后面的字母依次表示块设备、目录、字符设备、管道、链接文件、文本文件）
-size	匹配文件的大小（例如，+50 KB 为查找超过 50 KB 的文件，而-50 KB 为查找小于 50 KB 的文件）
-prune	忽略某个目录
-exec …… {}\;	后面可跟用于进一步处理搜索结果的命令
-b	覆盖已存在的文件目标前将目标文件备份
-v	详细显示 cp 命令执行的操作过程
-a	等价于-pdr 选项

（7）文件查看及内容处理命令

文件查看及内容处理的常用命令见表 2-39。

表 2-39　文件查看及内容处理的常用命令

命　令	功　能
cat	查看文件内容
more	从前向后分页显示文件内容
less	从前向后、从后向前分页显示文件内容
head	显示文件开头的内容
tail	查看文件尾部的内容
wc	统计文件的字节数、单词数、行数等信息，并将统计结果输出到终端界面

① cat 命令

功能：查看文件内容，适合查看内容较少的、纯文本的文件。连接多个文件并显示到屏幕输出或者指定文件中。

命令格式：cat [选项] 文件

常用选项见表 2-40。

表 2-40　cat 命令的常用选项

选　　项	功　　能
-n	显示行数（空行也编号）
-s	显示行数（多个空行算一个编号）
-b	显示行数（空行不编号）
-E	每行结束处显示$符号
-T	将 TAB 字符显示为 ^I 符号
-v	使用^和 M-引用，除了 LFD 和 TAB 之外
-e	等价于-vE 组合
-t	等价于-vT 组合
-A	等价于-vET 组合

② more 命令

功能：从前往后分页显示文本文件内容，适合查看内容较多的文件。按 Enter 键往后翻一行，按 Space 键往后翻一页。

命令格式：more [选项] 文件

常用选项见表 2-41。

表 2-41　more 命令的常用选项

选　　项	功　　能
-\<num>	指定每屏显示的行数 num
-l	在通常情况下，把 ^L 当作特殊字符，遇到这个字符就会暂停，-l 选项可以阻止这种特性
-f	计算实际的行数，而非自动换行的行数
-p	先清除屏幕，再显示文本文件的剩余内容
-c	与-p 相似，不滚屏，先显示内容，再清除旧内容
-s	多个空行压缩成一行显示
-u	禁止下划线
+/\<pattern>	在文档中搜寻 pattern，然后从 pattern 处开始显示文件内容
+\<num>	从第 num 行开始显示

③ less 命令

功能：从前向后、从后向前分页显示文本文件内容，适合查看内容较多的
文件。按 PageDown 键往后翻，按 PageUp 键前翻。

命令格式：less [选项] 文件

常用选项见表 2–42。

表 2–42　less 命令的常用选项

选　项	功　能
−b	设置缓冲区的大小
−e	当文件显示结束后自动退出
−f	强制打开文件
−g	只标志最后搜索的关键词
−i	忽略搜索时的大小写
−m	显示阅读进度百分比
−N	显示每行的行号
−o	将输出的内容在指定文件中保存起来
−Q	不使用警告音
−s	显示连续空行为一行
−S	在单行显示较长的内容，而不换行显示
−x	将 TAB 字符显示为指定个数的空格字符

④ head 命令

功能：显示文件开头的内容，默认为前 10 行。

命令格式：head [选项] 文件

常用选项见表 2–43。

表 2–43　head 命令的常用选项

选　项	功　能
−n <N>	输出文件开头的 N 行内容
−c <N>	输出文件开头的 N 个字节内容
−v	总是显示文件名的头信息
−q	不显示文件名的头信息

⑤ tail 命令

功能：查看文件尾部的内容，默认为最后 10 行。

命令格式：tail [选项] 文件

常用选项见表 2–44。

表 2-44 tail 命令的常用选项

选 项	功 能
-c <N>	输出文件尾部的 N 个字节内容
-f	持续显示文件最新追加的内容
-F	与选项-follow=name 和--retry 连用时功能相同
-n <N>	输出文件尾部的 N 行内容
--retry	在 tail 命令启动时,文件不可访问或者文件稍后变得不可访问,都始终尝试打开文件
--pid=<进程号>	与-f 选项连用,当指定的进程号的进程终止后,自动退出 tail 命令

⑥ wc 命令

功能:统计文件的字节数、单词数、行数等信息,并将统计结果输出到终端界面。利用 wc 命令可以很快地计算出准确的单词数及行数,评估出文本的内容长度。

命令格式:wc [选项] 文件

常用选项见表 2-45。

表 2-45 wc 命令的常用选项

选 项	功 能
-w	统计单词数
-c	统计字节数
-l	统计行数
-m	统计字符数
-L	显示最长行的长度

(8)文件查找命令

文件查找的常用命令见表 2-46。

表 2-46 文件查找的常用命令

命 令	功 能
which	在 PATH 变量指定的路径中搜索二进制程序可执行文件所对应的位置
whereis	在数据库中查询命令的二进制程序、源代码文件和 man 手册页等相关文件的位置

① which 命令

功能:在 PATH 变量指定的路径中搜索二进制程序可执行文件所对应的位置。

命令格式:which [选项] 命令名称

② whereis 命令

功能:在数据库中查询命令的二进制程序、源代码文件和 man 手册页等相关文件的位置。相对于 which 命令，whereis 命令的查找范围更广。

命令格式：whereis [选项] 文件

常用选项见表 2-47。

表 2-47　whereis 命令的常用选项

选　项	功　能
-b	查找二进制文件
-B	定义二进制文件的查找路径
-m	只查找 man 手册文件和 info 文件
-M	定义 man 手册文件和 info 文件的查找路径
-s	只查找源代码文件
-S	定义源代码文件的查找路径

（9）网络应用基础命令

网络应用基础命令见表 2-48。

表 2-48　网络应用基础命令

命　令	功　能
ping	测试主机间网络连通性
wget	从指定网址下载网络文件

① ping 命令

功能：测试主机间网络连通性。发送出基于 ICMP 传输协议的数据包，要求对方主机予以回复，若对方主机的网络功能没有问题且防火墙放行流量，则会回复该信息，可得知对方主机系统在线并运行正常。使用 ping 命令进行网络连通性测试时，默认会一直测试下去，可按 Ctrl+C 组合键结束命令运行。

命令格式：ping [选项] 目标主机

常用选项见表 2-49。

表 2-49　ping 命令的常用选项

选　项	功　能
-c	选项后跟数字，指定发送报文的次数。如-c 4
-i	选项后跟数值，指定收发信息间隔的时间，如：-i 0.2。默认间隔为 1 s，只有 root 用户可以设置小于 0.2 s 的值
-R	记录路由过程
-W	等待回应的时间，以 s 为单位

② wget 命令

功能：从指定网址下载网络文件。一般情况下网络波动也不会导致下载失败，而是不断地尝试重连，直至整个文件下载完毕。

命令格式：wget [选项] 网址

常用选项见表 2-50。

表 2-50 wget 命令的常用选项

选 项	功 能
-b	启动后转入后台执行
-c	支持断点续传
-O	定义本地文件名

10. Vim 编辑器的使用

Linux 中有很多文本编辑器，如：Vi、Vim、Emacs、Joe、kEdit 等。Vi 是最常用的 Linux 文本编辑器，功能很齐全，各种版本 Linux 里都默认安装该文本编辑器。Vim 具有颜色显示、支持规范表示法的搜索架构等功能。因此除了文本编辑以外，Vim 更适合程序编写。

Vim 编辑器有三种工作模式。

（1）命令模式：打开 Vim 编辑器以后的默认的工作模式。在命令模式下，可以控制光标移动，对文本进行复制、粘贴、删除、查找等工作。

（2）编辑模式：在命令模式下，输入 A、a、I、i、O、o 中的任意一个字符进入编辑模式。在编辑模式下，用户可以进行正常的文本录入工作。完成后，按 Esc 键退出编辑模式，回到命令模式。

（3）末行模式：在命令模式下，输入：号，进入末行模式，可以设置编辑环境、保存或者退出文件等。

使用 Vim 编辑器编辑文件的命令格式：vim 文件

代码示例如下。

```
[root@vms1 /]# vim /etc/sysconfig/network-scripts/ifcfg-ens160
```

命令模式下的常用定位命令见表 2-51。

表 2-51 命令模式下的常用定位命令

命 令	功 能
↑	光标移到上一行
↓	光标移到下一行
←	光标左移一个字符
→	光标右移一个字符
Home	光标移到本行的开始
End	光标移到本行的末尾
H	光标移到屏幕上第一行的开始

续表

命　令	功　能
PageUp	向上翻页
PageDown	向下翻页
nG 或者 ngg	光标移动到文件的第 n 行的开始（n 为数。如果 n=1，则直接输入 G 或者 gg 即可）

命令模式下的常用文本处理命令见表 2-52。

表 2-52　命令模式下的常用文本处理命令

命　令	功　能
/word	从光标位置开始，向下查找名为 word 的字符串
?word	从光标位置开始，向上查找名为 word 的字符串
n	显示搜索命令定位到的下一个字符串
N	显示搜索命令定位到的上一个字符串
u	撤销上一步操作
Ctrl+r	重做上一步操作（与 u 操作相反）
ndd	删除（剪切）从光标处开始的 n 行（n 为数。如果 n=1，则直接输入 dd 即可）
nyy	复制从光标处开始的 n 行（n 为数。如果 n=1，则直接输入 yy 即可）
p	将剪切或者复制的数据粘贴到光标所在行的下一行
P	将剪切或者复制的数据粘贴到光标所在行的上一行
x	删除当前光标所在位置的字符
X	删除当前光标所在位置的前一个字符
J	合并光标所在行的当前行和下一行
v	配合↑、↓、←、→方向键中的任意一个键可以选取多个连续字符。选中后，按 d 键删除，按 y 键复制
V	配合↑、↓方向键中的任意一个键可以选取多个连续行。选中后，按 d 键删除，按 y 键复制
Ctrl+v	配合↑、↓、←、→方向键中的任意键可以选取多个连续列的字符块。选中后，按 d 键删除，按 y 键复制

常用的末行模式命令见表 2-53。

表 2-53　常用的末行模式命令

命　令	作　用
:w	将编辑的数据写入硬盘文件
:w!	若文件为"只读"属性时，强制写入该文件
:q	退出 Vim 编辑器
:q!	不存盘，强制退出 Vim 编辑器

续表

命　　令	作　　用
:wq 或者 ZZ	存盘后退出 Vim 编辑器
:wq!	强制存盘后退出 Vim 编辑器
:e!	将文件还原到原始状态
:w filename	数据另存为文件名为 filename 的文件
:r filename	读入文件名为 filename 的文件，并将数据加到当前光标所在行的后面
:set nu	显示行号
:set nonu	取消显示行号
:set hls	开启查询高亮显示
:set nohls	临时关闭查询高亮显示（当前，退出 Vim 后失效）
:nohl	永久关闭查询高亮显示

 任务实施

掌握命令行界面 Linux Shell 的使用方法，掌握常用 Linux Shell 命令的基础用法，掌握 Vim 编辑器的使用方法。

微课 2-2
启动命令行界面
Linux Shell

子任务 1　启动命令行界面 Linux Shell

1. 实施要求

分别使用"终端"软件、虚拟终端、Xshell 远程登录软件 3 种方法启动命令行界面 Shell。

2. 实施步骤

方法 1：使用"终端"软件启动 Bash。

在图形界面中，单击桌面左上角的"活动"按钮，打开收藏夹，单击"终端"图标，启动命令行界面 Shell，如图 2-2 所示。工作完成后，输入 exit 即可退出命令行界面 Shell。

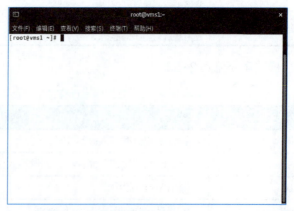

图 2-2　命令行 Shell

方法 2：使用虚拟终端启动 Bash。

在图形界面中，按 Alt+Ctrl+（[F3]～[F6]键中的任意一个）组合键启动虚拟终端（tty3～tty6），进入命令行界面 Shell。输入用户名和密码即可。

注意：在输入密码的过程中，屏幕中的光标位置始终不动。

按[Alt]+[Ctrl]+[F2]组合键可以从虚拟终端里返回到当前用户图形界面（tty2），按[Alt]+[Ctrl]+[F1]组合键切换到锁定用户界面（tty1）。

如果不方便在 VMware Workstation 软件中操作上述组合键，还可以在 root 用户中使用命令 chvt N 直接进入编号为整数 N 的虚拟终端，启动 Bash。例如，命令 chvt 3 与按 Alt+Ctrl+[F3]组合键的作用相同，即进入图形界面 tty3。

方法 3：使用 Xshell 登录服务器，进入命令行界面 Shell。

启动 Xshell 软件，在"会话管理器"中双击操作系统对应的会话快捷菜单，启动命令行界面 Shell，如图 2-3 所示。或在编辑区中输入"ssh[IP 地址]"，打开"SSH 用户"窗口，输入用户名，单击"确定"按钮。打开"SSH 用户身份验证"窗口，输入密码，单击"确定"按钮。

笔 记

```
Type 'help' to learn how to use Xshell prompt.
[C:\~]$ ssh 192.168.100.253

Connecting to 192.168.100.253:22...
Connection established.
To escape to local shell, press 'Ctrl+Alt+]'.
Server closed connection. Please close dialog to finalize this session.
Connection closing...Socket close.

Connection closed by foreign host.

Disconnected from remote host(192.168.100.253:22) at 13:44:43.

Type 'help' to learn how to use Xshell prompt.
[C:\~]$ ssh 192.168.100.253

Connecting to 192.168.100.253:22...
Connection established.
To escape to local shell, press 'Ctrl+Alt+]'.

Activate the web console with: systemctl enable --now cockpit.socket

This system is not registered to Red Hat Insights. See https://cloud.redhat.com/
To register this system, run: insights-client --register

Last login: Sun Jul 10 13:34:03 2022
/usr/bin/xauth:  file /root/.Xauthority does not exist
[root@vms1 ~]#
```

图 2-3　Xshell 登录操作系统

注意：如果登录账户为 root 用户，则系统提示符为#。如果登录账户为非 root 用户，则系统提示符为$。

子任务 2　Linux Shell 命令的基本格式

1. 实施要求

当前用户：root，当前所在目录：/root。

微课 2-3
Linux Shell 命令的
基本格式

在 Shell 中执行以下操作。

（1）列出目录/boot/中的各子目录、文件的详细信息列表。

（2）将目录/boot/中的 config-4.18.0-305.e18.x86_64 文件复制到其他目录/home/whit/中。

（3）显示以 ls 开头的所有命令（命令补全功能）。

（4）输入 ls -al ~/.bash_h，使用文件补齐功能，将.bash_history 文件名补齐。

（5）使用通配符*显示以 i 开头的目录或文件名，使用通配符?显示以 install.lo 开头的目录或文件。

（6）使用命令测试虚拟主机是否能连通百度官网，显示 6 次结果后终止命令的执行。

（7）虚拟主机对百度官网做 4 次连通测试的结果写入到/home/whit/result.txt 文件中。

（8）将学校网站的前 4 次连通测试结果追加到/home/whit/result.txt 文件中。

2. 实施步骤

操作（1）的命令如下。

```
[root@vms1 ~]# ls  -l   /boot
```

操作（2）的命令如下。

```
[root@vms1 ~]# cp /boot/config-4.18.0-305.e18.x86_64 /hom\
> e/whit/
```

操作（3）的命令如下。

```
[root@vms1 ~]# ls
```

> 注意：ls 的后面连续按两次 Tab 键。

操作（4）的命令如下。

```
[root@vms1 ~]# ls -al ~/.bash_h
```

> 注意：ls -al ~/.bash_h 的后面按一次 Tab 键，系统会自动把后面的 istory 补齐。

操作（5）的命令如下。

```
[root@vms1 ~]# ls i*;ls install.lo?
```

操作（6）的命令如下。

```
[root@vms1 ~]# ping www.baidu.com
```

操作（7）的命令如下。

```
[root@vms1 ~]# ping -c 4 www.baidu.com>/home/whit/result.txt
```

操作（8）的命令如下。

```
[root@vms1 ~]# ping -c 4 www.whit.edu.cn>>/home/whit/result.txt
```

子任务 3　常用的 Linux Shell 基础操作命令

1. 实施要求

微课 2-4
常用的 Linux Shell
基础操作命令

当前用户：root，当前所在目录：/root。

在 Shell 中执行以下基本操作。

（1）从 root 用户切换到 whit 用户（用户环境切换），再从 whit 用户切换到 root 用户（用户环境不切换）。

笔 记

（2）查询 date 命令的使用说明，显示当前系统日期和时间，设置日期和时间显示格式为"年–月–日 时:分:秒"后再次显示系统日期和时间。

（3）查看 cp 命令的使用方法。

（4）将 history 命令的执行结果写入文件，文件名为"bk_当前系统日期.log"。

（5）查询操作（4）中生成的.log 文件中有关字符串 date 的内容，并确定文件的存放位置。

（6）设置系统 1 分钟后重启，并显示 The system will reboot.信息（如要取消这条命令，可按 Ctrl+C 组合键或者输入 shutdown –c 即可）。

2. 实施步骤

操作（1）的命令如下。

```
[root@vms1 ~]# su - whit
[whit@vms1 ~]$ su root
[root@vms1 whit]#
```

操作（2）的命令如下。

```
[root@vms1 ~]# man date
[root@vms1 ~]# date +"%Y-%m-%d %H:%M:%S"
```

操作（3）的命令如下。

```
[root@vms1 ~]# cp --help
```

操作（4）的命令如下。

```
[root@vms1 ~]# history > bk_`date +%y%m%d`.log
```

操作（5）的命令如下。

```
[root@vms1 ~]# cat bk_220818.log | grep date
[root@vms1 /]# find / -name bk*.log
```

操作（6）的命令如下。

```
[root@vms1 ~]# shutdown -r +1 'The System will reboot.'
[root@vms1 ~]# shutdown -c
```

子任务 4　常用的 Linux Shell 目录操作命令

1. 实施要求

当前用户：root，当前所在目录：/tmp。

微课 2-5
常用的 Linux Shell
目录操作命令

在 Shell 中执行以下目录操作。

（1）使用 cd 命令分别切换到当前目录、上级目录、前一个工作目录、当前用户的主目录。

（2）在/tmp 目录中创建 test、test2、test3/test4/test5 目录。

（3）删除 test5 和 test3 目录。

（4）将/tmp 目录中的所有文件列出来（含属性与隐藏属性），再列出其中 v 字母开头目录的详细信息。

2. 实施步骤

操作（1）的命令如下。

```
[root@vms1 tmp]# cd .
[root@vms1 tmp]# cd ..
[root@vms1 /]# cd -
[root@vms1 tmp]# cd ~
```

操作（2）的命令如下。

```
[root@vms1 ~]# mkdir /tmp/test /tmp/test2 -p /tmp/test3/test4/test5
```

操作（3）的命令如下。

```
[root@vms1 ~]# rmdir /tmp/test3/test4/test5
[root@vms1 ~]# rm -rf /tmp/test3
```

操作（4）的命令如下。

```
[root@vms1 ~]# cd /tmp
[root@vms1 tmp]# ls -al
[root@vms1 tmp]# ls -ld v*
```

子任务 5　常用的 Linux Shell 文件操作命令

微课 2-6
常用的 Linux Shell
文件操作命令

1. 实施要求

在 Shell 中执行以下文件操作。

（1）在 tmp/test 目录中创建 test1 子目录、file.bat、test.txt 文件。其中，file.bat 是空白文件，test.txt 的内容是 ps 命令的执行结果通过重定向符直接写入生成的。

（2）将 test 目录中的所有子目录和文件复制到 test2 目录中。

（3）将 test 目录中的 test.txt 文件删除。

（4）将 test2 目录中的 test.txt 文件重新命名为 log_20210530.txt。

（5）将 test 目录中的 file.bat 文件移动到 test1 目录中。

（6）将 test1 目录的目录名重命名为 batbk。

（7）删除 test 目录（非空目录）。

（8）查找 passwd 的位置。

（9）分屏显示 log_20210530.txt 文件的全部内容，显示 log_20210530.txt 文件第 1 行的内容，显示 log_20210530.txt 文件最后 7 行的内容，显示

log_20210530.txt 文件最后 6 字节的内容。

2. 实施步骤

操作（1）的命令如下。

```
[root@vms1 tmp]# mkdir test/test1
[root@vms1 tmp]# touch test/file.bat
[root@vms1 tmp]# ps  aux>test/test.txt
```

操作（2）的命令如下。

```
[root@vms1 tmp]# cp -r test/* test2/
```

操作（3）的命令如下。

```
[root@vms1 tmp]# rm test/test.txt
```

操作（4）的命令如下。

```
[root@vms1 tmp]# mv test2/test.txt test2/log_20210530.txt
```

操作（5）的命令如下。

```
[root@vms1 tmp]# mv test/file.bat test/test1/
```

操作（6）的命令如下。

```
[root@vms1 tmp]# mv test/test1 test/batbk
```

操作（7）的命令如下。

```
[root@vms1 tmp]# rm -rf test
```

操作（8）的命令如下。

```
[root@vms1 tmp]# whereis passwd
```

操作（9）的命令如下。

```
[root@vms1 tmp]# cat test2/log_20210530.txt | more
root@vms1 tmp]# head -1 test2/log_20210530.txt
[root@vms1 tmp]# tail -7 test2/log_20210530.txt
[root@vms1 tmp]# tail -c 6 test2/log_20210530.txt
```

使用 cat 命令分屏显示时，按 Q 键退出命令。

子任务 6 使用 Vim 编辑器

1. 实施要求

使用 cp 命令将/etc/samba/smb.conf 文件复制到/etc/samba/smb.conf.bak，使用 Vim 编辑器编辑/etc/samba/smb.conf.bak 文件，删除文件中[print$]段的全部内容，将[homes]段的文本内容复制并粘贴到[homes]和[printers]段文本之间，并修改其内容如下。

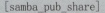
微课 2-7
使用 Vim 编辑器

```
[samba_pub_share]
        comment =Samba_pub_share Home Directories
        path=/samba/public_share
        browseable = Yes
        read only = No
```

存盘退出。

2. 实施步骤

步骤 1：复制文件。命令及执行结果如下。

```
[root@vms1 ~]# cp /etc/samba/smb.conf /etc/samba/smb.conf.bak
```

步骤 2：使用 Vim 命令编辑复制后的文件。命令及执行结果如下。

```
[root@vms1 ~]# vim /etc/samba/smb.conf.bak
```

步骤 3：输入:set nu，显示行号。输入/print，含有字符串的文本会高亮显示，查看到字符串[print$]在 31 行。输入 31gg 将光标定位到 31 行，输入 7dd，删除该段内容。

步骤 4：输入 17gg，定位到[homes]段首，输入 7yy，复制[homes]段的 8 行全部内容，输入 23gg，定位到[printers]段的上面一行。输入 p，即完成内容粘贴。

步骤 5：输入 a，进入编辑模式，逐行对内容进行修改。完成后，按 Esc 键，退出编辑模式。

步骤 6：输入:wq（或者连续按两次 Shift+Z 组合键），文件内容存盘退出。

实训文档

【实训】 Linux Shell 基础

实训目的

1. 掌握 Linux 操作系统常用基本命令的使用。
2. 掌握 Linux 操作系统常用目录命令的使用。
3. 掌握 Linux 操作系统常用文件命令的使用。
4. 掌握通配符、管道符、重定向符等的使用。
5. 掌握 Vim 编辑器的使用。

实训内容

使用 Xshell 登录 Linux 操作系统，执行以下操作。

1. 列出/etc/yum.repos.d/目录中全部子目录与文件的详细情况。

2. 在/etc/yum.repos.d/目录中新建 bak 子目录，将/etc/yum.repos.d/目录中的所有文件扩展名为.repo 的文件复制到 bak/中子目录，并将复制文件的文件扩展名更改为.repo.bak（例如，原文件名为 redhat.repo，复制更名后的新文件名为 redhat.repo.bak）。删除所有文件扩展名为.repo 的文件。

3. 在/etc/yum.repos.d/目录中创建 local.repo 文件，输入文件内容如下。

```
[BaseOS]
name=BaseOS
baseurl=https://mirrors.163.com/centos-vault/$releasever/BaseOS/$basea-rch/os/
```

```
enabled=1
gpgcheck=0
[AppStream]
name=AppStream
baseurl=https://mirrors.163.com/centos-vault/$releasever/AppStream/
$basearch/os/
enabled=1
gpgcheck=0
```

实训环境

实训环境见表 1-3、表 1-4、表 1-7。

实训步骤

步骤 1：远程登录 Linux 操作系统，输入 whit 用户的用户名和密码。使用 su 命令，切换到 root 用户。

步骤 2：查看目录情况。命令参考：ls /etc/yum.repos.d/。

步骤 3：创建目录，注意绝对路径和相对路径的选择使用。命令参考：mkdir /etc/yum.repos.d/bak/

步骤 4：复制所有的.repo 文件到步骤 3 新建的目录中。命令参考：cp /etc/yum.repos.d/*.repo/etc/yum.repos.d/bak/。

步骤 5：批量更改文件扩展名。命令参考：rename .repo.repo.bak *。

步骤 6：删除文件。命令参考：rm -f /etc/yum.repos.d/*.repo。

步骤 7：创建文件录入内容。命令参考：vim /etc/yum.repos.d/local.repo。

【项目总结】

本项目首先介绍 Linux 中 Shell 的功能、分类；接着基于命令行介绍 Shell 的使用方法以及常用的 Linux 命令用法；最后介绍 Vim 编辑器的使用方法并以任务实操的方式讲解了上述知识的实际应用。

【课后练习】

练习答案

1. 选择题

（1）下列用于查看 Shell 命令帮助信息的命令选项是＿＿＿＿。

    A. -help   B. -c   C. -b   D. -all

（2）同时创建文件 old.txt 和 new.txt 的命令正确写法是＿＿＿＿。

    A. touch old.txt new.txt   B. touch old.txt,new.txt

    C. touch old.txt;new.txt   D. touch old.txt+new.txt

（3）批量创建名为 19040700101、19040700102……19040700110 这十

个目录的命令是_____。

  A. mkdir 190407001{01..10}

  B. mkdir 190407001[1..10]

  C. mkdir 190407001(01..10)

  D. mkdir 190407001{1..10}

（4）如果要列出当前目录下的所有目录和文件（包含隐藏目录和文件），需要使用命令_____。

  A. ls   B. ls –a   C. ls –l   D. ls –d

（5）使用 vim 编辑器时，在末行状态下，存盘后退出 vim 编辑器的命令是_____。

  A. :q   B. :w   C. :e!   D. :wq

（6）下列组合键可以用于终止正在执行的脚本文件的是_____。

  A. Ctrl+A   B. Ctrl+B   C. Ctrl+C   D. Ctrl+Z

 2. 简答题

（1）写出完成如下操作的命令：在/home/user 下新建文件 f1 和 f2。f1 的内容是/root 目录的详细信息，f2 的内容是/root 的目录自身信息，最后将两个文件合并生成文件 f3。

（2）简述 more 命令和 less 命令有何异同点。

项目 **3**
管理用户与文件权限

学习目标

【知识目标】

- 掌握 Linux 操作系统用户与用户组的基本概念及其相互关系。
- 掌握 Linux 操作系统文件的基本概念。
- 掌握 Linux 操作系统文件的权限分类、功能、适用范围。

【技能目标】

- 掌握用户与用户组管理命令的使用方法。
- 掌握修改文件一般权限、特殊权限、隐藏权限、ACL 等命令的使用方法。
- 掌握文件/etc/sudoers 的配置方法以及 sudo 命令的使用方法。

【素养目标】

- 培养学习者对 Linux 用户及用户组、文件权限的设置与管理能力。
- 知行合一，实践出真知，要积极动手尝试操作。
- 强化时间观念，在规定的时间内完成任务。

管理用户与文件
权限

PPT

笔记

【任务】　管理用户与文件权限

学习情境

Linux 操作系统为保障系统安全，对不同的用户给予不同的操作权限。为便于统一管理、批量授权，Linux 操作系统设置了用户组，将用户按需求分到不同的用户组。为方便部分用户能够进行某些特殊操作，可以提升其用户权限。

任务描述

在 Linux 操作系统环境下添加、修改、删除用户账户，管理用户密码，分配用户组。给文件设置相应的权限，使之能达到预计设想。配置文件 /etc/sudoers 赋予普通用户特别权限。

问题引导

- Linux 操作系统用户、用户组分别指什么，两者之间有什么关系？
- Linux 操作系统用户以及用户组信息如何保存？
- Linux 操作系统的用户、用户组如何管理？
- Linux 操作系统文件的权限有哪些，文件的权限如何设置？

知识学习

1. Linux 用户

Linux 操作系统是一个多用户、多任务分时操作系统，为满足不同用户的不同工作需求，每个用户（user）都对应一个 Linux 操作系统创建的用户账号。用户账号包含用户名、密码、隶属的组、可以访问的网络资源及用户的个人文件和设置等。用户在登录操作系统时，需要输入用户名和密码。用户标识号（User Identification，UID）为与用户账号一对一关联的数字编码，是各用户在 Linux 操作系统中唯一的系统标识符。

Linux 用户分为以下 3 类。

（1）系统管理员用户。系统管理员用户的用户名是 root，UID=0。

（2）伪用户。伪用户是系统管理与服务程序对应的用户，如 bin、sys、adm、ftp、rpm 等，UID=1～999。系统用户的 Shell 为 nologin，开机后即可运行，不能用于登录系统，权限为整台机器。

（3）普通用户。由系统管理员创建的日常工作用户，UID 从 1000 开始。

2. Linux 用户组

Linux 操作系统可以根据工作需要将同类型的用户分配到同一个组中，称之为用户组（group）。一般来说，同一个用户组的成员对 Linux 操作系统有相同的操作权限。Linux 操作系统中的用户与用户组如图 3-1 所示。

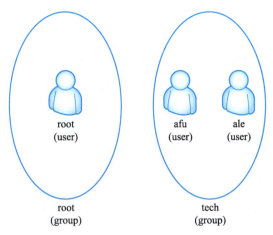

图 3-1　Linux 操作系统中的用户与用户组

从图 3-1 中可以看出用户组是由若干同类型用户组成的，不同用户组的用户彼此之间是其他人（others）关系。例如，root 用户属于 root 用户组，afu用户、ale 用户属于 tech 用户组，root 用户组中的任何一个用户对于 tech 用户组中的任何一个用户来说都是 others，tech 用户组中的任何一个用户对于root 用户组中的任何一个用户来说也都是 others。

用户与用户组的对应关系说明如下。

一对一：一个用户存在于一个用户组中，是用户组的唯一成员，如 root用户。

一对多：一个用户可以存在于多个用户组中。例如，一位同学既可以存在于他的家庭组，也可以存在于学校的班级组。需要说明的是，每个用户只有一个主组，主组在创建用户时建立。用户所在的其他用户组称为附加组。

多对一：多个用户可以存在于一个用户组中，组中各用户享有该组权限。

综上可以得出结论：多个用户可以存在于多个用户组中。

3. 用户与用户组信息相关文件

（1）/etc/passwd 文件

/etc/passwd 文件存储的是 Linux 操作系统所有用户的信息，该文件可以被所有用户读取。执行 more 命令查看/etc/passwd 文件的详细内容如下。

```
root:x:0:0:root:/root:/bin/bash
bin:x:1:1:bin:/bin:/sbin/nologin
......
sshd:x:74:74:Privilege-separated SSH:/var/empty/sshd:/sbin/nologin
tcpdump:x:72:72::/:/sbin/nologin
whit:x:1000:1000::/home/whit:/bin/bash
```

/etc/passwd 文件中，每一行表示一个用户的信息，一行有 7 个字段，定义了用户各方面的属性，字段之间用:号隔开。各字段的顺序和名称如下。

用户名:密码:用户标识号:用户组标识号:注释信息:用户家目录:命令解释程序

各字段含义见表 3-1。

表 3-1 /etc/passwd 文件各字段含义

字 段 名	字 段 含 义
用户名（login_name）	用户登录系统用的名字，具有唯一性，多数系统中，该字段长度不超过 8 个字符（字母或数字），字符区分大小写
密码（passwd）	又称"口令"，用于验证用户的合法性。现在的 UNIX/Linux 系统中，密码不再直接保存在 passwd 文件中，通常将 passwd 文件中的口令字段使用一个 x 来代替
用户标识号（UID）	Linux 系统内部使用 UID 来标识用户，而不是用户名本身。UID 是一个整数，且在系统中唯一。一般情况下，UID 和用户名是一一对应的
用户组标识号（GID）	具有某些相似属性的多个用户可以被分配到同一个用户组，每个组都有自己的组名。不同的用户可以属于同一个用户组，享有该用户组共同的权限。系统为每个用户组分配了 GID，每个 GID 唯一标识了一个用户组，GID 从 1000 开始
注释信息（user_name）	包含有关用户的一些信息，如用户的真实姓名、办公室地址、联系电话等。在 Linux 系统中，mail 和 finger 等程序利用这些信息来标识系统的用户
用户家目录（home_directory）	用户登录后，Shell 将把该目录作为用户默认的工作目录。root 用户的家目录是/root，一般用户默认的家目录是/home/用户名
命令解释程序（Shell）	对命令进行解释的工具

（2）/etc/shadow 文件

由于/etc/passwd 文件中的信息可以被所有用户读取，密码放在其中会有安全隐患。因此，真正的用户密码经过加密后存放在/etc/shadow 文件中，/etc/shadow 文件只有 root 用户拥有读权限，其他用户没有任何权限，这样就保证了用户密码的安全性。此外，现在的 Linux 操作系统的用户密码采用了 SHA-512 散列加密算法。较之于早期版本 Linux 操作系统采用的 MD5、DES 加密算法，SHA-512 散列加密算法加密等级更高，更安全。执行 more 命令查看/etc/shadow 文件的详细内容如下。

```
root:$6$gojOQa6fWlMsjM4o$oiLeroA6pRcDtJAGtllq7y4XBAd/OAB5lZuNSbjMXT7dVnY2
Lh/k7qfqozh300BQrnC5AXfy8JYhDYYZvYadx0:19183:0:99999:7:::
bin:*:18367:0:99999:7:::
......
sshd:!!:19176::::::
tcpdump:!!!:19176::::::
whit:$6$ZQH73J49p8XXffzr$rI7toF4y9lxznpnhfduSkCUeiZw1eCdnvsROOBQS41/oit7U
jD3edf6LC07XhqqS7VpxMXHyajmOSVS6XDefLO:19183:0:99999:7:::
```

/etc/shadow 文件中，每行表示一个用户的密码相关消息，一行有 9 个字段，字段之间用:号隔开。各字段的顺序和名称如下。

用户名:加密密码:最近一次修改日期:最小密码有效期:最大密码有效期:警告期限:

禁用期限:过期期限:保留字段

各字段含义见表 3-2。

表 3-2 /etc/shadow 文件各字段含义

字 段 名	字 段 含 义
用户名 （login_name）	用户登录系统用的名字，具有唯一性，多数系统中，该字段长度不超过 8 个字符（字母或数字），字符区分大小写
加密密码 （encrypted_passwd）	经过加密算法加密的密码。密码开头为1是 MD5 加密、2是 Blowfish 加密、5是 SHA-256 加密、6是 SHA-512 加密。*表明用户被锁定，不能登录。!!表明密码为空，不能登录
最近一次修改日期 （last_passwd_change）	上次更改密码的日期距离 1970 年 1 月 1 日的天数
最小密码有效期 （minimum_passwd_age）	更改用户密码后，需要再次修改密码之前的最少天数，通常将其设置为 0，意味着没有最低密码期限
最大密码有效期 （maximum_passwd_age）	更改用户密码后，需要再次修改密码之前的最大天数，默认为 99999
警告期限 （warning_period）	当账户密码有效期快到时，系统会发出警告信息，提醒用户多少天后用户会过期
禁用期限 （inactvity_period）	密码过期后，用户如果仍然没有修改密码，则在此字段规定的天数内，用户仍然可以登录系统。如果过了禁用期限仍未修改密码，则禁用该用户
过期期限 （expiration_date）	自 1970 年 1 月 1 日开始计算的天数作为用户的有效期，超过天数用户失效
保留字段 （unused）	暂不使用

（3）用户组相关文件

/etc/group 文件用于存放用户组信息，每行表示一个用户组的信息，一行有 4 个字段，字段之间用:号隔开。各字段的顺序和名称如下。

组名:组密码:组 ID:组用户列表

/etc/gshadow 文件用于存放加过密的组密码，每行表示一个用户组的信息，一行有 4 个字段，字段之间用:号隔开。各字段的顺序和名称如下。

组名:加密组密码:组管理者:组用户列表

4. 用户与用户组管理常用命令

之前项目 2 中已讲解用户管理中的 su 命令，更多的用户与用户组管理的常用命令见表 3-3。

拓展阅读
用户与用户组管理
命令示例

表 3-3 用户与用户组管理的常用命令

命 令	功 能
id	打印用户和所在用户组信息
useradd	创建新用户
passwd	修改用户密码

续表

命 令	功 能
chpasswd	批量修改用户密码
usermod	修改用户的基本信息
userdel	删除指定的用户及用户相关文件
groups	打印指定用户所在用户组的名称
groupadd	创建新用户组
groupmod	修改用户组的 GID 或用户组名
groupdel	删除指定的用户组
groupmems	管理用户主要组群的成员

（1）id 命令

功能：打印真实、有效的用户和所在组的信息，默认是当前用户。

命令格式：id [选项] [用户名]

常用选项见表 3-4。

表 3-4　id 命令的常用选项

选 项	功 能
-Z	只打印进程的安全上下文
-g	只打印有效的 GID
-G	打印全部 GID
-u	只打印有效的 UID

（2）useradd 命令

功能：创建新用户，并将用户信息保存到/etc/passwd 文件中。

命令格式：useradd [选项] 用户名

常用选项见表 3-5。

表 3-5　useradd 命令的常用选项

选 项	功 能
-d	指定用户的家目录
-e	指定用户的有效期限
-u	指定用户默认的 UID
-g	指定用户的主组
-G	指定用户所属的附加组
-N	不创建与用户同名的用户组
-s	指定用户默认的 Shell

注意：新建用户在密码字段中显示的是!!，表明新建用户被锁定且从未设置用户密码，此时新建用户无法正常登录系统并使用，需要更改用户密码后才能正常使用。

（3）passwd 命令

功能：修改用户密码。可以设置用户，包括用户密码、密码过期时间等。一般用户只能变更自己的密码, root 用户能使用 passwd 管理一般用户的密码。只有 root 用户可以指定用户名称。

命令格式：passwd [选项] 用户名

常用选项见表 3-6。

表 3-6　passwd 命令的常用选项

选　　项	功　　能
-d	删除指定用户的密码（仅限 root 用户使用）
-l	锁定指定用户的密码（仅限 root 用户使用）
-u	解锁指定用户的密码（仅限 root 用户使用）
-S	查询用户密码状态（仅限 root 用户使用）
-f	强制执行

（4）chpasswd 命令

功能：批量修改用户密码，默认密码是明文。

命令格式：chpasswd [选项]

常用选项见表 3-7。

表 3-7　chpasswd 命令的常用选项

选　　项	功　　能
-c	加密方法（NONE、DES、MD5、SHA-256、SHA-512 中的一个）
-e	提供的密码不是明文，已加密

（5）usermod 命令

功能：修改用户的基本信息。如果被修改的用户正在被使用，则不允许修改该用户名。

命令格式：usermod [选项] 用户名

常用选项见表 3-8。

表 3-8　usermod 命令的常用选项

选　　项	功　　能
-d <目录名>	修改用户登录时的家目录，修改/etc/passwd 中的信息，不会自动创建新的家目录
-e <有效期限>	修改用户的有效期限

续表

选　　项	功　　能
−g <用户组>	修改用户所属的主组
−G <用户组>	修改用户所属的附加组
−l <用户组>	修改用户名
−L <用户>	锁定用户，使密码无效
−U <用户>	解锁用户
−u <UID>	修改用户 ID
−s <Shell>	修改登录后使用的 Shell

（6）userdel 命令

功能：删除指定的用户及用户相关文件。Linux 操作系统中一切都是文件，用户信息被保存到/etc/passwd、/etc/shadow 及/etc/group 这 3 个文件中，因此使用 userdel 命令实际就是删除指定用户在上述 3 个文件中的对应信息。

命令格式：userdel [选项] 用户名

常用选项见表 3-9。

表 3-9　userdel 命令的常用选项

选　　项	功　　能
−f	强制删除用户
−r	删除用户的同时，删除所有与用户相关的所有文件，如家目录等

（7）groups 命令

功能：打印指定用户所在用户组的名称。

命令格式：groups [选项] [用户名]

（8）groupadd 命令

功能：创建新用户组。默认每个用户在创建时都有一个与其同名的主组，可以使用 groupadd 命令创建新的用户组，让多个用户加入到指定的附加组中，以满足多用户共享需求。

命令格式：groupadd [选项] 用户组名

常用选项见表 3-10。

表 3-10　groupadd 命令的常用选项

选　　项	功　　能
−g	指定新的用户组 GID
−r	创建系统用户组（GID<1000）
−K	覆盖配置文件/ect/login.defs
−o	允许添加 GID 不唯一的用户组

（9）groupmod 命令

功能：修改用户组 GID 或用户组名。

> 注意：不要随意修改用户名、用户组名和 **GID**，否则会容易导致管理员的逻辑混乱。如果非要修改用户名或用户组名，建议先删除旧的，再建立新的。

命令格式：groupmod [选项] 用户组名

常用选项见表 3-11。

表 3-11　groupmod 命令的常用选项

选　项	功　能
-g	设置欲使用的用户组 GID
-o	重复使用用户组 GID
-n	设置欲使用的用户组名称

（10）groupdel 命令

功能：删除指定的用户组，命令会修改/ect/group 和/ect/gshadow 文件的内容。

命令格式：groupdel [选项] 用户组名

（11）groupmems 命令

功能：管理用户主要组群的成员。

命令格式：groupmems [选项] [行为]

常用选项见表 3-12。

表 3-12　groupmems 命令的常用选项

选　项	功　能
-a	添加用户为组成员
-d	从组成员中删除用户
-l	列出组群的成员
-p	从组群中清除所有成员

5. 文件的权限

Linux 操作系统的核心的设计思想是"一切皆文件"，所谓的"一切"包括普通文件（数据文件、程序文件）、目录、设备（主要是字符设备、块设备）、快捷方式、进程间通信、网络套接字等。

文件是由用户创建的，因此每个文件都是归属于某个用户和用户组的。不同的用户和用户组所能操作的文件范围和方式也是不同的，所有的不同都通过设置权限来实现。

文件的一般权限有 3 种：读（r）、写（w）、执行（x）。

特殊权限有 3 种：设置用户身份（Set User ID，SUID）、设置用户组身份（Set Group ID，SGID）、粘滞位（Sticky BIT，SBIT，也可称为粘着位、防删除位）。

文件还有隐藏权限（使用 chattr、lsattr 命令可操作）以及对特定用户做单独权限设置的访问权限控制列表（ACL）。

使用命令 ls –l 可查看目录的文件详细信息，执行结果如图 3-2 所示。

图 3-2　文件详细信息含义

每行文件信息都由 7 列组成，分别是：文件类型及权限、文件硬链接个数或者下级子目录个数、用户（文件所有者）、用户组（文件所属用户组）、文件大小或者目录中子文件源数据的大小、最后文件修改时间、文件名。每列具体含义说明如下。

第 1 列（最左侧列）由 10 个字符构成，各字符含义见表 3-13。

表 3-13　文件信息第 1 列的含义

字符 1	字符 2	字符 3	字符 4	字符 5	字符 6	字符 7	字符 8	字符 9	字符 10
文件类型	用户（user）权限			用户组（group）权限			其他人（others）权限		
普通文件（–） 目录（d） 字符设备（c） 块设备（b） 链接文件（l） 管道（p） 网络套接字（s）	读 （r）	写 （w）	执行 （x）	读 （r）	写 （w）	执行 （x）	读 （r）	写 （w）	执行 （x）

（1）文件类型

Linux 操作系统中的文件分为 7 种类型。

① 普通文件。包括纯文本（ASCII）文件、二进制（Binary）文件、数据文件、压缩包文件等，标记为–。

② 目录。用于进行文件管理，标记为 d。

③ 字符设备。以字符为单位进行数据传输的慢速设备，如键盘、鼠标等。标记为 c。

④ 块设备。以数据块为单位进行数据传输的快速设备，如磁盘等。标记为 b。

⑤ 链接文件。用于在系统上维护同一文件的两份或者多份副本。除了保存多份单独的物理文件之外，可以采用保留一份物理文件副本和多个虚拟副本的方式，副本称为链接。链接分为硬链接和软链接，硬链接是创建独立的多个虚拟文件，其中包含了原始文件的信息及位置，实质上是引用了同一个源文件。软链接也称为符号链接，类似于 Windows 操作系统中的快捷方式。软链接是物理文件，创建后指向源文件，类似于指针，在文件信息中能看到->符号。硬链接文件是普通文件，标记为-，软链接文件标记为 l。

⑥ 管道。一种特殊的文件，用于进程间通信时临时存放需要传输的数据。标记为 p。

⑦ 网络套接字。用于在网络中的不同主机之间通信。标记为 s。

（2）文件的一般权限

文件的一般权限有读（r）、写（w）、执行（x）3 种。对文件进行操作的有 3 类使用者，分别是用户（user）、用户组（group）、其他人（others）。Linux 操作系统为每类使用者都设置了读、写、执行权限，一共占用 9 个字符。读（r）权限表示能够读取文件的实际内容；写（w）权限表示能够编辑、新增、修改、删除文件的实际内容；执行（x）表示能够运行文件（程序文件、脚本文件）。需要说明的是，对于目录这个特殊的文件，读、写、执行权限与普通文件有所区别。目录的读（r）权限指的是能够读取目录自身的列表信息；目录的写（w）权限指的是能够在目录内能够创建、重命名、移动、复制、删除文件或者子目录；目录的执行（x）权限指的是能够进入该目录。如果无权限，则用-表示。

> 注意：如果需要读取目录中的文件、子目录等的列表信息，则需要给目录同时赋予读（r）和执行（x）权限；否则，操作系统无法进入目录去获取文件、子目录的相关信息，只能使用 ls -d 去查看目录本身信息。

具体的读（r）、写（w）、执行（x）权限对应的文件操作命令、目录操作命令见表 3-14。

表 3-14 读（r）、写（w）、执行（x）权限对应的文件操作命令、目录操作命令

权 限	文件操作命令	目录操作命令
读（r）	cat、more、less、head、tail 等	ls
写（w）	vim	touch、mkdir、rmdir、rm……
执行（x）	./文件名	cd

关于变更文件的权限以及归属变更的命令见表 3-15。

表 3-15　变更文件的权限以及归属变更的命令

命　　令	功　　能
chmod	变更文件或者目录的读、写、执行权限
chown	变更文件或者目录所属的用户和用户组
chgrp	变更文件或者目录所属的用户组
umask	显示或者设置权限掩码

① chmod 命令

功能：变更文件或者目录的读、写、执行权限。

命令格式：chmod [选项] 模式[,模式] 文件

常用选项见表 3-16。

表 3-16　chmod 命令的常用选项

选　　项	功　　能
-c	仅输出更改信息
-f	不显示错误信息
-v	显示变更过程
-R	递归变更指定目录中的所有文件与子目录

模式中涉及的字符含义解读见表 3-17。

表 3-17　模式字符含义

模 式 字 符	含　　义
u	用户
g	用户组
o	其他用户
a	所有用户
r	一般权限，读（r）权限，值为八进制数 4
w	一般权限，写（w）权限，值为八进制数 2
x	一般权限，执行（x）权限，值为八进制数 1
S 或者 s	特殊权限，设置属主身份或者组身份权限，SUID 值为八进制数 4，SGID 值为八进制数 2（s 表示该文件有执行权限；S 表示该文件没有执行权限）
T 或者 t	特殊权限，粘滞位权限，STIB 值为八进制数 1（t 表示该文件有执行权限；T 表示该文件没有执行权限）
=	赋予权限
+	设置权限
-	取消权限

权限与数值的对应关系见表 3-18。

表 3-18　权限与数值的对应关系

权　　限	二 进 制 值	八 进 制 值
---	000	0
--x	001	1
-w-	010	2
-wx	011	3
r--	100	4
r-x	101	5
rw-	110	6
rwx	111	7

② chown 命令

功能：变更文件或目录所属的用户和用户组。文件所属的用户和 root 用户可以使用该命令。

命令格式：chown [选项] [用户][:[用户组]] 文件

常用选项见表 3-19。

表 3-19　chown 命令的常用选项

选　　项	功　　能
-c	仅输出变更信息
-f	不显示错误信息
-v	显示变更过程
-R	递归变更指定目录中的所有文件与子目录

③ chgrp 命令

功能：变更文件或目录所属的用户组。

命令格式：chgrp [选项] 用户组 文件

常用选项见表 3-20。

表 3-20　chgrp 命令的常用选项

选　　项	功　　能
-c	仅输出变更信息
-f	不显示错误信息
-h	对符号链接的文件作修改，而不变更其他任何相关文件
-v	显示变更过程
-R	递归变更指定目录内的所有文件与子目录

④ umask 命令

功能：显示或者设置权限掩码。Linux 操作系统创建文件或者目录时，默认新建的所有文件或者目录权限都是相同的，其原因就在于 umask 值。新建文件的权限是用 666-umask 值得到，新建目录的权限是用 777-umask 值得到。umask 值与权限的数值对应关系见表 3-21。

表 3-21　umask 值与权限的数值对应关系

umask 值	文件权限	目录权限
0	6	7
1	6	6
2	4	5
3	4	4
4	2	3
5	2	2
6	0	1
7	0	0

命令格式：umask [选项] [模式]

常用选项见表 3-22。

表 3-22　umask 命令的常用选项

选　项	功　能
-p	如果省略模式，以可重用为输入的格式输入
-S	以字符的方式来表示权限掩码，不选用该选项时以八进制数形式输出

模式的含义见表 3-17。

（3）文件的特殊权限

① SUID

在实际应用中，系统安全和多变的用户需求仅靠读（r）、写（w）、执行（x）权限是无法解决的，尤其是对拥有执行权限的二进制程序（包括命令）而言，既不能给其他用户永久授权使用，又需要让其他用户能够临时使用该程序。例如，Linux 操作系统中/etc/shadow 文件的默认权限是 000，除了 root 用户以外的其他用户既看不到该文件也不能修改该文件，这样可以保证系统的安全性。但是，实际应用中每个用户是应该有使用 passwd 命令修改自己用户密码的权限的。Linux 操作系统采用了临时授予 passwd 文件特权的方式解决此问题，给/usr/bin/passwd 文件添加特殊权限 SUID，让普通用户临时获得文件所有者的身份去执行 passwd 命令，修改/etc/passwd 文件中对应用户的密码。SUID 权限的识别方法是在文件所有者的执行权限位上有字符 s 或者 S 标记，文件所有者有执行权限的文件标记为 s，没有执行权限的文件标记为 S。

由于 SUID 权限功能的特殊性，使用者要慎用，不要将 SUID 权限设置到 rm 等命令对应的程序文件上，否则后果不堪设想。

② SGID

SGID 的功能是获取到文件所属的用户组的临时权限。与 SUID 不同的是，SUID 应用于对二进制程序文件进行临时获取文件所属的用户身份的权限。而 SGID 则是应用于对二进制程序文件临时获取文件所属的用户组身份的权限或者是让目录中新建的文件自动继承该目录原有用户组的名称。SGID 权限的识别方法是在用户组的执行权限位上有字符 s 或者 S 标记，所属的用户组有执行权限的文件标记为 s，没有执行权限的文件标记为 S。

③ SBIT

SBIT 权限的功能是确保用户只能删除自己的文件，而不能删除其他用户的文件。所以 SBIT 也可以称为防删除位或者保护位。SBIT 权限的识别方法是在其他人的执行权限位上有字符 t 或者 T 标记，其他人有执行权限的目录标记为 t，没有执行权限的目录标记为 T。

使用 chmod 命令使用字符设置特殊权限的方法见表 3-23。

表 3-23　使用 chmod 命令使用字符设置特殊权限

模　　式	功　　能
u+s	设置 SUID 权限
u−s	取消 SUID 权限
g+s	设置 SGID 权限
g−s	取消 SGID 权限
o+t	设置 SBIT 权限
o−t	取消 SBIT 权限

使用数值也可以设置特殊权限，SUID 对应数值 4，SGID 对应数值 2，SBIT 对应数值 1。此时，chmod 命令的数字用 4 位表示，第一位是特殊权限，第二位是文件所属的用户权限，第三位是文件所属的用户组权限，第四位是其他人权限。每位权限数字的取值范围都是 0～7。

（4）文件的隐藏权限

Linux 操作系统中除了一般权限、特殊权限以外，还有隐藏权限。隐藏权限源于文件的第二扩展文件系统属性，如某文件权限充足却无法被删除、日志文件只能追加内容而不能被删除或者修改等。出现这类情况多是因为第二扩展文件系统属性起了作用。隐藏权限是对文件的第二扩展文件系统属性进行设置，是保障操作系统安全的手段之一。查看或者修改第二扩展文件系统属性的相关命令见表 3-24。

表 3-24　第二扩展文件系统属性的相关命令

命　　令	功　　能
lsattr	查看特定设备或特定文件在 Linux 第二扩展文件系统中的属性
chattr	设置特定设备或特定文件在 Linux 第二扩展文件系统中的属性

① lsattr 命令

功能：查看特定设备或特定文件在 Linux 第二扩展文件系统中的属性。

命令格式：lsattr [选项] [文件]

常用选项见表 3-25。

表 3-25　lsattr 命令的常用选项

选　　项	功　　能
-a	列出目录中的所有文件，包括隐藏文件
-d	只显示目录名称
-R	递归地处理指定目录中的所有文件及子目录
-v	显示文件版本、代号
-V	显示程序的版本信息

② chattr 命令

功能：设置特定设备或特定文件在 Linux 第二扩展文件系统中的属性。

命令格式：chattr [选项] [模式] 文件

常用选项见表 3-26。

表 3-26　chattr 命令的常用选项

选　　项	功　　能
-R	递归地处理指定目录中的所有文件及子目录
-v	设置文件版本、代号
-V	显示程序的版本信息

常用模式字符见表 3-27。

表 3-27　chattr 命令的常用模式字符

字　　符	含　　义
i	无法对文件属性进行修改，只能修改目录中文件的内容而不能新建或者删除文件
a	仅允许补充（追加）内容，无法覆盖或者删除内容
S	文件内容在变更后立刻同步到磁盘
s	彻底从磁盘中删除，不可恢复

续表

字　　符	含　　义
A	不再修改指定文件或者目录的最后访问时间
b	不再修改指定文件或者目录的存取时间
D	检查压缩文件中的错误
d	使用 dump 命令备份时忽略当前文件或者目录
c	默认压缩文件或者目录
u	当删除该文件后依然保留其在磁盘的数据，方便以后恢复
t	让文件系统支持尾部合并
x	可以直接访问压缩文件中的内容
+	设置文件或目录该项属性
−	取消文件或目录该项属性
=	赋予文件或目录该项属性

（5）文件访问控制列表（Access Control List，ACL）

文件的一般权限、特殊权限、隐藏权限操作对象是一类用户，适合多用户批量操作。使用 ACL，系统管理员能够为单个用户（包括 root 用户在内）对文件和目录的访问提供更好的访问控制。ACL 可以针对单个用户、单个文件或目录进行读（r）、写（w）、执行（x）的权限设定，特别适用于需要特殊权限的使用情况。ACL 可以设置特定用户或者用户组对于一个文件或者目录的操作权限。ACL 的相关命令见表 3-28。

表 3-28　ACL 的相关命令

命　　令	功　　能
getfacl	查看文件的 ACL 权限规则
setfacl	管理文件的 ACL 权限规则

① getfacl 命令

功能：查看文件的 ACL 权限规则。

命令格式：getfacl [选项] 文件

常用选项见表 3-29。

表 3-29　getfacl 命令的常用选项

选　　项	功　　能
−a	显示文件的 ACL 规则
−d	显示默认的 ACL 规则
−c	不显示注释标题
−e	显示所有的有效权限

续表

选 项	功 能
−E	显示无效权限
−s	跳过只有基条目的文件
−R	递归操作子目录
−t	使用表格输出格式
−n	显示 UID 和 GID

② setfacl 命令

功能：管理文件的 ACL 权限规则。

命令格式：setfacl [选项] 文件

常用选项见表 3−30。

表 3−30 setfacl 命令的常用选项

选 项	功 能
−m 规则	修改 ACL 规则
−M	从文件中读取 ACL 规则并修改
−x 规则	删除某个 ACL 规则
−X	从文件中读取 ACL 规则并删除
−b	删除所有扩展的 ACL 规则
−k	删除默认的 ACL 规则
−d	设置默认的 ACL 规则
−v	显示版本并退出
−R	递归操作子目录

setfacl 命令可以识别的规则格式写法见表 3−31。

表 3−31 setfacl 命令可以识别的规则格式写法

格 式	功 能
[d[efault]:] [u[ser]:]uid [:perms]	指定用户的权限，文件所有者的权限（如果 UID 没有指定）
[d[efault]:] g[roup]:gid [:perms]	指定群组的权限，文件所有群组的权限（如果 GID 未指定）
[d[efault]:] m[ask][:] [:perms]	有效权限掩码
[d[efault]:] o[ther] [:perms]	其他的权限

6. 普通用户获取特殊用户权限

在实际的 Linux 服务器运维工作中，出于安全因素考虑，一般不允许普通用户使用 root 用户登录操作系统，但普通用户权限受限，会导致很多工作无法完成，问题的解决方案是使用 sudo 命令。

sudo 命令

功能：把特定命令的执行权限赋给指定的普通用户，普通用户即使不知道 root 用户密码也能保证工作顺利完成。

命令格式：sudo [选项] 命令

常用选项见表 3-32。

表 3-32 sudo 命令的常用选项

选 项	功 能
-l	列出用户权限或检查某个特定命令
-u 用户名或 UID	以指定用户或 ID 运行命令（或编辑文件）
-b	在后台运行命令
-k	清空密码的有效时间，下次执行 sudo 命令仍需要密码验证
-i	以当前用户身份运行指定登录用户的 Shell，并加载其 Shell 环境变量等，但密码还是当前用户的密码
-s	以当前用户身份运行指定用户的 nologin Shell，不加载其 Shell 环境变量等

在使用 sudo 命令之前，需要使用 visudo 命令对/etc/sudoers 文件进行配置，将指定用户和赋权命令等信息写入/etc/sudoers 文件，具体命令及打开文件内容如下。

笔 记

```
[root@vms1 ~]# visudo
## Sudoers allows particular users to run various commands as
## the root user, without needing the root password.
......
## Allow root to run any commands anywhere
root    ALL=(ALL)       ALL                    //root 用户获取所有权限
## Allows members of the 'sys' group to run networking, software,
## service management apps and more.
# %sys ALL = NETWORKING, SOFTWARE, SERVICES, STORAGE, DELEGATING, PROCESSES,
LOCATE, DRIVERS
## Allows people in group wheel to run all commands
%wheel    ALL=(ALL) ALL                        //用户组获取权限
## Same thing without a password
# %wheel ALL=(ALL) NOPASSWD: ALL                //用户组免密获取权限
......
```

文件中以#开头的是注释，主要是作为功能表述或者说明，如## Allows people in group wheel to run all commands。以%开头的是用户组获取权限，如%wheel ALL=(ALL) ALL。用户获取权限可参照 root ALL=(ALL) ALL 这一行。visudo 的使用方法与 vim 命令是相同的，具体使用方法可参看项目 2 关于 Vim 编辑器的内容。另外，visudo 命令只有 root 用户才可以执行。

给指定用户赋予特定命令执行权限的写法如下。

笔 记

| 指定用户名 允许使用的主机名=（授权用户名）可执行命令列表 |

以 %wheel ALL=(ALL)ALL 为例，信息的各部分解释如下。

（1）指定用户或用户组名，用户组名前需加 % 标记。wheel 是需要获取特殊权限的用户组名。

（2）允许使用的主机名。ALL 表示不限制来源的任何主机，也可以使用限制网段（如 192.168.100.0/24）的方式指定主机。

（3）授权用户名。ALL 表示任何用户身份，也可以填写授权用户名（如 root）。

（4）可执行命令列表。ALL 表示不限制命令，也可以填写命令对应的文件路径（如 /usr/sbin/fdisk）来限制授权的可执行命令，多个命令文件之间用逗号分隔开。

当普通用户在执行 sudo 命令时，需要填写用户自身的用户密码，进行验证通过后才可以使用。而样例 # %wheel ALL=(ALL) NOPASSWD：ALL 中提供了免密验证的方法，在可执行命令列表前添加 NOPASSWD：。

任务实施

公司技术部有员工 3 名，需要创建技术部用户组，为 3 名员工每人创建用户并设初始密码，用户可在后期自行修改，将员工加入到技术部门组。创建技术部共享目录，部门内部可共享目录中的所有内容。新建系统运维用户，将系统最高用户权限赋给该用户，并设初始密码，用户后期自行修改密码。

微课 3-1
管理用户与用户组

子任务 1　管理用户与用户组

1. 实施要求

创建技术部用户组，用户组名为 tech，为 3 名员工每人创建用户并设初始密码，用户名分别为 afu、ale、axi，初始密码分别为 00101、00102、00103。将员工加入到对应的部门组 tech。

2. 实施步骤

命令及执行结果如下。

```
[root@vms1 ~]# groupadd tech
[root@vms1 ~]# useradd -G tech afu
[root@vms1 ~]# useradd -G tech ale
[root@vms1 ~]# useradd -G tech axi
[root@vms1 ~]# chpasswd
afu:00101
ale:00102
axi:00103
```

按 Ctrl+D 组合键结束输入。

子任务 2 管理文件权限

1. 实施要求

在/home 目录下创建 share 子目录，将 share 子目录作为 tech 用户组所
有成员可共享的目录。

微课 3-2
管理文件权限

2. 实施步骤

步骤 1：root 用户创建 share 目录，修改 share 目录所属的用户和用户组，
命令及执行结果如下。

```
[root@vms1 ~]# mkdir /home/share
[root@vms1 ~]# chown afu:tech /home/share
[root@vms1 ~]# ll /home
总用量 4
drwx------.   5 afu   afu   142 7月  25 17:50 afu
drwx------.   5 ale   ale   142 7月  25 17:49 ale
drwx------.   3 axi   axi    78 7月  25 17:33 axi
drwxr-xr-x.   2 afu   tech    6 7月  25 17:51 share
drwx------.  16 whit  whit 4096 7月  10 08:35 whit
```

笔记

步骤 2：afu 用户在 share 目录中创建 test.txt 文件，取消其他人的读权限，
命令及执行结果如下。

```
[afu@vms1 ~]$ cd ..
[afu@vms1 home]$ cd share
[afu@vms1 share]$ echo "Welcome">test.txt
[afu@vms1 share]$ chmod o-r test.txt
```

步骤 3：root 用户为 share 目录设置权限，文件所有者拥有读、写、执行
权限，归属用户组拥有读、写、执行权限并有 SGID 权限，其他人无任何权限，
命令及执行结果如下。

```
[root@vms1 ~]# chmod 2770 /home/share
[root@vms1 ~]# ll -d /home/share
drwxrws---. 2 afu tech 22 7月  25 17:54 /home/share
```

步骤 4：afu 用户在 share 目录中创建 test2.txt 文件，取消其他人的读权
限，命令及执行结果如下。

```
[afu@vms1 share]$ echo "Whit">test2.txt
[afu@vms1 share]$ chmod o-r test2.txt
[afu@vms1 share]$ ll
总用量 8
-rw-rw----. 1 afu tech 5 7月  25 17:56 test2.txt
-rw-rw----. 1 afu afu  8 7月  25 17:54 test.txt
```

步骤 5：ale 用户访问 share 目录中的两个文本文件，命令及执行结果
如下。

```
[ale@vms1 ~]$ cd ..
[ale@vms1 home]$ cd share
[ale@vms1 share]$ ll
总用量 8
-rw-rw----. 1 afu tech 5 7月  25 17:56 test2.txt
-rw-rw----. 1 afu afu  8 7月  25 17:54 test.txt
[ale@vms1 share]$ cat test.txt
cat: test.txt: 权限不够
[ale@vms1 share]$ cat test2.txt
Whit
[ale@vms1 share]$ vim test2.txt
```

修改 test2.txt 文件内容，添加字符串!!!，存盘退出，命令及执行结果如下。

```
[ale@vms1 share]$ cat test2.txt
Whit!!!
```

微课 3-3
赋予用户特殊权限

子任务 3　赋予用户特殊权限

1. 实施要求

创建系统运维用户，用户名为 admin，设置初始密码为 admin，获取 ALL 权限（免密验证）。登录 admin 用户，修改 admin 用户密码为 adm@vm01001。

2. 实施步骤

命令及执行结果如下。

```
[root@vms1 ~]# useradd admin
[root@vms1 ~]# echo "admin" | passwd --stdin admin
更改用户 admin 的密码。
passwd: 所有的身份验证令牌已经成功更新。
[root@vms1 ~]# visudo
```

操作：修改 admin 用户授权内容如下。

```
......
admin    ALL=(ALL)                 NOPASSWD: ALL
......
```

存盘退出，重启系统，命令及执行结果如下。

```
[root@vms1 ~]# su - admin
[admin@vms1 ~]$ passwd
更改用户 admin 的密码。
Current password:
新的 密码:
重新输入新的 密码:
passwd: 所有的身份验证令牌已经成功更新。
```

【实训】 管理用户与文件权限

实训文档

实训目的

1. 掌握 Linux 用户创建的方法。
2. 掌握 Linux 用户组创建并加入用户组的方法。
3. 掌握文件权限的使用方法。
4. 掌握 Linux 特殊权限赋予的方法。

笔记

实训内容

1. 为安全起见，公司的 Linux 服务器 root 用户密码不外传。平时维护服务器时以运维管理员用户登录，管理员需要合理布局公司的用户与用户组，以达到基本的用户与用户组的管理目的。

2. 公司新增财务部，财务部有员工 4 名。需要运维管理员为每个员工创建用户账户并设初始密码，将财务部员工加入到财务部用户组 fina 中。为财务部创建部门内部共享的目录，方便共享各种报表文件等。

实训环境

见表 1-7。

实训步骤

步骤 1：root 用户使用 useradd 命令创建运维管理员用户并设初始密码。使用 visudo 修改/etc/sudoers 文件，给运维管理员用户授权系统权限。

步骤 2：使用运维管理员用户登录系统，使用 sudo groupadd 命令创建 fina 用户组，使用 sudo useradd 命令创建用户并加入 fina 用户组，使用 passwd 命令或者 chpasswd 命令设置用户初始密码。

步骤 3：使用 sudo mkdir 命令创建目录，使用 sudo chown 命令切换文件所有者和归属用户组，使用 chmod 修改文件或者目录的权限。

【项目总结】

本项目首先介绍用户与用户组的基础知识；接着介绍文件及权限的基础知识，对一般权限、特殊权限、隐藏权限进行阐述；然后介绍普通用户获取特定权限的基础知识；最后以任务实操的方式讲解上述知识的实际应用。

【课后练习】

练习答案

1. 选择题

（1）进入当前用户家目录的命令是_____。

A. cd /　　　　　B. cd .　　　　　C. cd ../../　　　　D. cd ~

（2）下列 Linux 操作系统的文件中，用于存放用户信息的是_____。

A. /sys/fs/selinux/class/passwd

B. /etc/pam.d/passwd

C. /etc/passwd

D. /usr/bin/passwd

（3）_____命令可以将当前用户从普通账户切换成 root 账户。

A. super　　　　　B. passwd　　　　C. tar　　　　　D. su

（4）现有文件 passwd 信息为：-rwsr-xr-x. 1 root root 27856 4 月　1 2020 /bin/passwd

该文件的权限数字写法是_____。

A. 4755　　　　　B. 0755　　　　　C. 755　　　　　D. 022

（5）下列中给文件 exp.c 添加用户组写权限的命令写法正确的是_____。

A. chmod g+w exp.c　　　　　　　B. chmod r+w exp.c

C. chmod o+w exp.c　　　　　　　D. chmod a+w exp.c

2. 简答题

（1）简述用户、用户组、其他人的概念以及三者之间的关系。

（2）简述一般用户权限、特殊用户权限、隐藏用户权限之间的区别。

项目 **4**
管理存储设备

🔍 **学习目标**

【知识目标】

● 掌握存储设备分区的基础知识。
● 掌握存储设备文件系统的基础知识。
● 掌握移动存储设备挂载与卸载的基础知识。

【技能目标】

● 掌握 Linux 操作系统中磁盘分区管理命令的操作方法。
● 掌握 Linux 操作系统中文件系统管理命令的操作方法。
● 掌握 Linux 操作系统中可移动存储设备加载与卸载命令的操作方法。

【素养目标】

● 培养学习者对 Linux 操作系统存储设备的配置与管理能力。
● 培养共享意识，互帮互助。
● 根据实际需要合理选择经济、实用的软件和硬件。

管理存储设备

笔 记

【任务】 管理存储设备

学习情境

Linux 操作系统的磁盘管理、文件系统管理是 Linux 服务器运维的工作内容之一。需要掌握磁盘分区的分配、格式化、挂载以及可移动设备等的使用等。

任务描述

使用 Linux 命令完成磁盘的分区管理、文件系统管理、移动存储设备的加载与卸载。

问题引导

- 什么是分区，分区的作用是什么？
- Linux 操作系统中如何管理分区？
- 什么是文件系统，文件系统的作用是什么？
- Linux 操作系统通常支持哪些类型的文件系统，如何创建文件系统？
- 分区与文件系统有什么关系？
- 存储设备在 Linux 操作系统中如何能够正常使用？

知识学习

1. 分区

（1）分区简介

对于存储设备而言，分区是非常重要的。分区是将磁盘整体存储空间划分成若干存储区域。分区可以合理地分配存储空间，方便使用及管理数据。例如，将操作系统与学习资料放在不同的分区，一旦操作系统需要重新安装，只需要对操作系统所在分区进行操作即可，不影响学习资料所在分区的数据。

对于小于或等于 2 TB 容量的磁盘，采用 MBR 分区表对磁盘进行分区。对于超过 2 TB 以上的空间就得采用 GPT 分区表对磁盘进行分区。

在 Linux 操作系统安装任务中，有图形界面下的磁盘创建分区和文件系统的讲解。不过实际工程应用中，磁盘的分区规划是根据实际需求而定的。对磁盘分区的管理是后期运维的重要工作内容之一，而且基本是以命令行操作为主。因此，熟练使用命令对磁盘分区进行管理尤为重要。

（2）Linux 操作系统的磁盘分区管理

Linux 操作系统对于磁盘的管理是通过将磁盘映射成为设备文件的方式实现的，命名方式为：设备名+设备编号+分区编号，详细规则见表 4-1。

表 4-1 Linux 操作系统的磁盘文件命名方式详细规则

磁 盘 类 型	设备名	设 备 编 号	分 区 编 号
SCSI、SATA、SAS、U 盘	sd	从 a 开始，按字母序编号	从 1 开始，按数字序编号
IDE 硬盘	hd	从 a 开始，按字母序编号	从 1 开始，按数字序编号
Nvme 固态硬盘	nvme0n	从 1 开始，按数字序编号	字母 p 开头不变，后面从 1 开始，按数字序编号

示例 1：第 1 块 SCSI 硬盘第 2 个分区的文件路径为/dev/sda2。

示例 2：第 1 块 IDE 硬盘第 2 个分区的文件路径为/dev/hda2。

示例 3：第 1 块 Nvme 硬盘第 2 个分区的文件路径为/dev/nvme0n1p2。

> 注意：对于采用 **MBR** 分区表的磁盘分区来说，编号 **1～4** 是为主分区和扩展分区保留的，主分区数至少 **1** 个，扩展分区数至多 **1** 个。逻辑分区包含在扩展分区中，编号从 **5** 开始，如 **hda5**。
>
> 主分区数+扩展分区数≤**4**
>
> 磁盘容量（空间已全部分配）=主分区容量+扩展分区容量
>
> 扩展分区容量（空间已全部分配）=各个逻辑分区容量总和

Linux 操作系统分区管理的常用命令见表 4-2。

表 4-2 分区管理的常用命令

命 令	功 能
fdisk	管理磁盘的分区信息
parted	磁盘分区和分区大小调整等

① fdisk 命令

功能：fdisk 是传统的 Linux 分区工具，可以对分区进行查看、添加、修改、删除等。RHEL 8.4 版本的操作系统中 fdisk 命令版本更新到了 2.32.1，支持创建 GPT 分区表（RHEL 6.0 版本的是 2.17.2，不支持 GPT 分区）。

命令格式：fdisk [选项] [设备]

常用选项见表 4-3。

表 4-3 fdisk 命令的常用选项

选 项	功 能
-b	显示硬盘扇区大小和计数
-l	显示指定硬盘设备的分区表信息
-u	以扇区为单位列出每个设备分区的起始数据块选项位置
-t	只识别指定的分区表类型

fdisk 命令运行时常用的交互命令见表 4-4。

表 4-4　fdisk 命令运行时常用的交互命令

命　令	功　能
n	设定新的硬盘分割区
d	删除硬盘分割区属性
p	显示硬盘分割情形
t	改变硬盘分割区属性
l	显示可用的硬盘分区类型标识列表
w	结束并写入硬盘分割区属性
m	显示所有交互命令
q	结束不存入硬盘分割区属性
a	设定硬盘启动区

② parted 命令

功能：parted 命令是由 GNU 组织开发的一款功能强大的分区软件，它也可以创建、删除、查看、更改分区，创建文件系统，可以使用交互模式。与 fdisk 不同，它支持调整分区的大小。适用于 2 TB 以上的大容量磁盘，支持 GPT 分区表。

命令格式：parted [选项] [设备]

常用选项见表 4-5。

表 4-5　parted 命令的常用选项

选　项	功　能
-l	列出所有块设备的分区情况
-a	对新分区进行对齐
-s	脚本模式，不显示用户提示信息

parted 命令运行时的交互命令见表 4-6。

表 4-6　parted 命令运行时的交互命令

命　令	功　能
align-check	检测指定分区上的文件系统
help	显示可用的 parted 子命令
mklabel	设置硬盘分区的标签
mkpart	按照指定的起始位置，划分硬盘分区
print	显示硬盘分区表
quit	退出 parted 命令

续表

命　　令	功　　能
rescue	修复丢失的分区
resizepart	修改硬盘分区的起止位置，重新界定分区大小
rm	删除指定分区
select	选择需要配置的设备作为当前设备
set	修改硬盘分区标志的状态
toggle	设置或取消分区的标记
unit	设置默认的单位
version	显示 parted 的版本信息

2. 文件系统

（1）文件系统简介

文件系统对操作系统十分重要，是一种存储和组织计算机文件和数据的方法，可以使访问和查找数据变得容易。

文件系统向用户提供底层数据访问的机制。它将设备中的空间划分为特定大小的块（扇区），一般每块为 512 字节。数据存储在这些块中，大小被修正为占用整数块的块数。由文件系统软件来负责将这些块组织为文件和目录，并记录哪些块被分配给了哪个文件，以及哪些块没有被使用。

文件系统并不一定只在特定存储设备上出现。它是数据的组织者和提供者，至于它的底层，可以是磁盘，也可以是其他动态生成数据的设备（如网络设备）。

Linux 内核使用了虚拟文件系统（VFS）技术，提供了统一的文件和设备接口，从而屏蔽了各种逻辑文件系统的差异，对于用户而言，用同样的命令可以操作不同文件系统所管理的文件。

RHEL 8 操作系统支持多种类型的文件系统，默认支持 XFS。XFS 是一种高性能的日志文件系统，开发于 1993 年，之后被移植到 Linux 内核上，主要特性如下。

① 扩展性强。XFS 是 64 位高性能日志文件系统，对于 64 位 Linux 操作系统，最大支持 8EB-1 字节的单个文件系统，实际部署时取决于宿主操作系统的最大块限制。对于 32 位 Linux 操作系统，文件和文件系统的大小会被限制在 16 TB。

② 数据完全性好。XFS 开启了日志功能，磁盘上的文件不再会意外宕机而遭到破坏。不论目前文件系统上存储的文件与数据有多少，文件系统都可以根据所记录的日志在很短的时间内迅速恢复磁盘文件内容。

③ 文件系统性能出色。XFS 采用优化算法，日志记录对整体文件操作影响非常小。XFS 查询与分配存储空间非常快，文件系统能连续提供快速的反应

时间，文件系统的性能表现相当出色。

④ 传输带宽大。XFS 能以接近裸设备 I/O 的性能存储数据。在单个文件系统的测试中，其吞吐量最高可达 7 GB/s，对单个文件的读写操作，其吞吐量可达 4 GB/s。

RHEL 8 操作系统支持的常见文件系统还有 EXT2、EXT3、EXT4、ISO9660、PROC、GFS 等，还可以很好地支持 FAT16、FAT32、NTFS 等 Windows 常用文件系统。

Linux 操作系统的文件系统采用倒立的树结构来存放文件，以根目录/作为树根。整个系统只有这一棵目录树，如图 4-1 所示。图 4-1 中 bin、sbin、usr 等目录可以作为挂载点存在不同的分区上，但都是根目录/的子节点。这与 Windows 操作系统是有差别的，Windows 操作系统中的每个分区都有一棵树，分区根目录就是树的根，所以 Windows 系统有几个分区就有几棵目录树。

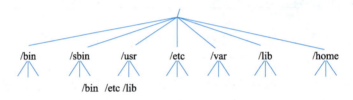

图 4-1　Linux 操作系统目录树

RHEL 8 操作系统常用的目录及用途见表 4-7。

表 4-7　RHEL 8 操作系统常用的目录及用途

目 录 名	用 途
/	Linux 操作系统根目录，所有的目录都是此根目录的子目录，根目录也与开机、还原、系统修复等动作有关
/bin	存放在单人维护模式下能够被操作的命令。这些命令可以被 root 与一般账号所使用，主要有 cat、chmod、chown、date、mv 等
/sbin	存放系统管理员用到的执行命令，主要有 fdisk、mount 等
/boot	存放开机使用的文件，含 Linux 核心文件以及开机选单与开机所需配置文件等
/dev	任何设备都是以文件的形态存在于这个目录当中的。只要通过存取这个目录下的某个文件，就等于存取该设备
/etc	存放系统主要的配置文件，如人员的账号密码文件、各种服务的配置文件等
/home	系统默认的普通用户家目录
/lib	存放在开机时用到的函数库，以及在/bin 或/sbin 下的命令会呼叫的函数库
/mnt	手动挂载可移除设备的目录，包括光驱、U 盘等设备
/media	系统自动挂载可移除设备的目录，包括光驱、U 盘等设备
/opt	给第三方软件存放的目录
/proc	伪文件系统。基于内存的，系统启动时重新生成。该目录存放系统资源状态，如系统核心、外部设备的状态、网络状态等

续表

目　录　名	用　　途
/root	root 用户的家目录
/run	临时文件系统。基于内存的，系统启动时重新生成。运行时临时存放数据用，如 RHEL 8 操作系统默认可移动设备的挂载路径是/run/media/root/
/tmp	一般用户或者正在执行的程序临时放置文件的目录，任何人都可以访问
/usr	存放系统主要程序、图形界面所需要的文件、额外的函数库、本机安装的软件、共享的目录与文件
/var	存放系统执行过程中经常变化的文件，如 cache 等

（2）Linux 操作系统的文件系统管理

创建分区后，根据需要选择分区的文件系统类型，选择相应的命令来格式化分区，从而实现在分区创建相应的文件系统。只有建立了文件系统后，该分区才能用于存取文件。

文件系统管理的常用命令见表 4-8。

表 4-8　文件系统管理的常用命令

命　　令	功　　能
mkfs	对存储设备分区进行格式化操作
tune2fs	允许系统管理员调整文件系统中的可改参数
fsck	检查和修复文件系统
du	按照指定容量单位来查看文件或目录在磁盘中的占用情况
df	查看磁盘或分区使用情况

① mkfs 命令

功能：对存储设备分区进行格式化操作，创建文件系统。

命令格式：mkfs [选项] 设备

常用选项见表 4-9。

表 4-9　mkfs 命令的常用选项

选　　项	功　　能
-c	建立文件系统之前，检查坏块
-t	指定创建的文件系统类型

② tune2fs 命令

功能：允许系统管理员调整 EXT2/EXT3/ EXT4 文件系统中的可改参数。

命令格式：tune2fs [选项] 设备

常用选项见表 4-10。

表 4–10　tune2fs 命令的常用选项

选　　项	功　　能
-l	查看文件系统信息
-j	将 EXT2 转换为 EXT3，但 EXT2 不可以转换为 EXT3
-f	强制运行 tune2fs 命令
-g	设置能够使用文件系统保留数据块的用户组成员
-L	修改文件系统的卷标
-m	保留块的百分比
-O	设置或清除默认挂载的文件系统选项
-r	调整系统保留空间

③ fsck 命令

功能：检查和修复文件系统。该命令在文件系统出现错误的时候使用，正常情况下不必使用。

命令格式：fsck [选项][文件系统]

常用选项见表 4–11。

表 4–11　fsck 命令的常用选项

选　　项	功　　能
-A	依照/etc/fstab 配置文件的内容，检查文件内所列的全部文件系统
-N	不执行指令，仅列出实际执行会进行的动作
-P	当搭配-A 参数使用时，则会同时检查所有的文件系统
-r	采用互动模式，在执行修复时询问问题，让用户得以确认并决定处理方式
-R	当搭配-A 参数使用时，目录的文件不予检查
-s	依序执行检查作业，而非同时执行
-t	指定要检查的文件系统类型
-T	执行 fsck 指令时，不显示标题信息

fsck 命令在使用过程中需要通过如下步骤。

步骤 1：系统进入单用户模式。

步骤 2：使用 umount 命令，卸载要检查的文件系统。

步骤 3：使用 fsck 命令，检查文件系统。

步骤 4：检查完毕，重启系统。

若文件系统出错，Linux 操作系统启动时会提示用户进行文件系统检查。

④ du 命令

功能：按照指定容量单位来查看文件或目录在磁盘中的占用情况。

命令格式：du [选项] 文件

常用选项见表 4-12。

表 4-12　du 命令的常用选项

选　项	功　能
-a	显示目录中所有文件大小
-k	以 KB 为单位显示文件大小
-m	以 MB 为单位显示文件大小
-H	以 1000 为换算单位显示文件大小
-h	以容易阅读的方式显示文件大小
-s	仅显示总计

⑤ df 命令

功能：查看磁盘或分区使用情况。df 命令显示的磁盘使用量情况含可用、已有及使用率等信息，默认单位为 KB。

命令格式：df [选项] 文件

常用选项见表 4-13。

表 4-13　df 命令的常用选项

选　项	功　能
-a	显示所有系统文件
-B <块大小>	指定显示时的块大小
-h	以容易阅读的方式显示
-H	以 1000 字节为换算单位来显示
-i	显示索引字节信息
-k	指定块大小为 1 KB
-l	只显示本地文件系统
-t <文件系统类型>	只显示指定类型的文件系统
-T	输出时显示文件系统类型
--sync	在取得磁盘使用信息前，先执行 sync 命令

3. 文件系统挂载与卸载

磁盘等设备在经过分区、创建文件系统以后，需要把该文件系统挂载到 Linux 操作系统的目录（挂载点）中，然后才可以使用（存取数据等）。同样的，光驱、U 盘等移动设备（已有文件系统）也必须挂载到 Linux 操作系统的目录才能使用其中的资源。如不需要使用可以将其卸载。

移动设备的文件系统挂载、卸载有两种方式：命令行手动挂载和卸载、开机自动挂载。

微课 4-1
分区与挂载点

（1）使用命令手动挂载和卸载文件系统，立刻生效，但操作系统重启后会失效。

文件系统挂载/卸载的常用命令见表 4-14。

表 4-14　文件系统挂载/卸载的常用命令

命　　令	功　　能
mount	挂载文件系统到 Linux 操作系统的挂载目录中
umount	卸载已经挂载的文件系统

① mount 命令

功能：将文件系统挂载到目录中。

命令格式：mount [选项] [设备] [目录]

常用选项见表 4-15。

表 4-15　mount 命令的常用选项

选　　项	功　　能
-t	指定文件系统的类型，通常不必指定，mount 会自动选择正确的类型，常用类型如下： xfs、ext2/3/4：Linux 目前常用的文件系统（默认） msdos：MS-DOS 的 FAT，就是 FAT16 vfat：Windows 98 常用的 FAT32 nfs：网络文件系统 iso9660：CD-ROM 光盘标准文件系统 ntfs：Windows NT 2000 的文件系统 auto：自动检测文件系统
-o	选择挂载方式，常用方式如下。 codepage=XXX：代码页 iocharset=XXX：字符集 ro：以只读方式挂载 rw：以读写方式挂载 nouser：使一般用户无法挂载 user：可以让一般用户挂载设备

② umount 命令

功能：卸载已经挂载的文件系统。

命令格式：umount [选项] 设备/目录

常用选项见表 4-16。

表 4-16　umount 命令的常用选项

选　　项	功　　能
-f	强制卸载指定的文件系统
-a	卸载/etc/mtab 文件中列举的所有文件系统（/proc 文件系统除外）
-t	卸载指定类型的文件系统

（2）开机自动挂载文件系统

使用 Vim 编辑器编辑/etc/fstab 文件，将需要开机自动挂载的设备配置信息写入该文件，存盘退出。重启系统后，即可实现开机自动挂载。

拓展阅读
基于 GPT 分区表的
磁盘分区管理

任务实施

掌握在 Linux 操作系统中使用命令进行分区管理，文件系统创建、挂载、卸载，移动存储设备的使用等操作方法。

项目 3 中对 admin 用户授予了特殊权限，从项目 4 起的命令行操作都是在 admin 用户中完成。

子任务 1　创建分区

1. 实施要求

在 Linux 服务器端插入一块 32 GB 的移动硬盘，分别使用 fdisk 命令、parted 命令对移动硬盘进行分区，分区要求见表 4-17。

表 4-17　移动硬盘分区要求

分 区 类 型	分区容量/GB	文 件 系 统	挂 载 点
主分区	10	XFS	/mnt/data
主分区	5	EXT3	/mnt/download
逻辑分区	5	XFS	/media/tools
逻辑分区	7	EXT4	/media/backup

2. 实施步骤

（1）移动硬盘连接到虚拟机。将移动硬盘插入计算机的 USB 接口，打开"检测到新的 USB 设备"对话框，选中"连接到虚拟机"单选按钮，选择 VM_Server1 选项，单击"确定"按钮，如图 4-2 所示。

图 4-2　移动硬盘连接到虚拟机

微课 4-2
使用 fdisk 命令管理
磁盘分区

✍ 笔 记

（2）使用 fdisk 命令对硬盘进行分区。

步骤 1：查看硬盘的分区表信息，命令及执行结果如下。

```
[admin@vms1 ~]$ sudo fdisk -l
Disk /dev/sda: 30 GiB, 32212254720 字节, 62914560 个扇区
单元：扇区 / 1 * 512 = 512 字节
扇区大小(逻辑/物理)：512 字节 / 512 字节
I/O 大小(最小/最佳)：512 字节 / 512 字节
磁盘标签类型：dos
磁盘标识符：0x5f4b95b3

设备        启动  起点      末尾      扇区      大小 Id  类型
/dev/sda1   *    2048     2099199   2097152   1G  83  Linux
/dev/sda2        2099200  62914559  60815360  29G 8e  Linux LVM
......
```

从执行结果可以看到移动硬盘对应的设备文件是/dev/sdb，移动硬盘未作任何分区。

步骤 2：对移动硬盘进行分区，命令及执行结果如下。

```
[admin@vms1 ~]$ sudo fdisk /dev/sdb
欢迎使用 fdisk (util-linux 2.32.1)。
更改将停留在内存中，直到您决定将更改写入磁盘。
使用写入命令前请三思。
设备不包含可识别的分区表。
创建了一个磁盘标识符为 0x41a1d3d3 的新 DOS 磁盘标签。
```

创建容量为 10 GB 的主分区，命令及执行结果如下。

```
命令(输入 m 获取帮助)：n
分区类型
   p   主分区 (0 个主分区，0 个扩展分区，4 空闲)
   e   扩展分区 (逻辑分区容器)
选择 (默认 p)：p
分区号 (1-4，默认 1)：1
第一个扇区 (2048-60555263，默认 2048)：
上个扇区，+sectors 或 +size{K, M, G, T, P} (2048-60555263，默认 60555263)：+10G
创建了一个新分区 1，类型为"Linux"，大小为 10 GiB。
```

创建容量为 5 GB 的主分区，命令及执行结果如下。

```
命令(输入 m 获取帮助)：n
分区类型
   p   主分区 (1 个主分区，0 个扩展分区，3 空闲)
   e   扩展分区 (逻辑分区容器)
选择 (默认 p)：p
分区号 (2-4，默认 2)：2
第一个扇区 (20973568-60555263，默认 20973568)：
上个扇区，+sectors 或 +size{K, M, G, T, P} (20973568-60555263，默认 60555263)：+5G
创建了一个新分区 2，类型为"Linux"，大小为 5 GiB。
```

创建容量为 13 GB 的扩展分区。扩展分区与逻辑分区的创建顺序为先创建
扩展分区，然后在扩展分区内依次创建各逻辑分区，命令及执行结果如下。

笔 记

```
命令(输入 m 获取帮助)：n
分区类型
   p   主分区 (2 个主分区，0 个扩展分区，2 空闲)
   e   扩展分区 (逻辑分区容器)
选择 (默认 p)：e
分区号 (3,4，默认 3)：3
第一个扇区 (31459328-60555263，默认 31459328)：
上个扇区，+sectors 或 +size{K, M, G, T, P} (31459328-60555263，默认 60555263)：+13G
创建了一个新分区 3，类型为 "Extended"，大小为 13 GiB。
```

创建容量为 5 GB 的逻辑分区，命令及执行结果如下。

```
命令(输入 m 获取帮助)：n
分区类型
   p   主分区 (2 个主分区，1 个扩展分区，1 空闲)
   l   逻辑分区 (从 5 开始编号)
选择 (默认 p)：l
添加逻辑分区 5
第一个扇区 (31461376-58722303，默认 31461376)：
上个扇区，+sectors 或 +size{K, M, G, T, P} (31461376-58722303，默认 58722303)：+5G
创建了一个新分区 5，类型为 "Linux"，大小为 5 GiB。
```

创建容量为 7 GB 的逻辑分区，命令及执行结果如下。

```
命令(输入 m 获取帮助)：n
分区类型
   p   主分区 (2 个主分区，1 个扩展分区，1 空闲)
   l   逻辑分区 (从 5 开始编号)
选择 (默认 p)：l
添加逻辑分区 6
第一个扇区 (41949184-58722303，默认 41949184)：
上个扇区，+sectors 或 +size{K, M, G, T, P} (41949184-58722303，默认 58722303)：+7G
创建了一个新分区 6，类型为 "Linux"，大小为 7 GiB。
```

显示创建分区的情况，命令及执行结果如下。

```
命令(输入 m 获取帮助)：p
Disk /dev/sdb: 28.9 GiB, 31004295168 字节, 60555264 个扇区
单元：扇区 / 1 * 512 = 512 字节
扇区大小(逻辑/物理)：512 字节 / 512 字节
I/O 大小(最小/最佳)：512 字节 / 512 字节
磁盘标签类型：dos
磁盘标识符：0x41a1d3d3
设备        启动  起点      末尾       扇区      大小  Id  类型
/dev/sdb1         2048 20973567   20971520   10G   83  Linux
/dev/sdb2         20973568 31459327   10485760   5G    83  Linux
```

/dev/sdb3	31459328	58722303	27262976	13G	5	扩展
/dev/sdb5	31461376	41947135	10485760	5G	83	Linux
/dev/sdb6	41949184	56629247	14680064	7G	83	Linux

微课 4-3
使用 parted 命令
管理分区

笔 记

确认无误后将分区修改结果写入，退出 fdisk 命令，命令及执行结果如下。

```
命令(输入 m 获取帮助)：w
分区表已调整。
将调用 ioctl() 来重新读分区表。
正在同步磁盘。
```

（3）使用 parted 命令对硬盘进行分区，命令及执行结果如下。

```
[admin@vms1 ~]$ sudo parted /dev/sdb
GNU Parted 3.2
使用 /dev/sdb
Welcome to GNU Parted! Type 'help' to view a list of commands.
```

创建容量为 10 GB 的主分区，命令如下。

```
(parted) mkpart primary 0G 10G
```

创建容量为 5 GB 的主分区，命令如下。

```
(parted) mkpart primary 10G 15G
```

创建容量为 13 GB 的扩展分区，命令如下。

```
(parted) mkpart extended 15G 28G
```

创建容量为 5 GB 的逻辑分区，命令如下。

```
(parted) mkpart logical 15G 20G
```

创建容量为 7 GB 的逻辑分区，命令如下。

```
(parted) mkpart logical 20G 27G
```

查看分区创建情况，命令及执行结果如下。

```
(parted) print
Model: Kingston DT microDuo 3C (scsi)
Disk /dev/sdb: 31.0GB
Sector size (logical/physical): 512B/512B
Partition Table: msdos
Disk Flags:
```

Number	Start	End	Size	Type	File system	标志
1	1049kB	10.0GB	9999MB	primary		lba
2	10.0GB	15.0GB	5000MB	primary		lba
3	15.0GB	28.0GB	13.0GB	extended		lba
5	15.0GB	20.0GB	4999MB	logical		lba
6	20.0GB	27.0GB	6999MB	logical		lba

重新更改分区 6 的容量为 28 GB，命令如下。

```
(parted) resizepart 6 28G
```

查看分区修改情况，命令及执行结果如下。

```
(parted) print
Model: Kingston DT microDuo 3C (scsi)
Disk /dev/sdb: 31.0GB
Sector size (logical/physical): 512B/512B
Partition Table: msdos
Disk Flags:
Number  Start    End      Size     Type      File system  标志
  1     1049kB   10.0GB   9999MB   primary                lba
  2     10.0GB   15.0GB   5000MB   primary                lba
  3     15.0GB   28.0GB   13.0GB   extended               lba
  5     15.0GB   20.0GB   4999MB   logical                lba
  6     20.0GB   28.0GB   7999MB   logical                lba
```

确认无误后，退出 parted 命令，命令及执行结果如下。

```
(parted) quit
信息: You may need to update /etc/fstab.
```

子任务 2　创建文件系统

微课 4-4
创建文件系统

1. 实施要求

将子任务 1 中完成分区的移动硬盘各分区格式化，创建文件系统。格式化要求见表 4-17。

2. 实施步骤

为分区 /dev/sdb1 创建 XFS，命令如下。

```
[admin@vms1 ~]$ sudo mkfs -t xfs /dev/sdb1
```

为分区 /dev/sdb2 创建 EXT2 文件系统，命令如下。

```
[admin@vms1 ~]$ sudo mkfs /dev/sdb2
```

将分区 /dev/sdb2 转换为 EXT3 文件系统，命令如下。

```
[admin@vms1 ~]$ sudo tune2fs -j /dev/sdb2
```

为 /dev/sdb5 分区创建 XFS，命令如下。

```
[admin@vms1 ~]$ sudo mkfs -t xfs /dev/sdb5
```

为 /dev/sdb6 分区创建 EXT4 文件系统，命令如下。

```
[admin@vms1 ~]$ sudo mkfs -t ext4 /dev/sdb6
```

子任务 3　挂载与卸载磁盘文件系统

微课 4-5
挂载与卸载磁盘分区

1. 实施要求

将各分区挂载到对应的目录上，详见表 4-17。

2. 实施步骤

步骤 1：创建挂载分区的目录，命令如下。

```
[admin@vms1 ~]$ sudo mkdir /mnt/data /mnt/download /media/tools /media/backup
```

步骤 2：挂载各分区，命令如下。

```
[admin@vms1 ~]$ sudo mount /dev/sdb1 /mnt/data
[admin@vms1 ~]$ sudo mount /dev/sdb2 /mnt/download
[admin@vms1 ~]$ sudo mount /dev/sdb5 /media/tools
[admin@vms1 ~]$ sudo mount /dev/sdb6 /media/backup
```

步骤 3：使用 umount 命令卸载各分区，命令如下。

```
[admin@vms1 ~]$ sudo umount /dev/sdb1
[admin@vms1 ~]$ sudo umount /dev/sdb2
[admin@vms1 ~]$ sudo umount /dev/sdb5
[admin@vms1 ~]$ sudo umount /dev/sdb6
```

子任务 4　挂载与卸载可移动存储设备

微课 4-6
挂载与卸载可移动
设备

1. 实施要求

RHEL 8 操作系统对光盘、U 盘、移动硬盘等提供了自动加载功能。用户根据需求使用 mount 和 umount 命令分别对光盘、移动硬盘手动加载和卸载。

2. 实施步骤

（1）挂载/卸载光盘

步骤 1：连接虚拟光驱至主机，插入光盘镜像文件。在 VMware Workstation 软件中，打开对应虚拟机的"虚拟机设置"对话框，选择"硬件" → "CD/DVD（SATA）"，在"连接"区域单击"使用 ISO 映像文件"按钮，单击"浏览"按钮，将 RHEL 8 操作系统的安装光盘镜像文件加载上。"设备状态"区域的"已连接"和"启动时连接"复选框都勾选。

步骤 2：挂载光盘。光盘文件的路径是/dev/sr0 或者/dev/cdrom，在 mnt 目录内创建 cdrom 子目录，使用 mount 目录挂载，命令如下。

```
[admin@vms1 ~]$ sudo mkdir /mnt/cdrom;sudo mount /dev/sr0 /mnt/cdrom
```

使用 mount 命令挂载光盘，一旦操作系统重启，挂载会失效。如需要长期挂载，需要将挂载项写入/etc/fstab 文件。修改文件存盘后，重启操作系统生效，随操作系统启动自动挂载光盘。长期挂载光盘的命令及文件内容如下。

```
[admin@vms1 ~]$ sudo vim /etc/fstab
#
# /etc/fstab
# Created by anaconda on Sun Jul 3 13:11:23 2022
......
/dev/mapper/rhel-root      /                          xfs      defaults    0 0
UUID=f3127be2-dae5-40bf-9dcf-82f95acfb1f1 /boot   xfs      defaults    0 0
/dev/mapper/rhel-swap      none                       swap     defaults    0 0
```

在文件中追加一行，写入光盘挂载项如下。存盘退出后，重启系统生效。

```
/dev/sr0                   /mnt/cdrom                 iso9660   defaults    0 0
```

```
[admin@vms1 ~]$ sudo reboot
```

步骤 3：卸载光盘。使用 umount 命令卸载光盘，命令如下。

```
[admin@vms1 ~]$ sudo umount /dev/sr0
```

（2）挂载 U 盘

步骤 1：U 盘连接到虚拟机。将 U 盘插入计算机的 USB 接口，打开"检测到新的 USB 设备"对话框，选中"连接到虚拟机"按钮，选择"VM_Server1"选项，单击"确定"按钮，将 U 盘连接到虚拟机。

步骤 2：手动挂载 U 盘。Linux 操作系统中新添加的 U 盘设备文件路径是 /dev/sdb，在 mnt 目录内创建 mDisk 子目录，使用 mount 命令挂载，命令如下。

```
[admin@vms1 ~]$ sudo mkdir /mnt/mDisk
[admin@vms1 ~]$ sudo mount /dev/sdb /mnt/mDisk
```

步骤 3：手动卸载 U 盘。使用 umount 命令卸载 U 盘，命令如下。

```
[admin@vms1 ~]$ sudo umount /dev/sdb
```

【实训】 管理存储设备

实训文档

实训目的

1. 掌握在 Linux 操作系统中磁盘分区管理的方法。
2. 掌握在 Linux 操作系统中文件系统创建的方法。
3. 掌握在 Linux 操作系统中移动存储设备挂载和卸载的方法。

实训内容

登录到 Linux 操作系统，执行以下操作。

1. 在虚拟机设置中，新增 1 块 20 GB 的 SCSI 硬盘。分区要求见表 4-18，对照要求使用 fdisk 命令对硬盘进行分区管理的操作。

表 4-18　新增 SCSI 硬盘分区要求

分区类型	分区容量/GB	文件系统	挂载点
主分区	10	XFS	/mnt/sdb1
逻辑分区	6	XFS	/media/sdb5
逻辑分区	2	XFS	/media/sdb6

2. 使用 mkfs 命令为各分区创建文件系统。
3. 将分区挂载到相关目录。
4. 挂载、卸载光驱。

【项目总结】

本项目首先介绍分区的基础知识以及相关命令；接着介绍文件系统的基础知识以及相关命令；然后介绍移动设备的挂载、卸载的基础知识；最后以任务实操的方式讲解上述知识的实际应用。

练习答案

【课后练习】

1. 选择题

（1）对第 1 块 SCSI 硬盘进行分区，进入 parted 交互模式的正确命令写法是_____。

    A. parted /dev/sda   B. parted /dev/hda

    C. parted −l sda   D. parted −l hda

（2）使用 fdisk 命令查看第 1 块 HDD 硬盘的正确写法是_____。

    A. fdisk −l /dev/sda   B. fdisk −l /dev/hda

    C. fdisk −l sda   D. fdisk −l hda

（3）将分区 sda5 挂载到/mnt/sd 目录的正确命令是_____。

    A. mount /dev/sda5   B. mount /mnt/sd

    C. mount /sda5 /sd   D. mount /dev/sda5 /mnt/sd

（4）卸载光驱的正确命令写法是_____。

    A. umount /dev/cdrom

    B. umout

    C. umount /dev

    D. umount /dev/sr0 /mnt/cdrom

（5）将 Linux 光盘内容完整复制到目录/media/CPOS 中，一定用不到
_____命令。

     A. mount /dev/sr0 /media/IOS

     B. fdisk /dev/sr0

     C. cp −r /dev/sr0/* /media/CPOS

     D. umount /dev/cdrom /media/CPOS

2. 简答题

（1）简述将磁盘分为 6 个分区的方法和步骤。

（2）简述 RHEL 8 操作系统支持的常用文件系统。

项目 **5**
管理进程与服务

学习目标

【知识目标】

- 掌握 Linux 系统启动的过程。
- 掌握 Linux 进程及运行机制。
- 掌握 systemd 进程的基础知识。

【技能目标】

- 掌握 Linux 进程管理命令的使用方法。
- 掌握 Linux 服务管理命令的使用方法。

【素养目标】

- 培养学习者对 Linux 服务器的运行状态做基础监测和管理的能力。
- 培养按规范操作的意识，减少设备损坏的可能性。
- 认真分析任务目标，做好整体规划。

管理进程与服务

笔记

【任务】 管理服务与进程

学习情境

    Linux 服务器运维的重要工作内容之一是系统和服务监控（包括 CPU、内存、磁盘空间、磁盘读写、网络适配器流量、系统负载、进程数量等），因此相关命令的使用和执行结果分析是基本功之一。

任务描述

    使用命令对 Linux 操作系统的进程和服务进行管理。

问题引导

- Linux 操作系统的启动经过哪些步骤？
- Linux 进程有哪些状态，进程如何管理，基本命令有哪些？
- Linux 服务如何启动与停止，基本命令有哪些？

知识学习

1. Linux 操作系统的启动过程

    Linux 操作系统的通用启动过程主要包括以下阶段。

    第 1 阶段：计算机开机，加载 BIOS 自检。

    按下主机 Power 键，主机启动，加载 BIOS。BIOS 程序首先进行 POST（Power On Self Test）自检，检测系统中的一些关键设备（如内存、显卡及 CPU 类型和频率等）是否存在和能否正常工作。随后 BIOS 将检测系统中安装的一些标准硬件设备，包括硬盘、CD-ROM、串口、并口、即插即用设备等，并显示这些设备的相关信息。如果 BIOS 在进行 POST 的过程中发现错误，会直接控制扬声器报告错误。

    第 2 阶段：读取 MBR 信息。

    测试通过之后，BIOS 将读取并执行引导扇区中的主引导记录（Master Boot Loader，MBR），通常主引导扇区位于磁盘的 0 柱面 0 磁头第 1 个扇区。主引导扇区共有 512 字节的内容，由 446 字节的引导记录区、64 字节的磁盘分区表、2 字节的分区结束标志共同组成。MBR 被读取到内存后，执行引导加载程序（Boot Loader）。对于 Linux 操作系统，加载的是 Grub 信息。

    第 3 阶段：执行 Boot Loader（加载 Grub 菜单）。

    Boot Loader 是计算机加载操作系统内核之前运行的一小段程序。这一段小程序可以初始化硬件设备、建立内存空间的映射图，从而将系统的软硬件环境加载到一个合适的状态。以便为最终调用操作系统内核做好准备。通常，Boot

Loader 依赖于硬件实现。Linux 常见的 Boot Loader 有 Grub 和 Lilo 两种，现在 Grub 已经成了主流。Boot Loader 读取 grub.conf 文件（类似于 Windows 操作系统的 boot.ini 文件）的配置信息，然后根据对应的配置信息启动不同的操作系统。

笔记

第 4 阶段：加载 Linux 内核以及驱动程序。

根据 Grub 设定的内核映像所在路径，系统会读取内存映像，并解压缩内核。此外，还会加载内核所需的驱动程序文件，进而挂载并读取根分区的信息，加载操作系统文件。

到第 4 阶段，RHEL 6、CentOS 6 操作系统与 RHEL 7、RHEL 8、CentOS 7、CentOS 8 操作系统是一样的，后面的步骤有所区别。

RHEL 6、CentOS 6 使用 System V init 管理操作系统，操作系统后续启动流程如下。

第 5 阶段：启动 init 进程，读取/etc/ini.d/rcS.conf 文件。

第 6 阶段：init 进程加载并执行/etc/rc.d/rc.sysinit，对系统进行初始化设置。

第 7 阶段：init 进程加载/etc/sysconfig/modules 中的内核模块。

第 8 阶段：init 进程执行对应运行级别下的脚本。

第 9 阶段：加载/etc/rc.local，启动 mingetty 进程，进入登录前状态。

第 10 阶段：输入用户名和密码登录系统。

RHEL 7、RHEL 8、CentOS 7、CentOS 8 操作系统使用新的系统服务管理器 systemd 管理操作系统。systemd 兼容 System V init。相较于传统的 System V init，systemd 支持如下新特性。

（1）支持任务并行启动，提高速度。

（2）D-Bus 激活策略启动服务，尽可能启动更少的进程。

（3）提供按需启动，降低系统资源消耗，进程管理更方便。

（4）使用 Linux cgroups 跟踪和管理进程的生命周期。

（5）启动挂载点和自动挂载的管理。

（6）实现事务性依赖关系管理。

（7）使用 journal 日志服务。

RHEL 7、RHEL 8、CentOS 7、CentOS 8 操作系统后续启动流程如下。

第 5 阶段：启动 systemd 进程，加载并执行/usr/lib/systemd/system/initrd.target 文件，挂载 fstab 中的文件系统；systemd 进程读取/etc/systemd/system/default.tatget 文件，启动模式见表 5-1，选择默认的启动模式；systemd 进程读取并执行 sysinit.target 文件，初始化系统以及加载 basic.target；systemd 进程启动 multi-user.target 模式下的服务程序/etc/system/system、/usr/lib/system/system；systemd 进程执行 multi-user.target 模式下的/etc/rc.d/rc.local 文件，设定用户开机自启动程序；systemd 进程执行 multi-user.target 模式下的 getty.target 文件，启动

mingetty 进程，启动 graphical 所需的服务，进入登录前状态。

表 5-1 为 systemd 启动模式与 System Vinit 运行级别对照。

第 6 阶段：输入用户名和密码登录系统。

表 5-1 systemd 启动模式与 System Vinit 运行级别对照表

systemd 启动模式 （RHEL 7、RHEL 8、CentOS 7、CentOS 8）	System Vinit 运行级别（RHEL 6、CentOS 6）	功　能
poweroff.target	0	关机
rescue.target	1	单用户文本界面
multi-user.target	2	多用户文本界面（无 NFS）
	3	多用户文本界面（有 NFS）
	4	多用户文本界面（保留）
graphical.target	5	多用户图形界面
reboot.target	6	重启
emergency.target	emergency	救援

2. Linux 操作系统的进程管理

Linux 操作系统是多用户、多任务操作系统，多个用户可以同时使用同一个操作系统，每个用户在操作系统中可以运行多个程序。操作系统以进程的方式为每个程序的运行分配和调度系统资源（软、硬件）。为了协调多个进程对资源的访问，操作系统要实时监测所有进程的活动以及系统资源的使用情况，从而实现对进程及相关资源的动态管理。

（1）程序与进程

程序是指令的有序集合，以文件方式长期存储在磁盘上，是静态的实体，本身没有任何运行的含义。进程是程序关于某个数据集合上的一次运行活动，是系统资源分配和调度的基本单位，是动态的实体。进程有生命周期，能够动态地产生和消亡，在生命周期内有不同的状态。进程具有并发的特性。

（2）进程管理相关的常用命令

Linux 操作系统中进程管理相关的常用命令见表 5-2。

表 5-2 进程管理相关的常用命令

命　令	功　能
uptime	显示系统信息
free	查看系统内存
top	实时显示系统运行状态
ps	显示当前系统的进程状态
pstree	将所有进程以树状图显示

续表

命　令	功　能
pidof	获取进程的进程号（PID）
nice	调整进程的执行优先级
kill	通过进程号结束进程
killall	通过进程名结束进程
jobs	显示系统中的任务列表及其运行状态
bg	将作业放到后台运行，使前台可以执行其他任务
fg	将在后台运行的或者挂起的作业放到前台终端运行

① uptime 命令

功能：显示系统信息，显示依次为现在时间、系统已运行时间、目前登录用户数、系统在过去的 1 min、5 min 和 15 min 内的平均负载。

命令格式：uptime [选项]

常用选项见表 5-3。

表 5-3　uptime 命令的常用选项

选　项	功　能
-p	显示机器正常运行的时间
-s	系统自开始运行时间，格式为 yyyy-mm-dd hh:mm:ss

② free 命令

功能：显示系统内存使用量情况，包含物理和交换内存的总量、使用量和空闲量。

命令格式：free [选项]

常用选项见表 5-4。

表 5-4　free 命令的常用选项

选　项	功　能
-b	以 Byte 显示内存使用情况
-k	以 KB 为单位显示内存使用情况
-m	以 MB 为单位显示内存使用情况
-g	以 GB 为单位显示内存使用情况
-s	持续显示内存
-t	显示内存使用总和
-h	以容易阅读的单位显示内存使用情况

③ top 命令

功能：实时显示系统运行状态，包含处理器、内存、服务、进程等重要资源信息。被称之为 Linux 操作系统的"任务管理器"，除了能看到常规的服务进程信息以外，还能够清楚地获取到处理器和内存的负载情况，实时感知系统全局的运行状态。top 命令经常配合进程管理命令使用。

命令格式：top [选项]

常用选项见表 5-5。

表 5-5 top 命令的常用选项

选 项	功 能
-d <秒>	改变显示的更新速度
-c	切换显示模式
-s	安全模式，不允许交互式指令
-i	不显示任何闲置或僵死的行程
-n	设定显示的总次数，完成后将会自动退出
-b	批处理模式，不进行交互式显示

示例：查看主机的实时系统负载情况，命令及执行结果如下。

```
[root@vms1 ~]# top
top - 19:47:05 up  5:41,  1 user,  load average: 0.04, 0.03, 0.01
Tasks: 278 total,   1 running, 277 sleeping,   0 stopped,   0 zombie
%Cpu(s):  0.0 us,  0.2 sy,  0.0 ni, 99.7 id,  0.0 wa,  0.0 hi,  0.2 si,  0.0 st
MiB Mem :   1950.9 total,    814.4 free,    632.4 used,    504.2 buff/cache
MiB Swap:   2080.0 total,   2080.0 free,      0.0 used.   1147.2 avail Mem


   PID USER      PR  NI    VIRT    RES    SHR S  %CPU  %MEM     TIME+ COMMAND
     1 root      20   0  186864  14772  9772 S   0.0   0.7   0:01.57 systemd
     2 root      20   0       0      0     0 S   0.0   0.0   0:00.01 kthreadd
......
```

对照示例 1，top 命令执行结果的各行所代表的含义如下。

第 1 行是任务队列信息，与 uptime 命令的执行结果相同。各项含义分别为当前系统时间、系统已运行时间、登录终端数、系统负载（load average 后的 3 个数值分别为 1 min、5 min、15 min 内的系统负载平均值，数值越小意味着负载越低）。

第 2 行是进程状态信息。各项含义分别为进程总数、运行中的进程数、睡眠中的进程数、停止的进程数、僵尸进程数。

第 3 行是 CPU 状态信息。各项含义分别为用户占用 CPU 的百分比、系统内核占用 CPU 的百分比、改变过优先级的进程资源占用 CPU 的百分比、空闲 CPU 百分比、I/O 等待占用 CPU 的百分比、硬中断占用 CPU 的百分比、软中断占用 CPU 的百分比、虚拟机占用 CPU 的百分比等。数据以百分比格式显示。

第 4 行是内存状态信息。各项含义分别为物理内存总量、内存空闲量、使用中的内存总量、作为内核缓存（/proc/meminfo）的内存量。

第 5 行是 swap 分区（交换分区）状态信息。各项含义分别为 swap 分区总量、空闲的 swap 分区总量、使用中的 swap 分区总量、在数据交换的情况下可用于启动新应用程序的内存量。

第 6 行是空行。

第 7 行是监测各进程状态的项目字段。top 命令进行状态各项目字段含义见表 5-6。

表 5-6　top 命令进程状态各项目字段含义

项 目 字 段	含　　义
PID	进程 ID
USER	进程所有者
PR	进程优先级
NI	nice 值，负数表示高优先级，正数表示低优先级
VIRT	进程使用的虚拟内存总量，默认单位是 KB
RES	进程使用的、未被换出的物理内存大小，默认单位是 KB
SHR	共享内存大小，默认单位是 KB
S	进程状态
%CPU	上次更新到现在的 CPU 时间占用百分比
%MEM	进程使用的物理内存百分比
TIME+	进程使用的 CPU 时间总计，单位为 1/100 s
COMMAND	进程名称（命令名称）

第 8 行往下是各进程对照第 7 行项目字段的详细信息。

注意：需要特别留意第 5 行的第 3 项（used），若数值发生变化说明物理内存和 swap 分区在进行数据交换，表示物理内存不够用或者程序运行有内存溢出问题。

现有版本 Linux 操作系统的进程状态标记说明见表 5-7。

表 5-7　进程状态标记说明

进程状态标记	含　　义
R	可执行状态（TASK_RUNNING）。此时进程处于运行态或就绪态（就绪队列）
S	可中断的睡眠状态（TASK_INTERRUPTIBLE）。进程被挂起，进入等待队列，等待被唤醒
D	不可中断的睡眠状态（TASK_UNINTERRUPTIBLE）。进程处于睡眠状态，并且不可中断（不响应异步信号）。例如，kill -9 命令对此状态的进程无效

续表

进程状态标记	含 义
T	暂停状态（TASK_STOPPED）。进程接收到 SIGSTOP 信号，就会暂停下来，接收到 SIGCONT 信号就恢复到 TASK_RUNNING 状态
t	跟踪状态（TASK_TRACED）。当一个进程被另外的进程监视时，进程就会进入该状态，标记为 t。例如，使用 gdb 跟踪断点时，到达断点处，进程就会停下来处于 TASK_TRACED 状态
Z	进程终止时，释放所占有的绝大多数内存空间，没有任何可执行代码，也不能被调度，仅仅在进程列表中保留进程描述符（task_struct 数据结构），记载该进程的退出状态等信息供其他进程收集。当父进程调用 wait 系列的系统调用函数后，僵尸进程会被释放
X	死进程（未开启，不可见）
<	高优先级
N	低优先级
L	部分页被锁进内存
s	会话头（包含子进程）
+	位于前台的进程组
l	多线程、克隆线程

top 命令的功能可以通过交互命令的方式实现，见表 5-8。

表 5-8 top 交互命令

命 令	功 能
c	显示完整的命令
d	更改刷新频率
F 或者 f	增加或减少要显示的列（选中的会变成大写并加*号）
h 或者?	显示帮助画面
H	显示线程
i	忽略闲置和僵尸进程
k	通过给予一个 PID 和一个 signal 来终止一个进程（默认 signal 为 15，在安全模式中此命令被屏蔽）。
l	显示平均负载以及启动时间（即显示或隐藏命令结果第 1 行）
m	显示内存信息
M	根据内存资源使用大小进行排序
N	按 PID 由高到低排列
O 或者 o	改变列显示的顺序
P	根据 CPU 资源使用大小进行排序
q	退出 top 命令

续表

命　令	功　　能
r	修改进程的 nice 值（优先级）。优先级默认为 10，正值使优先级降低；反之，则提高优先级
s	设置刷新频率（默认单位为秒，如有小数，则换算成 ms）。默认值是 5s，若输入为 0 值，则系统将不断刷新
S	累计模式（把已完成或退出的子进程占用的 CPU 时间累计到父进程的 TIME+）
T	根据进程使用 CPU 的累积时间排序
t	显示进程和 CPU 状态信息（即显示或隐藏命令结果第 3 行）
u	指定用户进程
W	将当前设置写入~/.toprc 文件，下次启动自动调用 toprc 文件的设置
<	向前翻页
>	向后翻页
1（注：数字 1）	显示每个 CPU 的详细情况
Ctrl+L 键	擦除并且重写屏幕

④ ps 命令

功能：显示当前系统的进程状态。可以查看进程的所有信息，如进程 ID、所有者、系统资源使用占比（处理器与内存）、运行状态等，有助于使用者及时发现进程的异常情况。

命令格式：ps [选项]

常用选项见表 5-9。

表 5-9　ps 命令的常用选项

选　项	功　　能
-a	显示所有终端下执行的进程
a	显示与终端相关的所有进程，包含每个进程的完整路径
u	显示进程的用户信息
x	显示与终端无关的所有进程
-e	显示所有进程
-f	显示 UID、PPIP、C 与 STIME 栏位
-H	显示树结构，表示程序间的相互关系
-l	以详细的格式显示进程的状况
-u	显示指定用户相关的进程信息

⑤ pstree 命令

功能：将所有行程以树状图显示。如果有指定进程号，则树状图会只显示该使用者所拥有的行程。

命令格式：pstree [选项] [进程号/用户]

常用选项见表 5-10。

表 5-10　pstree 命令的常用选项

选　项	功　能
-a	显示每个进程对应的完整指令，包含路径、选项等
-c	显示的进程中包含子进程和父进程
-h	对现在执行的程序进行特别标注

⑥ pidof 命令

功能：获取进程的进程号（PID）。

命令格式：pidof [选项] [程序]

常用选项见表 5-11。

表 5-11　pidof 命令的常用选项

选　项	功　能
-s	当系统中存在多个同名进程时，仅返回一个进程号
-c	仅返回当前正在运行且具有同一根目录的进程号

⑦ nice 命令

功能：调整进程的执行优先级。Linux 操作系统的进程优先级调整范围从高到低是 -20～19。优先级越高的程序占用 CPU 的次数越多，反之亦然。

命令格式：nice [选项] [命令]

常用选项见表 5-12。

表 5-12　nice 命令的常用选项

选　项	功　能
-n 数值	-n 后的数值默认值为 10。root 用户可随意调整自己或其他用户程序的 nice 值，范围从 -20～19。普通用户仅可调整自己程序的 nice 值，范围从 0～19，且仅可将 nice 值调高

⑧ kill 命令

功能：结束进程。运行命令之前需要先知道要结束进程的进程号。

命令格式：kill [选项] 进程号

常用选项见表 5-13。

表 5-13　kill 命令的常用选项

选　项	功　能
-n	指定要发送的信号（1：挂起；2：中断；3：退出；9：强制终止进程的运行；15：终止，通常在关机时发送；20：暂停进程的运行，等价于按 Ctrl+Z 组合键）

⑨ killall 命令

功能：结束一组同名的进程。运行命令之前需要先知道要结束进程的进程名称。

命令格式：killall [选项] 进程名称

常用选项见表5-14。

表5-14　killall 命令的常用选项

选　　项	功　　能
-e	对长名称进行精确匹配

⑩ jobs 命令

功能：显示系统中的作业列表及其运行状态。

命令格式：jobs [选项] [作业声明]

常用选项见表5-15。

表5-15　jobs 命令的常用选项

选　　项	功　　能
-l	显示作业列表时包括进程号
-n	显示上次使用 jobs 后状态发生变化的作业
-p	显示作业列表时仅显示其对应的进程号
-r	仅显示运行的（running）作业
-s	仅显示暂停的（stopped）作业

注意：将前台运行的进程放到后台挂起（暂停），按 **Ctrl+Z** 组合键。要终止一个前台运行的进程，按 **Ctrl+C** 组合键。

⑪ bg 命令

功能：将作业放到后台运行，使前台可以执行其他任务。该命令的运行结果与在命令后面添加符号&的结果是相同的，都是将其放到系统后台执行。若后台任务中只有一个，使用该命令时可以省略任务号。

命令格式：bg [选项] 任务号

⑫ fg 命令

功能：将后台运行的或者挂起的作业放到前台终端运行。若后台任务中只有一个，可以省略任务号。

命令格式：fg [选项] 任务号

3. Linux 操作系统的服务管理

服务（service）是在操作系统后台运行的程序，是为其他应用软件提供协作或者运行环境的软件。一般随操作系统的启动而启动，启动时会启动相应的进程。RHEL 7、RHEL 8、CentOS 7、CentOS 8 操作系统采用新的系统服务管理器 systemd 对服务进行管理。

systemd 的主要工具见表 5–16。

表 5–16　systemd 的主要工具

命　　令	功　　能
systemctl	查询与修改 systemd 系统和服务管理器的状态
journalctl	查询系统日志
systemd-cgls	以树状列出正在运行的进程

（1）systemctl 命令

功能：服务状态查询、修改。

命令格式：systemctl [选项] 服务

常用选项见表 5–17。

表 5–17　systemctl 命令的常用选项

选　　项	功　　能
start	启动服务
stop	停止服务
restart	重启服务
reload	重新加载服务
status	查看服务状态
enable	打开特定服务开机自启动
disable	关闭特定服务开机自启动
is-enabled	查看特定服务是否为开机自启动
list-unit-files --type=service	查看各级别下服务的启动与禁用情况

（2）journalctl 命令

功能：查看系统日志。

命令格式：journalctl [选项]

常用选项见表 5–18。

表 5–18　journalctl 命令的常用选项

选　　项	功　　能
-k	查看内核日志
-b	查看系统本次启动的日志
-u	查看指定服务的日志
-n	指定日志条数
-f	追踪日志

（3）system-cgls 命令

功能：以树状列出正在运行的进程。

命令格式：system-cgls [选项] [控制组]

📧 任务实施

掌握 Linux 操作系统中进程与服务相关命令的使用方法。

微课 5-2
管理 Linux 操作系统
的进程以及服务

子任务 1　管理 Linux 操作系统进程

1. 实施要求

运行 top 命令，将对应的进程暂停并切换到后台。运行 ping 命令，测试是否能连通百度官网，将其暂停并切换到后台，再将两个进程逐个切换到前台继续运行，然后终止进程。

笔 记

2. 实施步骤

命令及执行结果如下。

```
[admin@vms1 dev]$ top

top - 13:37:45 up  6:07,  1 user,  load average: 0.00, 0.00, 0.00
Tasks: 277 total,   1 running, 276 sleeping,   0 stopped,   0 zombie
%Cpu(s):  0.0 us,  0.0 sy,  0.0 ni,100.0 id,  0.0 wa,  0.0 hi,  0.0 si,  0.0 st
MiB Mem :   1950.9 total,    724.1 free,    690.4 used,    536.5 buff/cache
MiB Swap:   2080.0 total,   2080.0 free,      0.0 used.   1087.7 avail Mem

   PID USER   PR  NI   VIRT    RES    SHR S  %CPU  %MEM    TIME+ COMMAND
     1 root   20   0  186836  14688   9684 S   0.0   0.7  0:02.59 systemd
     2 root   20   0      0      0      0 S   0.0   0.0  0:00.02 kthreadd
……
```

按 Ctrl+Z 组合键，暂停 top 命令的执行。使用 ping 命令测试百度官网是否连通，命令及执行结果如下。

```
[1]+  已停止                 top
[admin@vms1 dev]$ ping www.baidu.com
PING www.a.shifen.com (14.215.177.38) 56(84) bytes of data.
64 bytes from 14.215.177.38 (14.215.177.38): icmp_seq=1 ttl=128 time=26.7 ms
64 bytes from 14.215.177.38 (14.215.177.38): icmp_seq=2 ttl=128 time=26.9 ms
……（省略后面部分输出信息）……
```

按 Ctrl+Z 组合键，暂停 ping 命令的执行。查看后台作业情况，将 top 命令调到前台执行，命令及执行结果如下。

```
^Z
[2]+  已停止                 ping www.baidu.com
[admin@vms1 dev]$ jobs
[1]-  已停止                 top
[2]+  已停止                 ping www.baidu.com
[admin@vms1 dev]$ fg 1
```

```
top - 13:42:28 up  6:12,   1 user,   load average: 0.00, 0.00, 0.00
Tasks: 278 total,    2 running, 275 sleeping,   1 stopped,    0 zombie
%Cpu(s):  0.0 us,  0.0 sy,  0.0 ni,100.0 id,  0.0 wa,  0.0 hi,  0.0 si,  0.0 st
MiB Mem :   1950.9 total,     722.6 free,     691.9 used,     536.5 buff/cache
MiB Swap:   2080.0 total,    2080.0 free,       0.0 used.   1086.2 avail Mem

  PID USER   PR  NI    VIRT    RES    SHR S  %CPU  %MEM    TIME+ COMMAND
    1 root   20   0  186836  14688   9684 S  0.0   0.7   0:02.59 systemd
    2 root   20   0       0      0      0 S  0.0   0.0   0:00.02 kthreadd
......
```

按 Ctrl+C 组合键，终止 top 命令的执行。使用 kill 命令终止 ping 命令的执行，命令及执行结果如下。

```
[admin@vms1 dev]$ jobs
[2]+  已停止              ping www.baidu.com
[admin@vms1 dev]$ ps aux
USER      PID %CPU  %MEM  VSZ   RSS  TTY    STAT  START     TIME COMMAND
……（省略中间部分输出信息）……
admin    5384 0.0  0.2 55444  4972  pts/0  T    13:46  0:00 ping www.baidu.com
root     5401 0.0  0.0  7520   896  ?      S    13:46  0:00 sleep 60
admin    5402 0.0  0.2 58940  3996  pts/0  R+   13:46  0:00 ps aux
[admin@vms1 dev]$ kill 5384
[admin@vms1 dev]$ ps aux
USER       PID %CPU  %MEM  VSZ   RSS  TTY    STAT  START     TIME COMMAND
......
root      5401 0.0  0.0  7520   896  ?      S    13:46      0:00 sleep 60
admin     5402 0.0  0.2 58940  3996  pts/0  R+   13:46      0:00 ps aux
```

子任务 2　管理 Linux 操作系统服务

1. 实施要求

手动查询操作系统的 SSH 服务状态，根据服务现有状态，测试服务能否正常启动、停止、重启。

2. 实施步骤

命令及执行结果如下。

```
[admin@vms1 dev]$ systemctl status sshd
● sshd.service - OpenSSH server daemon
   Loaded: loaded (/usr/lib/systemd/system/sshd.service; enabled; vendor
preset: enabled)
   Active: active (running) since Sun 2022-07-24 07:30:35 CST; 6h ago
     Docs: man:sshd(8)
           man:sshd_config(5)
 Main PID: 1216 (sshd)
    Tasks: 1 (limit: 12105)
```

```
        Memory: 4.5M
        CGroup: /system.slice/sshd.service
              └─1216  /usr/sbin/sshd  -D  -oCiphers=aes256-gcm@openssh.com,
chacha20-poly1305@op>
```

[admin@vms1 dev]$ sudo systemctl stop sshd

[admin@vms1 dev]$ sudo systemctl status sshd

● sshd.service – OpenSSH server daemon

　Loaded: loaded (/usr/lib/systemd/system/sshd.service; enabled; vendor preset: enabled)

　Active: inactive (dead) since Sun 2022-07-24 13:59:19 CST; 15s ago

......

[admin@vms1 dev]$ sudo systemctl start sshd

[admin@vms1 dev]$ sudo systemctl status sshd

● sshd.service – OpenSSH server daemon

　Loaded: loaded (/usr/lib/systemd/system/sshd.service; enabled; vendor preset: enabled)

　Active: active (running) since Sun 2022-07-24 13:59:50 CST; 2s ago

......

[admin@vms1 dev]$ sudo systemctl restart sshd

[admin@vms1 dev]$ sudo systemctl status sshd

● sshd.service – OpenSSH server daemon

　Loaded: loaded (/usr/lib/systemd/system/sshd.service; enabled; vendor preset: enabled)

　Active: active (running) since Sun 2022-07-24 14:00:59 CST; 3s ago

......

笔 记

【实训】 管理进程与服务

实训文档

实训目的

1. 掌握 Linux 操作系统运行情况的监测方法。

2. 掌握 Linux 操作系统进程管理常用命令的使用方法。

3. 掌握 Linux 操作系统服务管理常用命令的使用方法。

实训内容

1. 启动 Linux 操作系统，查看操作系统当前运行的状态是否正常。

2. 运行多条 Shell 命令，如 find、ping，查看命令的进程信息，逐个停止命令的运行，注意命令在前后台之间的切换。

3. 手动查询操作系统的 SSH 服务状态，根据服务现有状态，测试服务能否正常启动、停止、重启。

实训环境

见表 1-7。

实训步骤

步骤 1：使用 top 命令查看操作系统的总体运行情况，观察前 5 行各部分状态是否存在异常。

步骤 2：运行 find / -name a*命令，运行 ping 命令。按 Ctrl+Z 组合键，将运行的命令切换到后台，使用 ps 命令查看 find、ping 进程，记住进程号。使用 jobs 命令查看后台，记住后台各任务的编号，使用 fg 命令将需要继续执行的任务切到前台。按 Ctrl+C 组合键终止当前命令对应进程的执行，或者使用 kill 命令终止进程的执行。

步骤 3：使用 systemctl 命令操作，注意权限。

【项目总结】

本项目首先介绍 Linux 操作系统新旧版本的启动过程；接着介绍 RHEL 8 操作系统进程、服务的基础知识以及管理的常用命令；最后以任务实操的方式讲解上述知识的实际应用。

练习答案

【课后练习】

1. 选择题

（1）在 Linux 操作系统中，用来查看当前系统中运行的进程信息的命令是
_____。

    A. atq　　　　　B. at　　　　　C. atrm　　　　　D. ps

（2）下列中与 Linux 进程管理有关的命令是_____。

    A. which　　　　B. fg　　　　　C. nsloop　　　　D. tail

（3）在 Linux 操作系统中，systemctl 命令可以使用的操作有_____。

    A. up　　　　　B. down　　　　C. restart　　　　D. con

（4）在 Linux 操作系统中，进程没有_____状态。

    A. 运行态　　　　B. 等待态　　　C. 停止态　　　　D. 循环态

（5）在 RHEL 8 操作系统中，守护进程名是_____。

    A. systemd　　　B. init　　　　C. start　　　　D. network

2. 简答题

（1）简述 top 命令运行结果所包含的主要信息，及其各自的作用。

（2）简述如何修改 RHEL 8 操作系统中进程的优先级。

项目 **6**
管理软件包

🔍 **学习目标**

【**知识目标**】

● 掌握 RedHat 系列的操作系统软件包管理工具软件的特性。
● 掌握软件仓库配置文件的编写规则。
● 掌握文件打包/解包、压缩/解压缩的区别与联系。

【**技能目标**】

● 掌握 rpm 命令的使用方法。
● 掌握软件仓库配置文件的配置方法。
● 掌握 dnf 命令的使用方法。
● 掌握 tar 等命令的使用方法。

【**素养目标**】

● 培养学习者在 Linux 服务器中软件包管理的应用能力。
● 培养团队合作的意识。
● 尊重知识产权，有版权保防意识。

管理软件包

笔 记

 学习情境

在 Linux 服务器中部署业务,需要具备以下基本技能。

1. 掌握查询、安装、更新、卸载软件的方法。

2. 掌握打包/解包、压缩/解压缩文件的方法。因为涉及业务的网络下载的软件包通常是以压缩包文件形式存在的。此外,服务器的数据备份等工作也要求能够打包/解包、压缩/解压缩文件。

 任务描述

在 Linux 操作系统中,使用 rpm、dnf 命令等实现对软件包的安装、验证、查询、升级、卸载等操作。使用 tar 等命令实现对文件的打包/解包、压缩/解压缩等操作。

 问题引导

● RedHat 系列的操作系统有哪些软件管理工具,分别如何使用?

● 如何对文件进行打包/解包、压缩/解压缩?

知识学习

1. RPM 软件与 rpm 命令

(1)软件包管理工具 RPM 软件概述

Linux 操作系统提供了一系列的软件维护工具,可以实现软件的安装、查询、验证、更新、卸载等操作。其中 RedHat 系列的操作系统的软件包管理工具软件是 RedHat 软件包管理器(Red Hat Package Manager,RPM),RPM 类似于 Windows 操作系统中的"添加/删除程序",但是功能却比"添加/删除程序"强大很多,可管理文件扩展名为.rpm 的软件包文件。每个软件包文件都包含已经编译好并已封装完成的二进制可执行文件和运行可执行文件所需的其他文件。

RPM 的优点:安装简单方便,因为软件已经编译完成并打包完毕,安装只是验证环境和解压的过程。此外,RPM 工具会记录使用其安装的软件的安装信息,方便软件日后的查询、升级和卸载。

RPM 的缺点:对操作系统环境的依赖很大,要求 RPM 包的安装环境必须与 RPM 包封装时的环境相一致或类似。还需要满足安装时与系统某些软件包的依赖关系。例如,需要安装 A 软件,但是 A 软件需要操作系统有 B 和 C 软件的支持,那么就必须先安装 B 和 C 软件,然后才能安装 A 软件。

（2）软件包文件的命名

软件包文件的命名格式：软件名称-版本号-修订号.操作系统版本.硬件平台.rpm

示例：samba-4.13.3-3.el8.x86_64.rpm

对应软件包文件命名格式，示例各部分分解如下。

软件名称：samba；版本号：4.13.3；修订号：3；操作系统版本：el8（RHEL 8、CentOS 8）；硬件平台：x86_64（x86 指令集的 CPU，如 Intel、AMD）；.rpm：软件包文件扩展名。

（3）rpm 命令

RPM 管理软件包文件的常用命令是 rpm。

功能：Linux 操作系统中对软件包进行安装、卸载、查询、验证、升级等工作。

命令格式：rpm [选项] RPM 包文件全名

常用选项见表 6-1。

表 6-1　rpm 命令的常用选项

选　项	功　能
-a	查询所有的软件包
-e	卸载软件包
-h	安装软件包时列出进度标记
-i	安装软件包
-l	显示软件包列表
-p	查询指定的软件包
-q	查询软件包
-U	更新软件包
-v	显示命令执行过程

2. DNF 软件与 dnf 命令

（1）软件包管理工具 DNF 软件概述

DNF（Dandified YUM）是新一代的 RedHat 系列操作系统软件包管理工具软件。较之于 RPM，DNF 的优势在于可以根据用户要求分析出所需要安装的软件及其相关的依赖关系，然后自动从软件源中下载软件包并安装到系统。

DNF 也被行业称之为 YUM v4 版本，其前身是 YUM（Yellow dog Updater, Modified）。DNF 解决了 YUM 存在的分析不准确、内存占用量大、不能多用户同时安装软件、无 API 文档、不支持 Python 3 等缺点。DNF 使用基于 libsolv 构建的 Hawkey 库进行软件包管理,同时继承了 YUM v3 版本软件的原有命令格式和使用习惯。RHEL 8 操作系统默认安装并使用 DNF，为了兼容用户，RHEL 8 操作系统仍然保留了 YUM。

（2）软件仓库配置文件

DNF 软件需要先把软件仓库的配置文件修改完成并更新缓存才能正常使用。软件仓库可分为本地软件仓库和网络软件仓库。本地软件仓库的软件包存放位置是在本地计算机的目录中，网络软件仓库的软件包存放位置是在网络中某台主机的目录中。无论本地软件仓库还是网络软件仓库，配置文件都存储在/etc/yum.repos.d/目录中，文件扩展名是.repo。软件仓库配置文件中可以包含若干个软件仓库的配置信息，每个软件仓库的基本配置信息最少由 5 行构成，具体说明如下。

第 1 行：标签。标签用于标识软件仓库名称。由于一个配置文件中可以有多个不同的软件仓库，为了区分来源，一个标签对应一个软件仓库。格式：[label]。label 是标签名，可自定义，但要具有唯一性，不能和其他软件仓库标签同名，不要出现特殊字符。

第 2 行：描述信息。格式为 name=xxx。xxx 是描述信息，说明识别软件仓库的用处，内容自行填写。

第 3 行：仓库位置。格式为 baseurl=path。path 为"协议://软件仓库对应目录的绝对路径"，本地软件仓库以 file://开头，网络软件仓库以 http://或者 https://、ftp://开头。

第 4 行：软件仓库是否启用开关。格式为 enabled=value。value 的值 1 表示启用，value 的值为 0 表示禁用。

第 5 行：校验文件开关。格式为 gpgcheck= value。value 的值为 1 表示校验，value 的值为 0 表示不校验。如果文件需要校验，此时会有第 6 行，格式为"gpgkey=公钥文件的绝对路径"。

示例：RHEL 8 操作系统的本地软件仓库配置文件/etc/yum.repos.d/rhel_local.repo 内容如下。

```
[root@whitai ~]# cat /etc/yum.repos.d/rhel_local.repo
#BaseOS 配置信息
[BaseOS]                                          //标签
name=BaseOS                                       //描述信息
baseurl=file:///mnt/cdrom/BaseOS                  //仓库位置
enabled=1                                         //软件仓库是否启用开关
gpgcheck=0                                        //校验文件开关
#AppStream 配置信息
[AppStream]
name=AppStream
baseurl=file:///mnt/cdrom/AppStream
enabled=1
gpgcheck=0
```

（3）dnf 命令

DNF 管理软件包的常用命令是 dnf。

功能：dnf 是 yum 命令的升级版，可以安装、查询、更新、卸载软件包。

语法格式：dnf [选项] 命令 [软件名称]

常用选项见表 6-2。

表 6-2　dnf 命令的常用选项

选　　项	功　　能
-c	配置文件位置
-q	静默执行
-b	在事务中尝试最佳软件包版本
-y	安装时默认全部问题自动应答为是
--enablerepo [repo]	启用指定附加仓库，列出选项。支持通配符，可以指定多次
--disablerepo [repo]	停用指定仓库，列出选项。支持通配符，可指定多次

常用命令选项见表 6-3。

表 6-3　dnf 命令的常用命令选项

命　　令	功　　能
clean	删除已缓存的数据
info	显示关于软件包或软件包组的详细信息
install	向系统中安装一个或多个软件包
list	列出一个或一组软件包
makecache	创建元数据缓存
module	与模块交互
reinstall	重装一个包
remove	从系统中移除一个或多个软件包
repolist	显示已配置的软件仓库
search	在软件包详细信息中搜索指定字符串
upgrade	升级系统中的一个或多个软件包

在实际应用中，无论是文件名还是文件中的数据，当涉及文本操作时，工作量都会很大。为了提高工作效率，新增 3 个与正则表达式有关的文本处理命令，见表 6-4。

表 6-4　文本处理的重要命令

命　　令	功　　能
grep	搜索筛选、匹配
sed	增加、删除、修改、查询文本
awk	指定信息并处理，生成报告

① grep 命令

功能：从文本文件或者管道数据流中筛选匹配的行及数据。如果配合正则表达式一起使用，效果更好。

命令格式：grep [选项] 匹配字符或字符串 [文件]

常用选项见表 6-5。

表 6-5　grep 命令的常用选项

选　　项	功　　能
−n	列出所有的匹配行，显示行号
−v	显示不包含匹配文本的所有行（反向选择，排除）
−E	支持扩展的正则表达式，等价于 egrep 命令

② sed 命令

功能：对文本实现快速的增加、删除、修改、查询（过滤指定字符、取指定行）。

命令格式：sed [选项] [sed 内置命令字符] [输入文件]

常用选项见表 6-6。

表 6-6　sed 命令的常用选项

选　　项	功　　能
−e	以指定的脚本来处理输入的文本文件
−f	以指定的脚本文件来处理输入的文本文件
−n	取消默认的 sed 的输出
−i	直接修改文件内容，而不是输出到终端。如果不使用−i 选项，则默认修改内存中数据

sed 内置命令字符见表 6-7。

表 6-7　sed 内置命令字符

命　令　字　符	功　　能
a	追加一行或多行文本
d	删除匹配行的文本
i	插入一行或多行文本
p	打印匹配行的文本
s	文本替换

③ awk

功能：对标准输入、管道或者文件进行数据扫描、过滤、统计汇总等，并生成报告。

命令格式：awk [选项] 程序文件

常用选项见表 6-8。

表 6-8 awk 命令的常用选项

选　项	功　能
-F	指定输入时用到的字段分隔符
-f	从脚本中读取 awk 命令
-m	对 val 值设置内在限制
-v	自定义变量

3. 文件打包/解包、压缩/解压缩

关于文件的打包/解包、压缩/解压缩的常用命令见表 6-9。

表 6-9 文件打包/解包、压缩/解压缩的常用命令

命　令	功　能
tar	文件的打包/解包（含压缩/解压缩功能）
gzip	将文件压缩为.gz 文件格式/解压缩.gz 格式文件
bzip2	将文件压缩为.bz2 文件格式/解压缩.bz2 格式文件
zip	将文件压缩为.zip 格式，与 unzip 命令对应
unzip	.zip 文件解压缩，与 zip 命令对应
zcat	查看.gz 格式的压缩包文件内容
bzcat	查看.bz2 格式的压缩包文件内容
zipinfo	查看.zip 格式的压缩包文件内容

（1）tar 命令

功能：将多个文件打包在一起并且可以实现将打包文件解包的命令，还可以实现对打包后的文件进行压缩和解压缩的操作，能够创建 Linux 操作系统中常见的.tar、.tar.gz、.tar.bz2 等格式的文件。

命令格式：tar [选项] 文件

常用选项见表 6-10。

表 6–10   tar 命令的常用选项

选　　项	功　　能
-c	建立新的 tar 包文件（打包）
-x	从归档文件中提取文件（解包）
-v	显示命令的执行过程
-f	指定包文件的名字
-j	通过 bzip2 指令压缩/解压缩文件，文件名格式建议为*.tar.bz2
-z	通过 gzip 指令压缩/解压缩文件，文件名格式建议为*.tar.gz
-C	指定解包的路径
-t	不解包查看 tar 包内容

（2）gzip 命令

功能：压缩和解压缩.gz 格式的文件。

命令格式：gzip [选项] 文件

常用选项见表 6–11。

表 6–11   gzip 命令的常用选项

选　　项	功　　能
-d	解压缩文件
-f	强制压缩文件（覆盖现有文件）
-k	保留原文件
-l	列出压缩文件的相关信息
-c	将压缩/解压缩后的文件输出到标准输出设备，不修改原始文件
-r	递归处理，将指定目录中的所有文件及子目录一并处理

（3）bzip2 命令

功能：压缩和解压缩.bz2 格式的文件。

命令格式：bzip2 [选项] 文件

常用选项见表 6–12。

表 6–12   bzip2 命令的常用选项

选　　项	功　　能
-c	将压缩/解压缩后的文件输出到标准输出设备
-d	解压缩文件
-f	强制压缩文件（覆盖现有文件）
-k	保留原文件

（4）zip 命令

功能：压缩文件，对应的解压命令为 unzip。通过 zip 命令可以将文件打包成.zip 格式的压缩包，里面会附含文件的名称、路径、创建时间、上次修改时间等信息，与 tar 命令相似。

命令格式：zip [选项] [文件]

常用选项见表 6-13。

表 6-13　zip 命令的常用选项

选　　项	功　　能
-r	递归处理，将指定目录中的所有文件及子目录一并处理
-v	显示指令执行过程或显示版本信息

（5）unzip 命令

功能：解压缩 zip 格式文件，虽然在 Linux 操作系统中更多地会使用 tar 命令进行对压缩包的管理工作，但有时也会收到 Windows 系统常用的.zip 和.rar 格式的压缩包文件，unzip 格式可以解压缩此类文件。直接使用 unzip 命令解压缩文件后，压缩包内原有的文件会被提取并输出保存到当前工作目录中。

命令格式：unzip [选项] [文件]

常用选项见表 6-14。

表 6-14　unzip 命令的常用选项

选　　项	功　　能
-c	将解压缩的结果显示到屏幕上，并对字符进行适当的转换
-n	解压缩时不覆盖原有的文件
-j	不处理压缩文件中原有的目录路径
-l	显示压缩文件内所包含的文件
-v	显示指令执行过程或显示版本信息

（6）zcat 命令

功能：可以在不真正解压.gz 文件的情况下查看该格式文件的内容。

命令格式：zcat [选项] [文件]

常用选项见表 6-15。

表 6-15　zcat 命令的常用选项

选　　项	功　　能
-l	显示压缩包中文件的列表
-c	将文件内容写到标注输出
-r	递归处理，将指定目录中的所有文件及子目录一并处理

（7）bzcat 命令

功能：可以在不真正解压.bz2 文件的情况下查看该格式文件的内容。

命令格式：bzcat [选项] [文件]

（8）zipinfo 命令

功能：查看 zip 格式压缩包内的文件列表及详细信息。

命令格式：zipinfo [选项] [文件]

常用选项见表 6-16。

表 6-16 zipinfo 命令的常用选项

选　　项	功　　能
-T	列出每个文件的日期和时间
-s	列出压缩文件内容
-v	详细显示每个文件的信息

任务实施

在 Linux 操作系统中，使用 rpm、dnf 命令管理软件包，以及使用 tar 等命令对文件进行打包/解包、压缩/解压缩等工作。

微课 6-1
使用 rpm 命令管理软件包

子任务 1　使用 rpm 命令管理软件包

1. 实施要求

使用 rpm 命令安装 cockpit-238.2-1.el8.x86_64.rpm 软件包。

2. 实施步骤

命令及执行结果如下。

步骤 1：查找文件名以 cockpit 开头的.rpm 软件包。

```
[admin@vms1 ~]$ find /mnt/cdrom -name cockpit*
……
/mnt/cdrom/BaseOS/Packages/cockpit-238.2-1.el8.x86_64.rpm
……
```

步骤 2：查到后，安装 cockpit-238.2-1.el8.x86_64.rpm 软件包。

```
[admin@vms1 ~]$sudo rpm -ivh /mnt/cdrom/BaseOS/Packages/cockpit-238.2-
1.el8.x86_64.rpm
  警告：cockpit-238.2-1.el8.x86_64.rpm: 头 V3 RSA/SHA256 Signature, 密钥 ID
fd431d51: NOKEY
  Verifying...                    ################################ [100%]
  准备中...                        ################################ [100%]
    软件包 cockpit-238.2-1.el8.x86_64 已经安装
```

子任务 2 使用 dnf 命令管理软件包

1. 实施要求

配置 dnf 本地软件仓库，使用 dnf 命令安装 redhat-lsb-core 软件，以便使用 lsb_release -a 命令查看操作系统发行版的信息。

2. 实施步骤

步骤 1：配置本地 dnf 软件仓库，保存在/etc/yum.repos.d/localdnf.repo 文件中。命令及执行结果如下。

```
[admin@vms1 ~]$ sudo vim /etc/yum.repos.d/localdnf.repo
[BaseOS]
name=BaseOS
baseurl=file:///mnt/cdrom/BaseOS
enabled=1
gpgcheck=0
[AppStream]
name=AppStream
baseurl=file:///mnt/cdrom/AppStream
enabled=1
gpgcheck=0
```

存盘退出。

步骤 2：重建软件仓库缓存。命令及执行结果如下。

```
[admin@vms1 ~]$ sudo dnf clean all
Updating Subscription Management repositories.
Unable to read consumer identity
This system is not registered to Red Hat Subscription Management. You can use
subscription-manager to register.
13 文件已删除
[admin@vms1 ~]$ sudo dnf makecache
Updating Subscription Management repositories.
Unable to read consumer identity
This system is not registered to Red Hat Subscription Management. You can use
subscription-manager to register.
BaseOS                          249 MB/s | 2.3 MB     00:00
AppStream                       295 MB/s | 6.8 MB     00:00
上次元数据过期检查: 0:00:01 前, 执行于 2022 年 07 月 24 日 星期日 15 时 56 分
15 秒。
元数据缓存已建立。
```

步骤 3：安装 redhat-lsb-core 及相关软件。命令及执行结果如下。
查找含有 lsb 字样的软件包。

```
[admin@vms1 yum.repos.d]$ sudo dnf search lsb
......
```

微课 6-2
使用 dnf 命令管理
软件包

笔 记

笔记

```
========================== 名称 和 概况 匹配: lsb ==========================
redhat-lsb-core.i686 : LSB Core module support
redhat-lsb-core.x86_64 : LSB Core module support
……
============================ 名称 匹配: lsb ============================
redhat-lsb.x86_64 : Implementation of Linux Standard Base specification
```

安装 redhat-lsb-core 软件包。

```
[admin@vms1 yum.repos.d]$ sudo dnf -y install redhat-lsb-core
……
已安装:
  mailx-12.5-29.el8.x86_64
  ncurses-compat-libs-6.1-7.20180224.el8.x86_64
  postfix-2:3.5.8-1.el8.x86_64
  redhat-lsb-core-4.1-47.el8.x86_64
  redhat-lsb-submod-security-4.1-47.el8.x86_64
  spax-1.5.3-13.el8.x86_64
完毕!
[admin@vms1 yum.repos.d]$ lsb_release -a
LSB Version:    :core-4.1-amd64:core-4.1-noarch
Distributor ID:    RedHatEnterprise
Description:   Red Hat Enterprise Linux release 8.4 (Ootpa)
Release: 8.4
Codename: Ootpa
```

特别说明：RHEL 8 需要在官网注册后，才可使用官网提供的网络软件仓库。CentOS Stream 8 操作系统内置网络软件仓库可以直接使用。CentOS 8 操作系统由于官网停止维护，系统内置网络软件仓库已无法使用，需要更换第三方开源软件镜像站提供的网络软件仓库。查看 CentOS 8 操作系统的 /etc/yum.repos.d/目录情况如下。

```
[root@whitai ~]# ll /etc/yum.repos.d/
total 48
-rw-r--r--. 1 root root  719 Nov 10  2020 CentOS-Linux-AppStream.repo
-rw-r--r--. 1 root root  704 Nov 10  2020 CentOS-Linux-BaseOS.repo
-rw-r--r--. 1 root root 1130 Nov 10  2020 CentOS-Linux-ContinuousRelease.repo
……
```

更换第三方开源软件镜像站提供的网络软件仓库方法如下有三种。

方法 1：将所有原系统的.repo 文件备份后删除，命令及执行结果如下。

```
[root@whitai yum.repos.d]# tar -czvf repobk.tar.gz *.repo --remove-files
CentOS-Linux-AppStream.repo
CentOS-Linux-BaseOS.repo
CentOS-Linux-ContinuousRelease.repo
……
```

以腾讯云为例，到开源软件镜像站直接下载对应的.repo 文件，执行命令如下。

```
[root@whitai yum.repos.d]# wget -O /etc/yum.repos.d/CentOS-Base.repo http:
//mirrors.cloud.tencent.com\
> /repo/centos8_base.repo
```

完成后，打开下载到本地的.repo 文件，根据需要修改各部分的 enabled 值（根据网站实际提供的软件包情况修改），执行 dnf clean all 命令和 dnf makecache 命令即可。

方法 2：将所有原系统的.repo 文件备份后删除，手动创建.repo 文件（主文件名自定义）。以网易软件开源镜像站做软件仓库为例，编辑.repo 文件内容如下。

```
[BaseOS]
name=BaseOS
baseurl=https://mirrors.163.com/centos-vault/$releasever/BaseOS/$basearch/os/
enabled=1
gpgcheck=0
[AppSream]
name=AppStream
baseurl=https://mirrors.163.com/centos-vault/$releasever/AppStream/
$basearch/os/
enabled=1
gpgcheck=0
```

方法 3：将/etc/yum.repos.d/目录中所有.repo 文件中的官方网址用#注释，并添加新的开源软件镜像站网址，以清华大学开源软件镜像站为例。将所有原系统的.repo 文件备份（不删除），执行 cat /etc/centos-release 命令查看操作系统发行版的小版本号，如 8.4.2105，将其标记为$minorver，执行命令如下。

```
[root@whitai yum.repos.d]# minorver=8.4.2105
[root@whitai yum.repos.d]# sed -e "s|^mirrorlist=|#mirrorlist=|g" -e "s|
^#baseurl=h\
> ttp://mirror.centos.org/\$contentdir/\$releasever|baseurl=https://mirrors.
tuna.tsinghu\
> a.edu.cn/centos-vault/$minorver|g" -i.bak /etc/yum.repos.d/CentOS-*.repo
```

如果需要启用其中一些.repo 文件中的软件仓库，则需要手动将其中的 enabled=0 修改为 enabled=1。

操作完成后，验证命令及执行结果如下。

```
[root@whitai yum.repos.d]# dnf repolist
repo id                      repo name
appstream                    CentOS Linux 8 - AppStream
baseos                       CentOS Linux 8 - BaseOS
```

笔 记

```
extras                                    CentOS Linux 8 - Extras
[root@whitai yum.repos.d]# cat CentOS-Linux-BaseOS.repo
# CentOS-Linux-BaseOS.repo
……
[baseos]
name=CentOS Linux $releasever - BaseOS
#mirrorlist=http://mirrorlist.centos.org/?release=$releasever&arch=$basearch
&repo=BaseOS&infra=$infra
baseurl=https://mirrors.tuna.tsinghua.edu.cn/centos-vault/8.4.2105/BaseOS
/$basearch/os/
gpgcheck=1
enabled=1
gpgkey=file:///etc/pki/rpm-gpg/RPM-GPG-KEY-centosofficial
```

显示结果表明已替换成功。

微课 6-3
tar 命令的使用

子任务 3　使用 tar 命令打包/解包、压缩/解压缩文件

1. 实施要求

将/var/log 目录中的内容打包成 logbk.tar.gz 文件。

2. 实施步骤

命令及执行结果如下。

```
[admin@vms1 ~]$ sudo tar -czvf logbk.tar.gz /var/log
tar: 从成员名中删除开头的 "/"
/var/log/
/var/log/lastlog
/var/log/private/
……
```

实训文档

【实训】 管理软件包

实训目的

1. 掌握在 Linux 操作系统中使用 rpm、dnf 等命令管理软件包。
2. 掌握在 Linux 操作系统中使用 tar 等命令对文件进行打包/解包、压缩/解压缩。

实训内容

下载 WPS Office 2019 for Linux 软件并安装，安装完成后将安装文件打包压缩。

实训环境

见表 1-7。

实训步骤

步骤 1：在 WPS 的官网下载 WPS Office 2019 for Linux。

步骤 2：配置本地软件仓库，并更新缓存。

步骤 3：安装 WPS 软件，命令：rpm -ivh wps-office-11.1.0.11664-1.x86_64.rpm。

步骤 4：系统提示有软件依赖，无法安装。查找与 WPS 安装包有依赖关系的文件名开头为 libXS 的软件包并安装，做法参照子任务 2。再重做步骤 3，安装 WPS 软件。

步骤 5：将安装文件打包压缩。参考命令：tar -cvzf wpsbk.tar.gz wps-office-11.1.0.11664-1.x86_64.rpm。

【项目总结】

本项目首先介绍 RedHat 系列操作系统的软件包管理工具 RPM 的基础知识以及常用命令 rpm；接着介绍软件包管理工具 DNF、软件仓库的基础知识、配置文件的编写规则以及常用命令 dnf；然后介绍 Linux 文件的打包/解包、压缩/解压缩的基础知识和常用命令 tar 等；最后以任务实操的方式讲解了上述知识的实际应用。

【课后练习】

练习答案

1. 选择题

（1）在使用 rpm 命令时，可以用来进行安装的命令选项是_____。

    A. -i　　　　　　B. -U　　　　　　C. -e　　　　　　D. -q

（2）在使用 dnf 命令时，删除对应软件包需要用到_____选项。

    A. install　　　B. update　　　C. remove　　　D. info

（3）在使用 tar 命令时，操作 .gz 压缩包应使用_____选项。

    A. -c　　　　　　B. -v　　　　　　C. -f　　　　　　D. -z

（4）软件仓库的文件扩展名是_____。

    A. .rep　　　　　B. .repo　　　　C. .ro　　　　　D. .rpo

（5）在软件仓库配置文件中，baseurl 不包括以_____开头的路径。

    A. file://　　　B. http://　　　C. ftp://　　　D. mail://

2. 简答题

（1）在软件仓库配置文件中，必须配置的内容有哪些？每项在配置时各有什么注意事项？

（2）简述配置软件仓库时，本地源与网络源的异同点。

项目 7
配置网络连接

○ **学习目标**　【知识目标】

- 了解公网、私网的基础知识。
- 掌握子网及其划分方法。

【技能目标】

- 掌握使用命令行工具配置网络的方法。
- 掌握使用工具软件配置网络的方法。
- 掌握其他常用网络命令的使用方法。

【素养目标】

- 培养学习者私网规划设计以及服务器网络连接配置、监测等的基础应用能力。
- 充分利用已有的设备，培养成本意识、节约意识。
- 认真分析任务目标，了解用户需求，以客户需求出发，培养全局意识、规划意识。

配置网络连接

PPT

笔 记

【任务】 配置网络连接

 学习情境

合理地对局域网进行规划，配置 Linux 服务器网络适配器参数，并能监测网络状态，也是运维岗位必备的基本技能之一。

任务描述

根据项目需求合理规划局域网，在 Linux 服务器分别使用命令、工具软件配置网络适配器，并使用网络调试命令监测网络状态。

问题引导

- TCP/IP 的基本概念是什么？
- 在实际应用中，何为公网 IP 地址？何为私网 IP 地址？
- 私网如何提高 IP 地址使用率？
- 如何配置 Linux 服务器网络适配器参数？
- 常用的计算机网络命令有哪些？

知识学习

1. TCP/IP 简介

传输控制协议/网际协议（Transmission Control Protocol / Internet Protocol，TCP/IP）是供已连接入 Internet 的计算机进行通信的通信协议，定义了电子设备（如计算机）如何连入 Internet，以及数据如何传输的标准。

TCP/IP 包含一系列用于处理数据通信的协议：传输控制协议（TCP）、用户数据报协议（UDP）、网际协议（IP）、互联网消息控制协议（ICMP）、动态主机配置协议（DHCP）等。

TCP/IP 协同工作：TCP 负责应用软件（如网页浏览器）和网络软件之间的通信，IP 负责计算机之间的通信；TCP 负责将数据分割并装入 IP 包，然后在它们到达的时候重新组合各 IP 包，IP 负责将包发送至接收方。

2. 局域网网络规划基础

（1）公网与私网

目前 IP 协议版本分为 IPv4 和 IPv6 两种，其中 IPv4 在现实应用中更为普遍。基于 IPv4 的 IP 地址分为 A 类（1.0.0.0～126.0.0.0/8）、B 类（128.0.0.0～191.255.0.0/16）、C 类（192.0.0.0～223.255.255.0/24）、D 类（多播地址，网络号 224～239）、E 类（保留地址，网络号 240～255）。

在实际应用中，用户主要使用 A、B、C 类 IP 地址。这三类 IP 地址按照用途可分为公网 IP 地址和私网 IP 地址。

公网 IP 由 InterNIC 负责，这些 IP 地址分配给注册并向 InterNIC 提出申请的组织机构，通过公网 IP 地址可以直接访问互联网。在实际的工作和生活中，国内的公网 IP 地址由互联网服务提供商（如中国电信、联通、移动）提供。提供长期公共网络应用服务的用户（如政府机关、科教文卫单位、企业）向互联网服务提供商申请专线业务（含长期租用固定公网 IP 地址），其他用户（如家庭宽带用户）可通过 PPPoE 协议设备（如 Modem）从互联网服务提供商处短期租用动态的公网 IP 地址。

私网 IP 地址用于搭建单位或家庭内部的局域网，实现局域网内部计算机的互访。私网 IP 在公网中无法识别，需通过 NAT 转换成公网中可用的 IP 地址，才能实现与公网的通信。

A、B、C 类 IP 地址各有一段 IP 地址作为私网 IP 地址，列举如下。

A 类地址：10.0.0.0～10.255.255.255。

B 类地址：172.16.0.0～172.31.255.255。

C 类地址：192.168.0.0～192.168.255.255。

（2）子网划分

在实际应用中，单位的局域网使用私网 IP 地址。为避免 IP 地址闲置，提高 IP 地址利用率，会根据需要划分出多个子网，因此会使用子网划分方案。子网划分是基于 VLSM 可变长子网掩码的划分，有两种划分方法：等长子网划分与变长子网划分。子网划分方案的 IP 地址组成如图 7-1 所示。

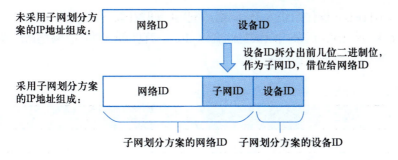

图 7-1　子网划分方案的 IP 地址组成

根据需求对网络做整体规划时，涉及子网划分方面，需要做以下工作。

① 根据需求确定具体的子网划分方案，明确子网数量以及每个子网需要的设备数。

② 确定网络的子网掩码长度（$2^m \geqslant$ 子网数量。m 为借位的二进制位数，与子网掩码长度有关）。各子网的可用 IP 地址范围（$2^n - 2 \geqslant$ 子网设备数量。n 为二进制位数，与设备台数有关），包括不可分配给设备的网络地址、广播地址，可分配给设备可用的 IP 地址等。

示例：公司需要搭建企业内部私网，目前有 8 个部门，每个部门单独划分一个子网，每个部门计算机数量 25 台。分配 IP 地址段为 192.168.10.0/24。

采用等长子网划分方案，子网数为 8，根据 $2^m \geq 8$ 得到 $m=3$，即子网掩码主机段的二进制位借出来 3 位给网络段，192 网段的网络段默认是 24 位二进制，经过子网划分借位后，网络段二进制位数为 24+3=27 位二进制，主机段的二进制位数为 $n=32-27=5$，再根据 $2^5-2 \geq 25$，符合要求。因此，此私网的网络规划见表 7-1。

表 7-1　某分公司网络规划表

部门名称	子网 IP 地址范围		
	子网网络地址/子网掩码位数	子网中设备可用的 IP 地址范围	子网广播地址
法务部	192.168.10.0/27	192.168.10.1～192.168.10.30	192.168.10.31
财务部	192.168.10.32/27	192.168.10.33～192.168.10.62	192.168.10.63
市场部	192.168.10.64/27	192.168.10.65～192.168.10.94	192.168.10.95
后勤部	192.168.10.96/27	192.168.10.97～192.168.10.126	192.168.10.127
采购部	192.168.10.128/27	192.168.10.129～192.168.10.158	192.168.10.159
行政部	192.168.10.160/27	192.168.10.161～192.168.10.190	192.168.10.191
人力资源部	192.168.10.192/27	192.168.10.193～192.168.10.222	192.168.10.223
技术部	192.168.10.224/27	192.168.10.225～192.168.10.254	192.168.10.255

3. Linux 操作系统网络适配器配置

（1）网络适配器配置文件

以 RHEL 8 操作系统为例，网络适配器的配置信息存放在/etc/sysconfig/network-scripts 目录内默认文件名以 ifcfg-开头的文件中。网络适配器配置文件的常用配置项内容见表 7-2。

表 7-2　网络适配器配置文件样例（/etc/sysconfig/network-scripts/ifcfg-ens160）

配置项含义	常用配置值样例
设备类型	TYPE=Ethernet
地址分配方式	BOOTPROTO=none
IPv6 是否启用	IPV6INIT=yes
唯一识别码	UUID=7090c611-3925-4d57-9206-1811ede054fd
网络适配器设备名	DEVICE=ens160
是否启动	ONBOOT=yes
IP 地址	IPADDR=192.168.100.253
子网掩码位数	PREFIX=24
网关地址	GATEWAY=192.168.100.254
DNS 地址	DNS1=114.114.114.114

网络适配器配置文件的内容可以使用 Vim 编辑器直接修改，也可以使用 RHEL 8 操作系统提供的配置工具、系统设置选项或者 NetworkManage.service 提供的 nmcli 命令修改。

（2）网络适配器配置工具软件

RHEL 8 操作系统提供了两种修改网络适配器配置的工具软件：基于光标的文本用户界面工具 nmtui、图形化界面配置工具 nm-connection-editor。

基于光标的文本用户界面工具 nmtui 使用注意事项如下。

① nmtui 使用键盘操作。对话框中不能使用鼠标，只能使用键盘。红色选项块移动按键盘上的↑、↓、←、→键或者 Tab 键，复选项选取按 Space 键，下拉列表框、按钮、选项确定按 Enter 键。

② 客户端可以通过远程登录服务器使用 nmtui。此时，不建议使用停用网络适配器的命令，否则网络连接会断开，导致远程登录软件无法连接服务器。

图形化界面配置工具 nm-connection-editor 使用注意事项如下。

① 在命令行界面中输入 nm-connection-editor，按 Enter 键，打开工具对话框，如图 7-2 所示。

图 7-2 nm-connection-editor 界面

② 鼠标双击要操作的网络适配器选项即可修改。

③ nm-connection-editor 在本地主机和支持图形界面的远程登录软件上都可以使用，如果使用远程登录软件，建议使用之前查看该软件的配置说明。

（3）NetworkManager.service

NetworkManager.service 是一种动态的管理和监控网络设置的守护进程。RHEL 6 操作系统及之前的版本通过 network.service 进行网络配置管理。RHEL 7 操作系统同时支持 network.service 和 NetworkManager.service。RHEL 8 操作系统默认不安装 network.service，只能通过 NetworkManager.service 进行网络配置管理。

笔 记

nmcli 是基于命令行的网络配置工具，nmcli 命令可以管理 NetworkManager. service 程序。

语法格式：nmcli [选项] 对象 {命令}

常用命令对象见表 7-3。

表 7-3　nmcli 常用命令对象

对　象	含　义
c[onnection]	NetworkManager 的连接，常用命令有：show、up、down、modify、add、edit、delete、reload、load 等
d[evice]	由 NetworkManager 管理的设备，常用命令有：status、show、connect 等

4. 常用网络应用命令

常用网络应用命令见表 7-4。

表 7-4　常用网络应用命令

命　令	功　能
ping	测试主机之间的网络连通性（项目 2 已介绍）
wget	从指定网址下载网络文件（项目 2 已介绍）
ss	查看并显示网络状态
ip	显示与配置网络适配器、路由、网络设备、网络对象、策略路由、隧道信息
arp	操作本机的 arp 缓存区
nsloop	域名查询（将在项目 11 介绍）
dig	域名查询（将在项目 11 介绍）
mail	发送和接收邮件（将在项目 14 介绍）

（1）ss 命令

功能：显示处于活动状态的套接字信息。它可以显示和 netstat 类似的内容，优势在于能够显示更多、更详细的有关 TCP 和连接状态的信息，而且比 netstat 更快速、更高效。

命令格式：ss [选项]

常用选项见表 7-5。

表 7-5　ss 命令的常用选项

选　项	功　能
-a	显示所有套接字
-l	显示处于监听状态的套接字
-n	不解析服务名称，以数字方式显示
-p	显示使用套接字的进程

续表

选　项	功　能
-s	显示套接字使用概况
-t	只显示 TCP 套接字
-u	只显示 UDP 套接字

（2）ip 命令

功能：显示与配置网络适配器、路由、网络设备、网络对象、策略路由以及隧道信息，用于替代 ifconfig 和 route 命令。

命令格式：ip [选项] 对象 {命令}

常用选项见表 7-6。

表 7-6　ip 命令的常用选项

选　项	功　能
-s	输出更详细的信息
-r	显示主机时，不使用 IP 地址，而使用主机的域名

常用对象见表 7-7。

表 7-7　ip 命令的常用对象

对　象	含　义
link	网络设备，常用命令有：set、show
address	IP 地址（可简写为 addr 或者 a），常用命令有：add、del、flush（清除）、show
addrlabel	IP 地址标签管理，常用命令有：add、del、list、flush
neighbour	arp 或者 ndisc 缓存表，常用命令有：add、change、replace、delete、show、flush
route	路由表，常用命令有：add、change、replace、delete、show、flush、get
rule	策略路由表，常用命令有：add、delete、show、flush
maddress	多播地址，常用命令有：add、delete、show
mroute	多播路由缓存，常用命令有：show
tunnel	IP 隧道，常用命令有：add、change、delete、show、prl
xfrm	IPsec 协议框架，常用命令有：state、policy、monitor

（3）arp 命令

功能：用于操作本机的 arp 缓存区。

命令格式：arp [选项] [IP 地址]

常用选项见表 7-8。

表 7-8 arp 命令的常用选项

选 项	功能
-d	从 arp 缓存中删除指定主机的 arp 条目
-n	以数字方式显示 arp 缓存中的条目

任务实施

笔 记

1. 机房网络规划

使用 192.168.100.0 网段,共 3 个机房,划分为 3 个子网,每个机房划分为一个子网。第 1 机房不超过 120 台物理主机,第 2 机房不超过 60 台物理主机,第 3 机房不超过 30 台物理主机。

2. 配置服务器网络适配器

在 Linux 操作系统对应的虚拟机中,新增一块网络适配器。使用 nmcli 命令配置新增网络适配器的网络连接(IP 地址/子网掩码位数:192.168.100.249/24,网关:192.168.100.254,DNS:114.114.114.114)。使用 nmtui 工具软件配置新增网络适配器的网络连接(IP 地址/子网掩码位数:192.168.100.248/24,网关:192.168.100.254,DNS:114.114.114.114)。在系统设置中查看、修改新增网络适配器的网络连接 IP/子网掩码位数:192.168.100.247/24,网关:192.168.100.254,DNS:114.114.114.114)并禁用网络适配器 ens160 的网络连接。使用 ping、ss、ip 命令查看网络状况。

子任务 1 子网划分

1. 实施要求

对机房进行网络规划,需要进行子网划分:使用 192.168.100.0 网段,3 个机房各自独立,划分为 3 个子网。第 1 机房不超过 120 台物理主机,第 2 机房不超过 60 台物理主机,第 3 机房不超过 30 台物理主机。

2. 实施步骤

根据需求,各机房机器数量差别较大,采用变长子网划分方案。确定划分为 3 个子网。机房网络规划见表 7-9。

表 7-9 机房网络规划表

部门名称	子网 IP 地址范围		
	子网网络地址/子网掩码位数	子网中设备可用的 IP 地址范围	子网广播地址
第 1 机房	192.168.100.0/25	192.168.100.1～192.168.100.126	192.168.100.127
第 2 机房	192.168.100.128/26	192.168.100.129～192.168.100.190	192.168.100.191
第 3 机房	192.168.100.192/27	192.168.100.193～192.168.100.222	192.168.100.223

子任务 2　使用 nmcli 命令配置网络连接

1. 实施要求

在 VM_Server1 虚拟机中，新增一块虚拟网络适配器。使用 nmcli 命令配置新增网络适配器的网络连接（IP 地址/子网掩码位数：192.168.100.249/24，网关：192.168.100.254，DNS：114.114.114.114）。

微课 7-1
使用 nmcli 命令配置
网络连接

2. 实施步骤

步骤 1：在虚拟机中，打开"虚拟机设置"对话框，如图 7-3 所示。

图 7-3　"虚拟机设置"对话框

单击"添加"按钮，打开"添加硬件向导"对话框，如图 7-4 所示。

单击"网络适配器"选项，单击"完成"按钮。返回至"虚拟机设置"对话框，可以看到硬件选项区域内增加了"网络适配器 2"选项，单击"确定"按钮。

笔记

笔 记

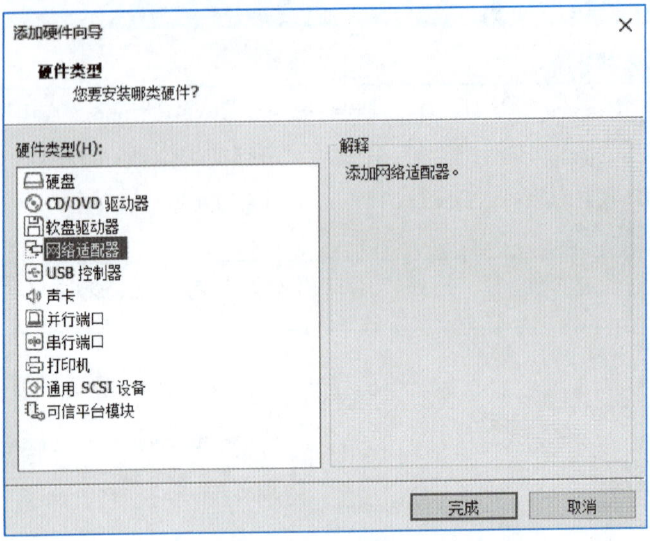

图 7-4　添加硬件向导

步骤 2：使用 nmcli 命令配置网络适配器参数。

查看网络设备状况，具体命令如下。

```
[admin@vms1 ~]$ nmcli
ens160: 已连接 到 ens160
        "VMware VMXNET3"
        ethernet (vmxnet3), 00:0C:29:46:13:F6, 硬件, mtu 1500
        ip4 默认
        inet4 192.168.100.253/24
        route4 192.168.100.0/24
        route4 0.0.0.0/0
        inet6 fe80::20c:29ff:fe46:13f6/64
        route6 fe80::/64
        route6 ff00::/8
virbr0: 连接（外部） 到 virbr0
        "virbr0"
        bridge, 52:54:00:AD:A0:A4, 软件, mtu 1500
        inet4 192.168.122.1/24
        route4 192.168.122.0/24
ens224: 已断开
        "VMware VMXNET3"
        ethernet (vmxnet3), 00:0C:29:46:13:00, 硬件, mtu 1500
lo: 未托管
        "lo"
        loopback (unknown), 00:00:00:00:00:00, 软件, mtu 65536
virbr0-nic: 未托管
```

```
              "virbr0-nic"
                tun, 52:54:00:AD:A0:A4, 软件, mtu 1500
```

通过执行结果可知,新增的网络适配器 ens224 未被启用,需要激活
ens224,并查看激活后状况,具体命令如下。

笔记

```
[admin@vms1 ~]$ sudo nmcli device connect ens224
成功用 "ens2245f49f685-2057-4edf-8184-fc209d65e4ce" 激活了设备 ""。
[admin@vms1 ~]$ nmcli device show ens224
GENERAL.DEVICE:                 ens224
GENERAL.TYPE:                   ethernet
GENERAL.HWADDR:                 00:0C:29:46:13:00
GENERAL.MTU:                    1500
GENERAL.STATE:                  100(已连接)
GENERAL.CONNECTION:             ens224
GENERAL.CON-PATH:               /org/freedesktop/NetworkManager/ActiveConnection/4
WIRED-PROPERTIES.CARRIER:       开
IP4.ADDRESS[1]:                 192.168.100.102/24
IP4.GATEWAY:                    192.168.100.254
IP4.ROUTE[1]:                   dst = 0.0.0.0/0, nh = 192.168.100.254, mt = 101
IP4.ROUTE[2]:                   dst = 192.168.100.0/24, nh = 0.0.0.0, mt = 101
IP4.DNS[1]:                     192.168.100.254
……
```

修改 ens224 的 IP 地址获取方式为手动, IP 地址/子网掩码位数:
192.168.100.249/24,网关: 192.168.100.254, DNS: 114.114.114.114。重启
ens224,使修改的配置生效,具体命令如下。

```
[admin@vms1 ~]$ sudo nmcli con mod ens224 ipv4.method manual ipv4.address
"192.168.100.249/24" ipv4.gateway 192.168.100.254 ipv4.dns 114.114.114.114
[admin@vms1 ~]$ sudo nmcli con reload ens224
[admin@vms1 ~]$ sudo nmcli con up ens224
连接已成功激活( D-Bus 活动路径: /org/freedesktop/NetworkManager/
ActiveConnection/5)
```

子任务 3 使用 nmtui 工具配置网络连接

1. 实施要求

使用基于光标的文本用户界面工具 nmtui 对 ens224 的网络连接配置进行
修改(IP 地址/子网掩码位数: 192.168.100.248/24,网关: 192.168.100.254,
DNS: 114.114.114.114)。

2. 实施步骤

打开 nmtui,执行命令如下,出现如图 7-5 所示"网络管理器"对话框。

```
[admin@vms1 ~]$ sudo nmtui
```

微课 7-2
使用 nmtui 工具配置
网络连接,使用系统设
置项配置网络连接

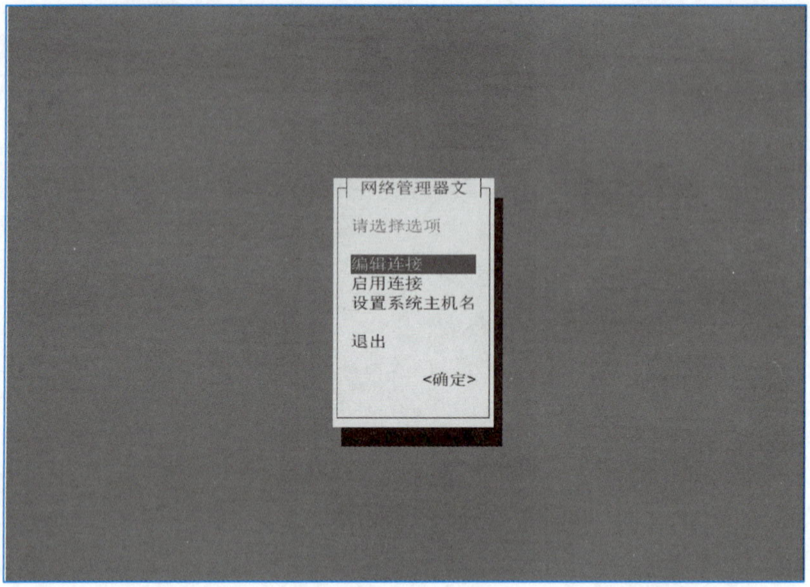

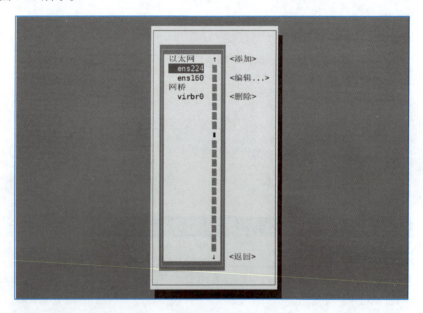

图 7-5　"网络管理器文"对话框

选择"编辑连接"选项，按 Enter 键，打开"网络适配器选择"对话框，如图 7-6 所示。

图 7-6　选择网络适配器

选择 ens224 选项，选择"编辑"按钮，按 Enter 键，打开"编辑连接"对话框，如图 7-7 所示。

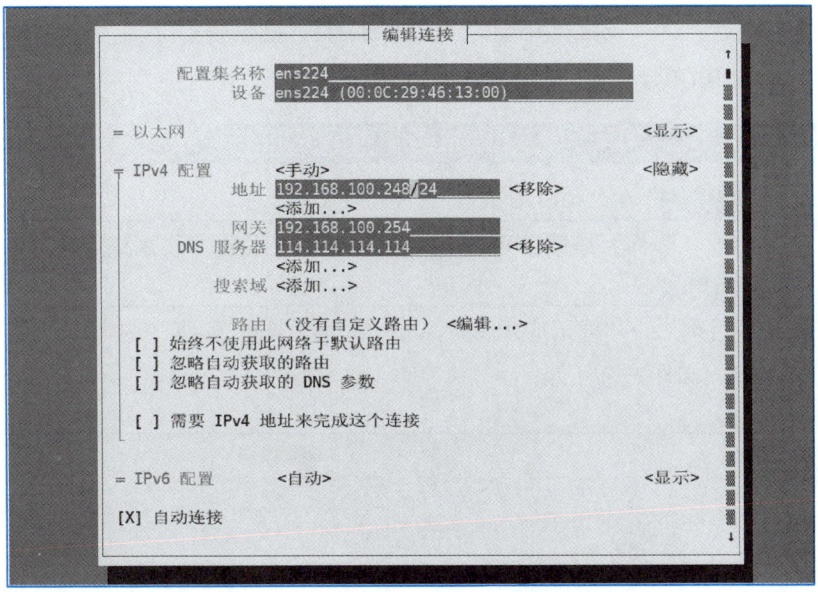

图 7-7 "编辑连接"对话框

　　填写好相关参数后，按↓键，一直到对话框最底端，选择"确定"选项，按 Enter 键，返回到如图 7-6 所示的对话框。选择"返回"，按 Enter 键，返回到如图 7-5 的对话框。

　　选择"启用连接"选项，按 Enter 键，打开对话框如图 7-8 所示。

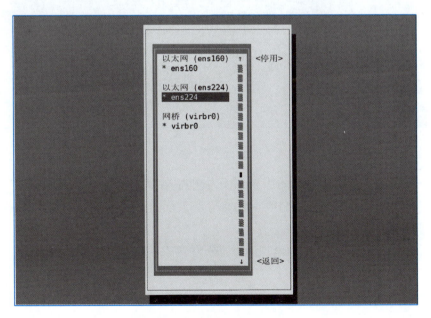

图 7-8　修改网络适配器状态

图 7-8 中网络适配器前如果标记有*号，则表示网络适配器已激活，反之则表示未激活。选择 ens224 选项，按 Enter 键，出现*号即可。选择"返回"选项，按 Enter 键，返回到如图 7-5 的对话框。

笔 记

子任务 4　使用系统设置选项配置网络连接

1. 实施要求

在 RHEL 8 操作系统的图形界面中，通过系统设置修改网络连接。

2. 实施步骤

选择"活动"→"显示应用程序"→"设置"→"网络"选项，打开"网络"对话框，如图 7-9 所示。

图 7-9　"网络"对话框

单击"以太网（ens224）"区域中右侧的齿轮形状按钮，打开"有线"对话框，单击 IPv4 选项卡，如图 7-10 所示配置相关参数后，单击"应用"按钮，返回到图 7-9 所示的对话框。

单击"以太网（ens160）"区域中的"打开"开关按钮，使其变为"关闭"状态，从而禁用 ens160。

图 7-10 配置相关参数

子任务 5 网络调试命令的使用

1. 实施要求

使用常用的网络调试诊断命令查看网络状态，如果网络出现故障，则可根据查看结果进行判断和排查。

微课 7-3
使用常用网络命令
调试网络

2. 实施步骤

使用 ping 命令查看新增网络适配器启用后，公网能否正常连通，命令及执行结果如下。

```
[admin@vms1 ~]$ ping -c 4 www.baidu.com
PING www.a.shifen.com (14.215.177.38) 56(84) bytes of data.
64 bytes from 14.215.177.38 (14.215.177.38): icmp_seq=1 ttl=128 time=33.5 ms
64 bytes from 14.215.177.38 (14.215.177.38): icmp_seq=2 ttl=128 time=33.8 ms
64 bytes from 14.215.177.38 (14.215.177.38): icmp_seq=3 ttl=128 time=33.8 ms
64 bytes from 14.215.177.38 (14.215.177.38): icmp_seq=4 ttl=128 time=33.5 ms
------
4 packets transmitted, 4 received, 0% packet loss, time 12050ms
rtt min/avg/max/mdev = 33.481/33.646/33.842/0.159 ms
```

使用 ss 命令查看 TCP 使用概况，命令及执行结果如下。

```
[admin@vms1 ~]$ ss -s
Total: 886
TCP:   22 (estab 10, closed 0, orphaned 0, timewait 0)
Transport Total     IP        IPv6
RAW    1        0         1
UDP    10       6         4
```

```
TCP     22        9         13
INET    33        15        18
FRAG    0         0         0
```

使用 ip 命令查看核心路由表信息，命令及执行结果如下。

```
[admin@vms1 ~]$ ip route show
default via 192.168.100.254 dev ens224 proto static metric 103
192.168.100.0/24 dev ens224 proto kernel scope link src 192.168.100.247 metric 103
192.168.122.0/24 dev virbr0 proto kernel scope link src 192.168.122.1 linkdown
```

实训文档

【实训】 配置网络连接

实训目的

熟练掌握私网的网络基础规划、Linux 服务器中网络连接的配置、基础的网络调试工作。

实训内容

1. 某校有 4 个公共课实训机房，每个机房有 50 台电脑，分配给该单位的网段是 172.16.1.0，对该校公共课实训机房进行网络规划。

2. 使用 Linux 虚拟机作为第 1 机房服务器，给服务器添加一块网络适配器。使用 nmcli 命令配置新增网络适配器的网络连接，IP 地址/子网掩码位数：172.16.1.2/24、网关：172.16.1.2、DNS：114.114.114.114。配置完成后，禁用原来的网络适配器，使用新增网络适配器联网测试并查看计算机网络工作情况。

实训环境

见表 1-7。

实训步骤

步骤 1：分析组网需求，制定组网方案。

步骤 2：打开虚拟机的虚拟网络编辑器，根据联网模式，设置虚拟网络的各项参数。

步骤 3：打开虚拟机设置选项，新增一块虚拟网络适配器，分别在命令行界面和图形界面下，使用命令、工具等对网络适配器进行连接进行配置。

步骤 4：使用新增的网络适配器联网测试，查看网络是否连通。

【项目总结】

本项目首先介绍 TCP/IP、公网、私网以及私网网络规划的基础知识；接着介绍 Linux 中网络适配器配置的常用方式；然后介绍常用的 Linux 网络命令；最后以任务实操的方式讲解上述知识的实际应用。

【课后练习】

练习答案

1. 选择题

（1）命令 ping −c 4 −i 0.2 −W 1 192.168.100.2 &>/dev/null，其中−c 4 的含义是_____。

  A．发送 ping 包的数量是 4 B．数据包之间发送间隔是 4 s

  C．最大延时是 4 s   D．发送 ping 包的字节数是 4

（2）在 Linux 操作系统中，网络适配器设置选项的子网掩码一栏如果填写的是 22，对应的另一种写法是_____。

  A．255.255.255.0   B．255.255.254.0

  C．255.255.252.0   D．255.255.248.0

（3）下列可以表示子网 IP 地址的是_____。

  A．192.168.0.15   B．10.16.0.255

  C．172.16.1.31   D．192.168.172.0

（4）RHEL 8 操作系统中，默认 NetworkManager.service 管理的命令行命令是_____。

  A．nmcli   B．nmtui C．ifcfg D．systemctl

（5）127.0.0.1 是_____IP 地址。

  A．A 类   B．B 类 C．C 类 D．回环测试

2. 简答题

（1）简述在网络规划过程中，子网划分需要做哪些工作。

（2）简述哪些网段的 IP 地址是私网 IP 地址。

项目 **8**
配置 Linux 网关防火墙

 **学习目标**

【知识目标】

- 了解 Linux 防火墙的基本工作原理。
- 理解 iptables 的工作原理及基本概念。
- 理解 firewalld 的工作原理及基本概念。
- 了解防火墙网络地址转换的基本原理。

【技能目标】

- 掌握 iptables 命令行的使用方法。
- 掌握 firewall-cmd 命令的使用方法。
- 掌握 firewall-config 图形化工具的使用方法。

【素养目标】

- 培养学习者网络安全的意识以及在服务器中配置网关防火墙的应用能力。
- 从实际出发，实是求是，有效利用已有资源，培养节约意识。
- 认真分析任务目标，做好整体规划，培养全局观念。

配置 Linux 网关
防火墙

【任务】　配置 Linux 网关防火墙

 ## 学习情境

为了防止公司私网被公网的恶意用户攻击破坏，需要对服务器进行基础的安全部署：配置网关防火墙。

任务描述

在公司服务器上部署 Linux 网关防火墙，设置防火墙规则，形成防护策略，实现公网与私网分离，增强公司网络的安全性，避免私网遭到公网的恶意用户攻击破坏。

 ## 问题引导

- 什么是 Linux 防火墙？
- iptables 和 firewalld 是防火墙还是防火墙管理工具，如何使用？
- 什么是富规则，如何使用？

 ## 知识学习

1. 防火墙

微课 8-1
防火墙基础

在计算机网络中，防火墙是公网和私网之间的保护屏障。防火墙使用预先定制的策略规则监控出入的数据包并进行过滤，若数据包与某一条策略规则相匹配，则执行相应的处理，反之则丢弃。从而保证仅有合法的数据包在公网和私网之间流动。

防火墙可以分为硬件防火墙与软件防火墙。

硬件防火墙是由硬件厂商定制硬件，并由软件安全厂商将防火墙程序集成到硬件中的专用设备。硬件防火墙可以节省计算机资源，而且工作性质单一，性能较好。

软件防火墙是一套保护系统网络安全的软件，需要将其安装到带有操作系统的计算机上并配置，满足网络的安全需要。与此同时，该计算机还可以做其他任务的工作。

硬件防火墙与软件防火墙的区别在于：硬件防火墙是通过硬件和软件的组合来达到隔离内外部网络的目的；而软件防火墙是通过纯软件的方式，实现隔离内外部网络的目的。

2. iptables 基础

（1）iptables 与 netfilter

Linux 操作系统中真正实现防火墙功能的是 netfilter，netfilter 是 Linux

操作系统的一部分，是 Linux 内核中实现包过滤的内部结构。包过滤防火墙工作于网络层，检查流入的数据包，分析包头信息，对应规则，以决定数据包通过或者丢弃。

iptables 是 netfilter 的管理工具，位于/usr/sbin/iptables。iptables 的主要优点是用户可以通过使用 iptables 控制防火墙配置和数据包过滤，可以通过定制自己的规则来满足特定需求，从而只允许想要的网络数据包进入系统。此外，iptables 是免费的，可以代替昂贵的防火墙解决方案，并且其性能不输于一些专业的硬件防火墙。

（2）iptables 的规则、链、表

iptables 是按照规则来执行的。规则是网络管理员预定义的条件，规则一般的定义为"如果数据包头符合这样的条件，就这样处理这个数据包"。规则存储在内核空间的数据包过滤表中，规则指定了源地址、目的地址、传输协议（如 TCP、UDP、ICMP）和服务类型（如 HTTP、FTP 和 SMTP）等。当数据包与规则匹配时，iptables 就根据规则所定义的方法来处理数据包，如允许（ACCEPT）、拒绝（REJECT）、丢弃（DROP）、记录日志并传递给下一条规则（LOG）等。配置防火墙的主要工作就是添加、修改和删除这些规则。

iptables 中可以设置多条规则，多条规则的匹配顺序是从上往下按序匹配（越往上优先级高，越往下优先级低）。对于同一个数据包，如果前面的规则设置为拒绝或者丢弃，后面的规则就算设置为允许也无效。同理，如果前面的规则设置为允许，后面的规则设置为拒绝或者丢弃也无效。因此，建议先设置精确、适用范围小的规则，后设置宽泛、适用范围大的规则。

示例：现有两条规则，规则 A：学生放假不留校；规则 B：参赛学生可以留校。

如果防火墙规则顺序为：A……B，则参赛学生不能留校，因为总体拒绝的规则设在了前面。如果防火墙规则顺序为：B……A，则参赛学生可以留校，因为总体拒绝的规则设在了后面。

将若干条规则串在一起形成检查清单，称之为链。当数据包到达某个链时，iptables 就会从链中第一条规则开始检查，查看该数据包是否满足规则所定义的条件。如果满足，系统就会根据该条规则所定义的方法处理该数据包；否则 iptables 将继续检查下一条规则。如果该数据包不符合链中任何一条规则，iptables 就会根据该链预先定义的默认策略来处理数据包。iptables 定义了 5 条链，分别是：PREROUTING、INPUT、OUTPUT、FORWARD、POSTROUTING，链的功能见表 8-1。

表 8-1　iptables 链的功能

链　　名	功　　能
PREROUTING	处理刚到达本机并在路由转发前的数据包
INPUT	处理来自外部的数据包

续表

链　名	功　能
OUTPUT	处理向外发送的数据包
FORWARD	将数据转发到本机的其他网络适配器设备上
POSTROUTING	处理即将路由转发选择并随后离开本机的数据包

具有相同功能规则的集合称之为表，即将不同功能的规则放在不同的表中进行管理。iptables 按照优先级由高到低内置了 4 张表，分别是 raw、mangle、nat、filter。表的功能及使用该表的链见表 8-2。

表 8-2　iptables 表的功能及使用该表的链

表名	功　能	使用该表的链
raw	控制 nat 表中连接追踪机制的启用状况，如用于网址过滤	PREROUTING、OUTPUT
mangle	拆解报文、修改、重新封装，用于实现质量服务	PREROUTING、INPUT、OUTPUT、FORWARD、POSTROUTING
nat	网络地址转换，用于网关路由器	PREROUTING、INPUT、OUTPUT、POSTROUTING
filter	数据包过滤，用于防火墙规则	INPUT、OUTPUT、FORWARD

数据包通过防火墙的流程如图 8-1 所示。

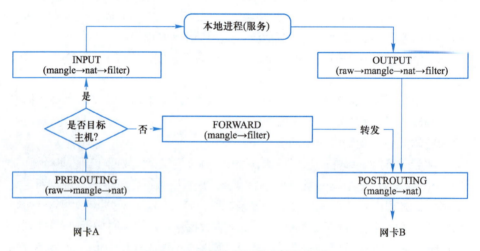

图 8-1　数据包通过防火墙的流程

（3）iptables 命令

功能：防火墙策略管理工具的命令，对数据包进行过滤操作。iptables 命令默认仅支持 IPv4 协议。

命令格式：iptables [-t 表] 管理命令 [链] [选项] [过滤条件] [-j 处理动作]

常用管理命令见表 8-3。

表 8-3 iptables 命令的常用管理命令

常用管理命令	功　　能
-A	往防火墙规则链最下方（低优先级）添加规则
-I	往防火墙规则链最上方（高优先级）添加规则
-D	删除防火墙规则链中的某条规则
-R	替换防火墙规则链中的某条规则
-L	查看指定链中所有的规则
-F	清空防火墙规则
-Z	置零计数器
-N	新建自定义规则链
-X	删除用户自定义的引用计数为 0 的空链
-E	重命名链
-P	设置指定链的默认策略

常用选项见表 8-4。

表 8-4 iptables 命令的常用选项

常　用　选　项	功　　能
-p	匹配协议，常用的有 tcp、udp、icmp、all
-s	匹配源地址
-d	匹配目标地址
-i	匹配入站网络适配器接口
-o	匹配出站网络适配器接口
--sport	匹配源端口
--dport	匹配目标端口

处理动作见表 8-5。

表 8-5 iptables 命令的处理动作

常用过滤条件	功　　能
ACCEPT	放行，允许接收数据包
REJECT	拒绝数据包并回复拒绝信息
DROP	丢弃数据包，不回复拒绝信息
LOG	将数据包信息记录日志
SNAT	源地址转换
DNAT	目标地址转换
MASQUERADE	地址伪装
REDIRECT	重定向、映射、透明代理

示例 1：查看当前表的所有规则，显示详细信息，并且不对 IP 地址反查，示例命令如下。

```
[admin@vms1 ~]$ iptables -nvL
```

示例 2：向 INPUT 链添加规则，拒绝 192.168.100.1 主机使用 ping 命令检查本机是否在线，示例命令如下。

```
[admin@vms1 ~]$ sudo iptables -I INPUT -s 192.168.100.1 -p icmp -j REJECT
```

（4）iptables-save 命令、iptables-restore 命令

由于 iptables 默认修改防火墙策略后当前立刻生效，但重启操作系统后失效。因此 iptables-save 命令用于保存防火墙规则，iptables-restore 命令用于恢复防火墙规则。

iptables-save 命令格式：iptables-save [选项]

iptables-restore 命令格式：iptables-restore [选项]

两条命令的常用选项一致，见表 8-6。

表 8-6 iptables-save、iptables-restore 命令的常用选项

常 用 选 项	功　　能
-c	包含当前的数据包计算器和字节计数器的值
-t	表的名称

示例：保存防火墙规则到文件、清空防火墙规则、从文件恢复防火墙规则，示例命令如下。

```
[admin@vms1 ~]$ sudo iptables-save -c >iptables.bk
[admin@vms1 ~]$ sudo iptables -F
[admin@vms1 ~]$ sudo iptables-restore<iptables.bk
```

3. firewalld 基础

（1）iptables 与 firewalld

从 RHEL 7 操作系统开始，操作系统默认安装 firewalld，并提供 firewalld 服务，用以替代 iptables 服务。firewalld 与 iptables 的关系如图 8-2 所示。

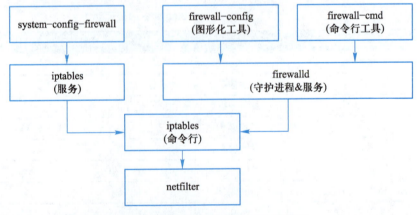

图 8-2 firewalld 与 iptables 的关系

从图中可以看出，iptables（服务）和 firewalld（服务）在底层上还是使用 iptables（命令行）作为防火墙规则管理入口。两者都是将定义好的规则交由内核中的 netfilter 来读取，从而真正实现防火墙的功能。

（2）区域（zone）

在 firewalld 中，区域就是预先定义好的一组过滤规则（策略模板）。数据包必须要经过区域才能入站或出站。如果把区域比喻成出站或入站必须经过的安检门，不同的区域就是不同的安检门，各自的规则粒度粗细、安全强度都不同。

firewalld 默认共有 9 个区域，具体见表 8-7。

表 8-7　firewalld 的区域说明

区 域 名 称	说　　明
trusted（信任区域）	允许所有网络数据包连接，即使没有开放任何服务，使用此区域的数据包照样通过
home（家庭区域）	允许与 ssh、ipp-client、mdns、samba-client 或 dhcpv6-client 预定义服务匹配的传入数据包，其余均拒绝
internal（内部区域）	默认值时与 home 区域相同
work（工作区域）	允许与 ssh、ipp-client、dhcpv6-client 预定义服务匹配的传入数据包，其余均拒绝
public（公共区域）	新添加网络接口默认的 zone，部分公开，不信任网络中其他计算机。允许与 ssh 或 dhcpv6-client 预定义服务匹配的传入数据包，其余均拒绝
external（外部区域）	允许与 ssh 预定义服务匹配的传入数据包，其余均拒绝。默认将通过此区域转发的 IPv4 传出数据包进行地址伪装，可用于为路由器启用了伪装功能的外部网络
dmz（隔离区域，非军事区域）	允许与 ssh 预定义服务匹配的传入数据包，其余均拒绝
block（限制区域）	任何流入的包都被拒绝，返回 icmp-host-prohibited 报文（IPv4）或 icmp6-adm-prohibited 报文（IPv6）。只允许由该系统初始化的网络连接
drop（丢弃区域）	任何流入的包都被丢弃，不做任何响应，只允许流出的数据包

每个区域单独对应一个 xml 配置文件，存放在/usr/lib/firewalld/services/目录内，文件名为"区域名称.xml"。自定义区域只需要添加一个"区域名称.xml"文件，然后在其中添加过滤规则即可。

每个区域都有默认的处理行为，具体如下。

① default（默认）：不做任何事情，该区域不再管它。

② ACCEPT：允许数据包通过。

③ REJECT：拒绝数据包，并回复拒绝的信息。

④ DROP：丢弃数据包，不回复任何信息。

> 注意：firewalld 将网络适配器对应到不同的区域。在默认情况下，**public** 是默认区域，包含所有接口（网络适配器）。区域的安全程度取决于管理员在此区域中设置的规则。每个区域都具有不同限制程度的规则，只会允许符合规则的数据包传入。一个网络连接只能被一个区域处理，但一个区域可以用于多个网络连接。任何配置了一个网络接口或者一个源的区域就是一个活动区域，标记为 **active**。

iptables 与 firewalld 的区别如下。

① iptables 基于接口设置规则，判断网络的安全性。firewalld 基于区域，根据不同的区域来设置不同的规则，从而保证网络的安全。firewalld 与硬件防火墙的设置相类似。

② iptables 关心 4 表 5 链以及规则匹配的顺序，而 firewalld 只关心区域。

③ iptables 是静态管理，每次修改规则都要求防火墙完全重启，所有规则重新载入。这个过程包括内核 netfilter 防火墙模块的卸载和新配置所需模块的装载等，而模块的卸载将会破坏防火墙状态和已建立的连接。firewalld 则是动态管理，修改规则后不需要重启防火墙，只需要将修改部分保存并更新到运行中的 iptables 命令行即可。

④ 在 RHEL 8 操作系统中，默认并未安装 iptables 服务，安装 iptables 服务后默认的配置文件路径是/usr/libexec/iptables，iptables 命令对应的文件路径是/usr/sbin/iptables。firewalld 的配置文件分别存放在/etc/firewalld/目录（存放修改过的配置，优先查找并加载）和/usr/lib/firewalld/目录中（存放默认的配置文件。如果修改过的配置查找不到，则查找默认的配置）。

⑤ firewalld 规则默认为拒绝。iptables 规则默认为允许。

默认 firewalld 服务是开机后自动运行的，手动修改 firewalld 服务状态的命令如下。

```
#查看 firewalld 服务状态
[admin@vms1 ~]$ sudo systemctl status firewalld
#停止 firewalld 服务
[admin@vms1 ~]$ sudo systemctl stop firewalld
#启动 firewalld 服务
[admin@vms1 ~]$ sudo systemctl start firewalld
#重启 firewalld 服务
[admin@vms1 ~]$ sudo systemctl restart firewalld
#在不中断 firewalld 服务情况下，重新加载防火墙规则
[admin@vms1 ~]$ sudo systemctl reload firewalld
#设置防火墙服务为开机不自动启动
[admin@vms1 ~]$ sudo systemctl disable firewalld
#设置防火墙服务为开机自动启动
[admin@vms1 ~]$ sudo systemctl enable firewalld
```

（3）firewalld 工具

firewalld 通过 firewall-cmd（命令行工具）和 firewall-config（图形化工具）对防火墙规则进行配置。

① firewall-cmd 命令

功能：防火墙策略管理，是 firewalld 服务的配置工具。firewalld 防火墙策略默认运行模式为 Runtime，Runtime 模式下，使用 firewall-cmd 命令修改的防火墙策略会立即生效，但重启后失效。如果需要永久生效，需要使用 Permanent 模式。Permanent 模式下，修改的防火墙策略当前不生效，重启后生效。

命令格式：firewall-cmd [选项]

常用选项见表 8-8。

表 8-8　firewall-cmd 命令的常用选项

常 用 选 项	功　　能
--state	显示 firewalld 状态
--reload	不重启重新加载配置，修改 firewalld 配置后需执行此命令
--permanent	策略写入到永久生效表中
--panic-on	开启应急模式，拒绝所有包
--panic-off	关闭应急模式，取消拒绝状态
--get-default-zone	显示当前默认区域
--set-default-zone=<zone>	设置默认区域
--get-active-zones	显示当前正在使用区域及其对应的网络适配器接口
--get-zones	显示所有可用的区域
--get-zone-of-interface=<interface>	显示指定接口绑定的区域
--zone=<zone> --add-interface=<interface>	为指定接口绑定区域
--zone=<zone> --change-interface=<interface>	为指定的区域更改绑定的网络接口
--zone=<zone> --remove-interface=<interface>	为指定的区域删除绑定的网络接口
--list-all-zones	显示所有区域及其规则
[--zone=<zone>] --list-all	显示所有指定区域的所有规则，省略--zone=<zone>时表示仅对默认区域操作
[--zone=<zone>] --list-services	显示指定区域内允许访问的所有服务
[--zone=<zone>] --add-service=<service>	为指定区域添加允许访问的某项服务
[--zone=<zone>] --remove-service=<service>	删除指定区域已设置的允许访问的某项服务
[--zone=<zone>] --query-service=<service>	在指定区域查询某项服务状态
[--zone=<zone>] --list-ports	显示指定区域内允许访问的所有端口号
[--zone=<zone>] --add-port=<portid>[-<portid>]/<protocol>	为指定区域设置允许访问的某个/某段端口号（包括协议名）
[--zone=<zone>] --remove-port=<portid>[-<portid>]/<protocol>	删除指定区域已设置的允许访问的端口号（包括协议名）
[--zone=<zone>] --list-icmp-blocks	显示指定区域内拒绝访问的所有 ICMP 类型
[--zone=<zone>] --add-icmp-block=<icmptype>	为指定区域设置拒绝访问的某项 ICMP 类型
[--zone=<zone>] --remove-icmp-block=<icmptype>	删除指定区域已设置的拒绝访问的某项 ICMP 类型
--get-icmptypes	显示所有 ICMP 类型

示例 1：在防火墙中删除 ssh 服务策略，示例命令如下。

```
[admin@vms1 ~]$ sudo firewall-cmd --permanent --remove-service=ssh
[admin@vms1 ~]$ sudo firewall-cmd --reload
```

示例 2：在防火墙中临时允许 192.168.100.1 主机通过 22 端口访问的策略，示例命令如下。

```
[admin@vms1 ~]$ sudo firewall-cmd --zone=public --add-source=192.168.100.1
[admin@vms1 ~]$ sudo firewall-cmd --zone=public --add-port=22/tcp
```

如果需要将示例 2 的命令整合为一条，则需要用到 firewalld 的富规则（rich rule）。

firewalld 添加 / 删除 / 查看富规则的语法格式为：firewall-cmd [--permanent] –add/remove/list-rich-rule="rich rule"。

富规则可以表达 firewalld 的基本语法中未涵盖的自定义防火墙规则。富规则可用于表达基本的允许、拒绝规则，也可以用于配置记录（面向 syslog 和 auditd），以及端口转发、伪装和速率限制。

富规则的一般规则结构如下：rule [source] [destination] service｜port｜protocol｜icmp-block｜icmp-type｜masquerade｜forward-port｜source-port [log] [audit] [accept｜reject｜drop｜mark]

其中，[ ] 中的关键词称之为元素，各元素的选项格式见表 8-9。

表 8-9　firewalld 富规则元素的选项格式

元　　素	选 项 格 式
rule	rule [family="ipv4｜ipv6"]
source	source[not] address="address[/mask]"｜mac="mac-address"｜ipset="ipset"
destination	destination [not] address="address[/mask]"
service	service name="service name"
port	port port="port value" protocol="tcp｜udp"
protocol	protocol value="protocol value"
icmp-block	icmp-block name="icmptype name"
icmp-type	icmp-type name="icmptype name"
forward-port	forward-port port="port value" protocol="tcp｜udp" to-port="port value" to-addr="address"
source-port	source-port port="port value" protocol="tcp｜udp"
log	log [prefix="prefix text"] [level="log level"] [limit value="rate/duration"]
audit	audit [limit value="rate/duration"]
action	accept、reject、drop、mark
limit	limit value="rate/duration"

示例 2 使用富规则的示例命令如下。

```
[admin@vms1 ~]$ sudo firewall-cmd --zone=public --add-rich-rule="rule
family="ipv4" \
>source address="192.168.100.1/24" service name="ssh" accept"
```

② firewall-config 图形化工具

firewall-config 图形化工具默认是没有安装在 RHEL 8 操作系统中的，需要安装后才可以使用，具体命令如下。

```
[admin@vms1 ~]$ sudo dnf -y install firewall-config
[admin@vms1 ~]$ sudo firewall-config
```

程序启动后，运行界面如图 8-3 所示。

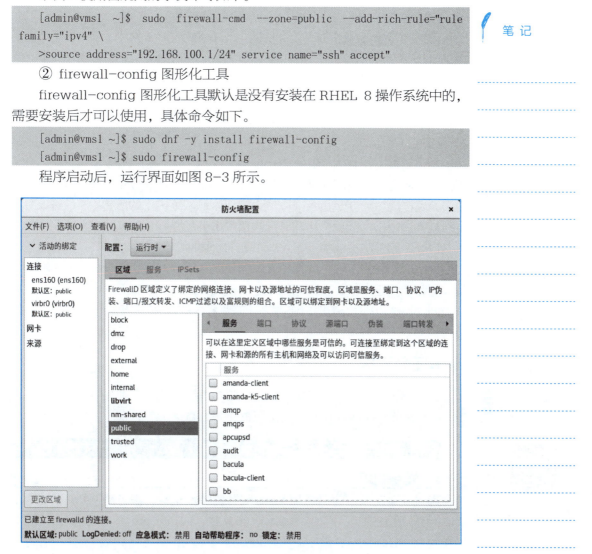

图 8-3　firewall-config 程序界面

4. 网络地址转换

网络地址转换（Network Address Translation，NAT），也称为网络掩蔽或者 IP 掩蔽（IP masquerading），是一种在 IP 数据包通过路由器或防火墙时重写源 IP 地址和目的 IP 地址的技术。

NAT 的实现方式有静态和动态两种。

（1）静态 NAT

静态（Static）NAT 是将私网中的每个主机都被永久一对一地映射成公网中某个固定合法的 IP 地址。借助于静态转换，可以实现公网对私网中某些特定设备的访问并隐藏特定设备的真实 IP，如私网中存在 Web、FTP、E-mail 等

笔 记

服务器为外部网络用户提供服务等应用场景。

笔记

（2）动态 NAT

动态（Dynamic）NAT 将私网的私有 IP 地址转换为公网 IP 地址时，IP 地址是不确定的、随机的，所有被授权访问 Internet 的私有 IP 地址可随机转换为任何指定的合法 IP 地址。只要指定私网 IP 地址就可以进行 NAT 转换，指定合法公网 IP 地址就可以进行动态转换。当互联网服务提供商提供的公网 IP 地址略少于网络内部的计算机数量时，可以采用动态转换的方式。

端口转换（Port Address Translation，PAT）是动态转换的一种。是私网内部的所有设备均可共享一个合法公网 IP 地址实现对公网的访问。PAT 可以最大限度地节约 IP 地址资源。同时又可隐藏网络内部的所有主机，有效避免来自外网的攻击。因此，目前实际应用最多的就是端口转换方式。

Linux 网关防火墙中的 NAT 可以分为源地址转换（SNAT）、目的地址转换（DNAT）。SNAT 在 POSTROUTING 将私网的 IP 地址修改为公网的 IP 地址，应用场景是共享私网内部主机上公网。DNAT 在 PREROUTING 将公网需要访问的目的 IP 地址及端口修改为私网服务器的 IP 地址及端口，应用场景是发布私网内部服务器。

任务实施

在公司网站服务器中配置主机防火墙策略，分别使用 iptables、firewall-cmd、firewall-config 配置相关策略。

子任务 1 使用 iptables 命令行配置 Web 服务器网关防火墙

微课 8-2
使用 iptables 命令行
配置防火墙

1. 实施要求

通过配置防火墙可以增加 Web 服务器的安全性，服务器网络拓扑结构：Web 服务器 IP 地址为 192.168.100.253/24，Windows 客户端主机 IP 地址为 192.168.100.1/24，清空防火墙规则链及其规则（含计数器），禁止所有对于服务器的访问，允许 Windows 客户端使用 ping 命令探测服务器，允许主机访问服务器的 SSH 端口（端口号：22），存储策略到/etc/iptables-save 文件。

2. 实施步骤

具体命令及执行结果如下。

```
[admin@vms1 ~]$ sudo iptables -F
[admin@vms1 ~]$ sudo iptables -X
[admin@vms1 ~]$ sudo iptables -Z
[admin@vms1 ~]$ sudo iptables -L
Chain INPUT (policy ACCEPT)
target     prot opt source              destination
```

```
Chain FORWARD (policy ACCEPT)
target     prot opt source              destination
Chain OUTPUT (policy ACCEPT)
target     prot opt source              destination
[admin@vms1 ~]$ sudo iptables -P INPUT DROP
[admin@vms1 ~]$ sudo iptables -A INPUT -p icmp -j ACCEPT
[admin@vms1 ~]$ sudo iptables -A INPUT -p tcp --dport 22 -j ACCEPT
[admin@vms1 ~]$ sudo -i
[root@vms1 ~]# sudo iptables-save -c > /etc/iptables-save
[root@vms1 ~]# iptables -L
Chain INPUT (policy DROP)
target     prot opt source              destination
ACCEPT     icmp --  anywhere            anywhere
ACCEPT     tcp  --  anywhere            anywhere            tcp dpt:ssh
Chain FORWARD (policy ACCEPT)
target     prot opt source              destination
Chain OUTPUT (policy ACCEPT)
target     prot opt source              destination
```

子任务 2　使用 firewall-cmd 配置 Web 服务器网关防火墙

1. 实施要求

通过配置防火墙可以增加 Web 服务器的安全性，服务器网络拓扑结构：Web 服务器 IP 地址为 192.168.100.253/24，Windows 客户端主机 IP 地址为 192.168.100.1/24，Web 服务器需要提供 WWW 服务，开放 80 端口。禁止 Windows 客户机 192.168.100.1/24 通过 ssh 远程管理服务器。

微课 8-3
使用 firewall-cmd
配置防火墙

2. 实施步骤

具体命令及执行结果如下。

```
[admin@vms1 ~]$ sudo firewall-cmd --zone=public --permanent --add-service=http
success
[admin@vms1 ~]$ sudo firewall-cmd --zone=public --permanent --add-port=80/tcp
success
[admin@vms1 ~]$ sudo firewall-cmd --zone=public --permanent --add-rich-rule="rule family="ipv4" source address="192.168.100.1/24" service name="ssh" reject"
success
[admin@ vms1 ~]$ sudo firewall-cmd --reload
success
Connecting to 192.168.100.253:22...
Could not connect to '192.168.100.253' (port 22): Connection failed.
Type 'help' to learn how to use Xshell prompt.
```

微课 8-4
使用 firewall-config
配置防火墙

笔 记

子任务 3 使用图形化工具 firewall-config 配置网关防火墙

1. 实施要求

在 Linux 服务器端打开 firewall-config，添加将本机 6000 端口的数据包转发到 22 端口且当前、长期有效的防火墙策略。

2. 实施步骤

打开服务器端（VM_Server1），在命令行界面中输入 firewall-config 启动图形化界面的防火墙，在"配置"下拉选项框中选择"永久"选项，在"区域"选项卡右侧的"端口转发"中，单击"添加"按钮，打开"端口转发"对话框。在"来源"区域中的"协议"下拉选项框中选择 tcp，在"端口/端口范围"文本框中输入 6000。在"目标地址"区域中，选中"本地转发"复选框，在"端口/端口范围"文本框中输入 22，如图 8-4 所示。单击"确定"按钮返回"防火墙配置"界面，选择"选项"→"重载防火墙"菜单命令，使当前和永久修改都生效，完成端口转发策略的设置。

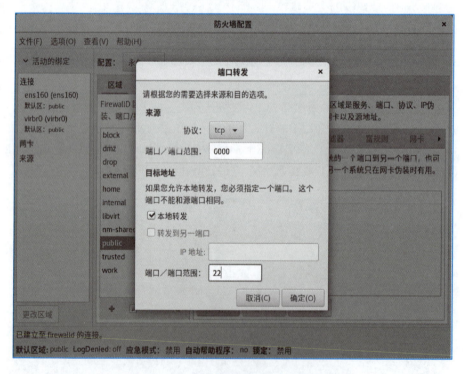

图 8-4 图形化界面设置端口转发

在 Linux 客户端（VM_L_Client）的命令行界面 Shell 中输入 ssh 命令，登录已设置端口转发功能的主机，命令及执行结果如下。

```
[test@vmc1 ~]$ ssh -p 6000 admin@192.168.100.253
The authenticity of host '[192.168.100.253]:6000 ([192.168.100.253]:6000)'
can't be established.
```

```
    ECDSA  key  fingerprint  is  SHA256:2JWgxdhbbcz5/MosDgPTTrCtYSCXuMGJEORgQ/
OU92E.
    Are you sure you want to continue connecting (yes/no/[fingerprint])? yes
    Warning: Permanently added '[192.168.100.253]:6000' (ECDSA) to the list of
known hosts.
    admin@192.168.100.253's password:
    Activate the web console with: systemctl enable --now cockpit.socket
    This system is not registered to Red Hat Insights. See https://cloud.
redhat.com/
    To register this system, run: insights-client --register
    Last failed login: Wed Aug 17 11:19:04 CST 2022 from 192.168.100.252 on
ssh:notty
    There was 1 failed login attempt since the last successful login.
    Last login: Wed Aug 17 11:00:20 2022 from 192.168.100.252
    [admin@vms1 ~]$
```

子任务 4　配置共享公网地址的 SNAT

微课 8-5
配置 SNAT

1. 实施要求

在 Linux 服务器端新增虚拟网络适配器，连接私网。原虚拟网络适配器连接公网，可通过设置防火墙实现 SNAT 功能，使得私网中的客户端可以访问公网的网络资源。

2. 实施步骤

步骤 1：在服务器端（VM_Server1）新增虚拟网络适配器 ens224，连接网络模式设置为"仅主机模式"。设置 ens224 的参数如下。

IP 地址：192.168.137.1/24，网关：192.168.137.1，DNS：114.114.114.114，默认路由：192.168.137.1。

步骤 2：将 Linux 客户端（VM_L_Client）的虚拟网络适配器 ens160 的连接网络模式设置为"仅主机模式"，设置 ens160 的参数如下。

IP 地址：192.168.137.100/24，网关：192.168.137.1，DNS：114.114.114.114，默认路由：192.168.137.1。

步骤 3：在服务器端与客户端互相使用 ping 命令测试是否连通。在客户端打开网页浏览器，发现无法打开公网网站的网页。

步骤 4：在服务器端使用 Vim 修改/etc/sysctl.conf 文件，添加 IP 转发功能。执行命令 sysctl -p 重载网络配置生效，具体命令及执行结果如下。

```
[root@vms1 ~]# vim /etc/sysctl.conf
# sysctl settings are defined through files in
# /usr/lib/sysctl.d/, /run/sysctl.d/, and /etc/sysctl.d/.
#
# Vendors settings live in /usr/lib/sysctl.d/.
# To override a whole file, create a new file with the same in
```

```
# /etc/sysctl.d/ and put new settings there. To override
# only specific settings, add a file with a lexically later
# name in /etc/sysctl.d/ and put new settings there.
#
# For more information, see sysctl.conf(5) and sysctl.d(5).
net.ipv4.ip_forward=1                          //添加 IP 转发功能
```

存盘退出，命令如下。

```
[root@vms1 ~]# sysctl -p
```

步骤 5：在服务器端修改防火墙规则，添加源地址转换功能（对应图形化界面 firewall-config 中的"伪装"选项），具体命令及执行结果如下。

```
[root@vms1 ~]# firewall-cmd --permanent --add-masquerade
success
[root@vms1 ~]# firewall-cmd --reload
success
```

步骤 6：在客户端打开网页浏览器，可以正常浏览公网网站的网页。

实训文档

【实训】 配置 Linux 网关防火墙

实训目的

熟悉并掌握使用 firewalld 配置工具配置网关防火墙的方法。

实训内容

根据实训室的实际情况，创建一台装有 Linux 操作系统的主机作为服务器端。设置如下防火墙规则并使之当前和永久生效。

1. 允许同一网段内的客户端远程连接服务器端。
2. 允许任意地址的客户端访问网站服务（80 端口）。
3. 发现某单一客户端一直有攻击性访问，禁止该客户端访问服务器（80 端口）。
4. 允许本地客户端远程连接 MariaDB 数据库（3306 端口）。
5. 将访问服务器端 6001 端口的所有数据包转发到服务器的 22 端口。

实训环境

见表 1-7。

实训步骤

步骤 1：删除默认的 SSH 规则，使用富规则限定同网段范围主机远程连接的 SSH 规则。

步骤 2：添加 HTTP 服务放行，允许访问 80 端口的 TCP 数据包通过。

步骤 3：使用富规则或者图形界面工具禁止指定 IP 地址的主机访问服务器 80 端口。

步骤4：使用富规则或者图形界面工具允许指定主机访问服务器3306端口的TCP数据包通过。

步骤5：使用富规则或者图形界面工具实现端口转发。

【项目总结】

本项目首先介绍网关防火墙的基础知识；接着介绍Linux防火墙管理工具iptables和常用命令；然后介绍Linux防火墙管理工具firewalld的基础知识和常用命令；最后以任务实操的方式讲解上述知识的实际应用。

【课后练习】

练习答案

1. 选择题

（1）在iptables中，处理刚到达本机并在路由转发前的数据包的链是_____。

    A．PREROUTING   B．INPUT

    C．OUTPUT   D．FORWARD

（2）在iptables中，用于网络地址转换的表是_____。

    A．raw   B．nat   C．filter   D．mangle

（3）在iptables命令中，丢弃数据包且不回复拒绝信息的动作是_____。

    A．ACCEPT   B．REJECT

    C．DROP   D．LOG

（4）在firewall-cmd命令中，表示永久模式的是_____。

    A．permanent   B．peramiter

    C．permision   D．para

（5）在firewall-cmd命令中，一般默认的zone是_____。

    A．home   B．public

    C．work   D．trust

2. 简答题

（1）iptables与firewalld有哪些异同点？

（2）在firewall-cmd命令中，使用富规则有哪些优势？

项目 **9**
安装与配置 Samba 服务

 学习目标

【知识目标】

- 了解 Samba 服务的工作原理。
- 掌握 Samba 服务的主配置文件配置项的含义。
- 掌握 SELinux 的基本概念。

【技能目标】

- 掌握在 Linux 服务器端安装 Samba 软件包以及启动、停止、重启、查看、设置开机自动启动服务的方法。
- 掌握在 Linux 服务器端配置 Samba 服务的方法。
- 掌握 SELinux 的基本使用方法。
- 掌握在 Linux 客户端安装 Samba 客户端软件包以及使用 smbclient 命令的方法。
- 掌握在 Windows 客户端访问 Samba 服务器端的方法。

【素养目标】

- 培养学习者在 Linux 服务器端与客户端安装与配置私网资源共享服务的工程应用能力。
- 认真分析任务目标，做好规划，培养安全意识。
- 根据实际情况分析与处理问题，培养效率意识。

 【任务】　安装与配置 Samba 服务

 学习情境

公司私网中需要共享部分公共软、硬件资源（如共享文件），需要在服务器上安装并配置资源共享服务。

 **任务描述**

在 Linux 服务器端安装及配置 Samba 服务，并配置客户端，在私网内所有的 Windows 和 Linux 主机上实现文件共享。

问题引导

- SMB 是什么？
- Samba 软件有哪些功能？如何使用？
- SELinux 是什么？如何使用？

知识学习

1. SMB 协议

服务器信息块（Server Message Block，SMB）协议主要作为 Microsoft 网络的通信协议。SMB 协议基于 TCP-NetBIOS 协议，采用客户端/服务器端架构，用于实现网络文件和打印机等软硬件资源的共享。Windows 的"网上邻居"就是利用 SMB 通信协议实现资源共享的程序，使网络共享资源变得简单。SMB 协议工作于会话层、表示层以及小部分应用层。

与标准的 TCP/IP 不同，SMB 协议是一种复杂的协议，因为随着 Windows 操作系统的不断开发和升级，越来越多的功能被加入到协议中，很难区分哪些概念和功能应该属于 Windows 操作系统本身，哪些概念应该属于 SMB 协议。其他网络协议由于是先有协议，后实现相关的软件，因此结构上就清晰简洁一些，而 SMB 协议一直是与 Microsoft 的操作系统混在一起进行开发的，因此协议中就包含了大量的 Windows 操作系统中的概念。

2. Samba 软件的功能

Samba 是在 Linux 和 UNIX 系统上实现 SMB 协议的一个免费软件，由服务器端及客户端程序构成。

Samba 提供了以下功能。

（1）共享 Linux 的软、硬件资源给 Windows 计算机。

（2）共享安装在 Samba 服务器上。

（3）共享 Windows 的软、硬件资源给 Linux 计算机。

（4）支持对使用 Samba 资源的用户进行身份认证。

（5）支持 WINS 名字服务器解析及浏览。

（6）支持 SSL 安全套接层协议。

3. Samba 的工作流程

Samba 的工作流程如下。

（1）协议协商。客户端在访问 Samba 服务器端时，发送 negprot 命令包，并告知目标计算机自身支持的 SMB 类型。Samba 服务器端根据客户端情况，选择最优的 SMB 类型，并做出回应。

（2）建立连接。当 SMB 类型确认后，客户端会发送 session setup 命令数据包，提交账号、密码，请求与 Samba 服务器端建立连接。如果客户端通过身份验证，Samba 服务器端会对 session setup 报文做出回应，并为用户分配唯一的 UID，用于与客户端通信。

（3）访问共享资源。客户端访问 Samba 共享资源时，发送 tree connect 命令数据包，通知服务器端需要访问的共享资源名。如果设置允许，Samba 服务器端会为每个客户与共享资源的连接分配 TID，客户端即可以访问需要的共享资源。

（4）断开连接。共享完毕，客户端向服务器端发送 tree disconnect 报文关闭共享。

4. Samba 服务的组成与使用

组成 Samba 运行的有两个服务，分别是：smb.service 和 nmb.service。

（1）smb.service 是 Samba 的核心启动服务，使用 TCP/445 端口建立 Samba 服务器与 Samba 客户机之间的连接，验证用户身份并提供对软、硬件资源的访问。只有 smb.service 启动，才能实现文件的共享，监听 TCP/139 端口。

（2）nmb.service 负责解析，类似于 DNS，nmb.service 可以把 Linux 系统共享的工作组名称与其 IP 对应起来，如果 nmb.service 没有启动，就只能通过 IP 来访问共享文件，监听 UDP/137、UDP/138 端口。

5. Samba 的配置文件

Samba 服务的主配置文件是/etc/samba/smb.conf，smb.conf 文件中初始的主要配置项及含义见表 9-1，具体的配置说明可参看/etc/samba/smb.conf.example 文件。

笔 记

表 9-1 /etc/samba/smb.conf 主要配置项及含义

主要配置项	含 义
[global]	全局参数段，各配置项可根据具体情况修改
workgroup = SAMBA	工作组名称，名称自定义
security=[share | user | server | domain | ads]	安全验证的方式，共有如下 5 种： （1）share：主机无须验证密码，安全性很差 （2）user：默认的验证方式，最为常用。登录 Samba 服务时需要使用账号密码进行验证，通过后才能获取到文件 （3）server：使用独立主机验证来访用户提供的密码 （4）domain：通过域控制器进行身份验证，用来限制用户的来源域 （5）ads：活动目录模式的域成员
passdb backend = [smbpasswd | tdbsam | ldapsam]	定义用户后台的类型，共有如下 3 种： （1）smbpasswd：使用 smbpasswd 命令为系统用户设置 Samba 服务程序的密码 （2）tdbsam：RHEL 7、RHEL 8、CentOS 7、CentOS 8 系统默认定义的方式。创建数据库文件并使用 pdbedit 命令建立 Samba 服务程序的用户 （3）ldapsam：基于 LDAP 服务进行账户验证
printing = cups	打印服务协议
printcap name = cups	打印服务名称
load printers = [yes | no]	是否加载打印机
cups options = raw	打印机的选项
[homes]	共享用户家目录段（家目录不建议共享，此段可删除）
comment = Home Directories	家目录描述信息
valid users = %S, %D%w%S	可用账户
browseable = [Yes | No]	指定共享信息是否在"网上邻居"中可见
read only = [Yes | No]	是否只读
inherit acls = [Yes | No]	是否继承访问控制列表
[printers]	共享本地打印机段（如无打印机，此段可删除。共享文件写法可参考此段）
comment = All Printers	描述信息
path = /var/tmp	共享路径
printable = [Yes | No]	是否可打印
create mask = 0600	文件权限
browseable = [Yes | No]	指定共享信息是否在"网上邻居"中可见
[print$]	共享网络打印段（如无打印机，此段可删除。共享文件写法可参考此段）
comment = Printer Drivers	打印驱动描述信息
path = /var/lib/samba/drivers	共享路径
write list = @printadmin root	可写入文件的用户列表
force group = @printadmin	用户组列表
create mask = 0664	文件权限
directory mask = 0775	目录权限

smb.conf 文件中涉及的变量见表 9-2。

表 9-2 smb.conf 文件中涉及的变量

变　　量	说　　明
客户端变量	
%a	客户端体系：Win95，WfWg，WinNT，Samba 等
%I	客户端 IP 地址
%m	客户端 NetBIOS 名
%M	客户端 DNS 名
用户变量	
%g	用户 %u 的主组名
%H	用户 %u 的家目录
%u	当前用户名
共享变量	
%P	当前共享的根目录
%S	当前的共享名
服务器变量	
%h	Samba 服务器的 DNS 名字
%L	Samba 服务器的 NetBIOS 名字
%v	Samba 版本
其他变量	
%T	当前日期和时间

　　Samba 服务日志文件非常重要，其中存储着客户端访问 Samba 服务器端的信息以及 Samba 服务的错误提示信息等。可以通过分析日志，帮助解决客户端访问和服务器端维护等问题。Samba 服务的日志默认存放在 /var/log/samba/ 文件中，Samba 会为每个连接到服务器端的客户端分别建立日志文件。

　　Samba 服务程序默认安全验证方式是 user。user 模式可以确保仅让有密码且受信任的用户访问共享资源，认证过程简单。建立账户信息数据库之后才能使用 user 模式。

　　管理账户信息数据库的命令是 pdbedit，命令格式为：pdbedit [选项] 账户

　　常用选项见表 9-3。

表 9-3　pdbedit 命令的常用选项

常 用 选 项	功　能
-a 用户名	新建 Samba 用户
-x 用户名	删除 Samba 用户
-u	使用用户名
-L	查看 Samba 用户列表

Linux 客户端在命令行界面中访问 Samba 共享目录的命令是 smbclient，命令格式为：smbclient [选项]

常用选项见表 9-4。

表 9-4　smbclient 命令的常用选项

常 用 选 项	功　能
-L	显示服务器端所分享出来的所有资源
-U	指定用户名称
-s	指定 smb.conf 所在的目录
-O	设置用户端 TCP 连接槽的选项
-N	不用询问密码

6. SELinux 安全子系统

安全增强型 Linux（Security-Enhanced Linux，SELinux）是一个强制访问控制（Mandatory Access Control，MAC）的安全子系统。SELinux 的主要作用是根据最小权限原则，最大限度地减小系统中服务进程可访问的资源，避免权限过大的角色给系统带来灾难性的结果。SELinux 能够从多方面监控违法行为：SELinux 域限制对服务程序的功能进行限制；SELinux 安全上下文对文件资源的访问进行限制，确保文件资源只能被其所属的服务程序进行访问。

（1）SELinux 运行模式

SELinux 服务包含 3 种运行模式。

① enforcing：强制启用安全策略模式，将拦截服务的不合法请求。

② permissive：当遇到服务越权访问时，只发出警告而不强制拦截。

③ disabled：对于越权的行为不警告也不拦截。

SELinux 的主配置文件为/etc/selinux/config，文件内容如下。

```
# This file controls the state of SELinux on the system.
# SELINUX= can take one of these three values:
#     enforcing-SELinux security policy is enforced.
#     permissive-SELinux prints warnings instead of enforcing.
#     disabled-No SELinux policy is loaded.
SELINUX=enforcing
```

```
# SELINUXTYPE= can take one of these three values:
#     targeted-Targeted processes are protected,
#     minimum-Modification of targeted policy.Only selected processes are protected.
#     mls-Multi Level Security protection.
SELINUXTYPE=targeted
```

其中，SELINUX=enforcing 是定义 SELinux 运行模式的，默认是 enforcing。修改后重启系统，新的状态才会永久生效。初学者可以将运行状态修改为 permissive 或者 disabled，禁用 SELinux。在实验过程中可减少报错概率，但安全性少了一重保障。

如只需临时禁用 SELinux,则可使用 setenforce [0 | 1]命令修改 SELinux 的当前运行模式即可,0 表示切换到 permissive 模式,1 表示切换到 enforcing。使用 getenforce 命令可以查看 SELinux 的当前运行模式。重启系统后,修改的结果会失效。

（2）SELinux 的常用命令

SELinux 涉及进程的上下文管理和文件的上下文管理，常用命令见表 9-5。

表 9-5　SELinux 常用命令

命　　令	功　　能
semanage	管理（增、删、改、查）SELinux 的策略
chcon	修改文件的 SELinux 安全上下文
restorecon	恢复文件的 SELinux 安全上下文
setsebool	设置 SELinux 策略内规则的布尔值
getsebool	查看 SELinux 策略内规则的布尔值

① semanage 命令

功能: 管理（增、删、改、查）SELinux 的策略, 包括查询与修改 SELinux 默认目录的安全上下文。

命令格式: semanage [选项] {import,export,login,user,port,ibpkey, ibendport,interface,module,node,fcontext,boolean,permissive,donta udit} …

常用选项见表 9-6。

表 9-6　semanage 命令的常用选项

命　　令	功　　能
-a	新增默认的 SELinux 策略
-d	删除 SELinux 策略
-m	修改 SELinux 策略
-l	查看 SELinux 策略

② chcon 命令

功能：修改对象（文件）的安全上下文（修改 SELinux 文件属性），如用户、角色、类型、安全级别，即将每个文件的安全环境变更至指定环境。

命令格式：chcon [选项]

常用选项见表 9-7。

表 9-7　chcon 命令的常用选项

命　　令	功　　能
-h	影响符号连接而非引用的文件
-R	递归处理所有的文件及子目录
-v	为处理的所有文件显示诊断信息
-u	设置指定用户的目标安全环境
-r	设置指定角色的目标安全环境
-t	设置指定类型的目标安全环境

③ restorecon 命令

功能：恢复文件的 SELinux 安全上下文（修复 SELinux 文件属性）。

命令格式：restorecon [选项]

常用选项见表 9-8。

表 9-8　restorecon 命令的常用选项

命　　令	功　　能
-i	忽略不存在的文件
-f	要处理的文件列表
-e	排除目录
-v	将过程显示到屏幕上
-F	强制恢复文件安全语境

④ setsebool 命令

功能：设置 SELinux 策略内各项规则的布尔值。

命令格式：setsebool [选项]

常用选项见表 9-9。

表 9-9　setsebool 命令的常用选项

命　　令	功　　能
-P	直接将设置值写入配置文件

⑤ getsebool 命令

功能：查看 SELinux 策略内各项规则的布尔值。

命令格式：getsebool [选项]

常用选项见表 9-10。

表 9-10　getsebool 命令的常用选项

命　　令	功　　能
-a	列出目前系统中所有规则的布尔值

任务实施

在 Linux 服务器端安装 Samba 软件包，安全验证模式为 user，用户后台为 tdbsam，共享/samba/public_share 目录，配置完成后使用 Windows 客户端和 Linux 客户端分别访问共享目录，在目录中进行子目录和文件操作。

微课 9-1
安装 Samba 软件包

子任务 1　安装 Samba 服务所需软件包

笔 记

1. 实施要求

在 Linux 服务器端查看 Samba 及相关软件包的安装情况并安装。

2. 实施步骤

步骤 1：在 Linux 服务器端查看 Samba 软件包是否安装。如未安装，则进行安装。具体命令及执行结果如下。

```
[admin@vms1 ~]$ sudo dnf list samba
……
可安装的软件包
samba.x86_64                    4.13.3-3.el8                    BaseOS
[admin@vms1 ~]$ sudo dnf -y  install samba
……
已安装:
  samba-4.13.3-3.el8.x86_64        samba-common-tools-4.13.3-3.el8.x86_64
  samba-libs-4.13.3-3.el8.x86_64
完毕!
```

步骤 2：启动 smb.service、nmb.service 并查看服务状态，具体命令及执行结果如下。

```
[admin@vms1 ~]$ sudo systemctl status smb
● smb.service - Samba SMB Daemon
   Loaded: loaded (/usr/lib/systemd/system/smb.service; disabled; vendor preset: disabled)
   Active: active (running) since Thu 2022-08-04 09:14:19 CST; 5s ago
……
[admin@vms1 ~]$ sudo systemctl start nmb
[admin@vms1 ~]$ sudo systemctl status nmb
```

```
● nmb.service-Samba NMB Daemon
    Loaded: loaded (/usr/lib/systemd/system/nmb.service; disabled; vendor
preset: disabled)
    Active: active (running) since Thu 2022-08-04 09:14:45 CST; 4s ago
……
```

子任务 2　配置 Samba 服务

微课 9-2
配置 Samba 服务

✎ 笔 记

1. 实施要求

在 Linux 服务器端创建 Samba 用户并设置密码，创建 Samba 共享目录 /samba/public_share/，配置 SELinux 策略，配置 smb.conf 文件并重启 Samba 服务，配置防火墙放行 Samba 服务。

2. 实施步骤

步骤 1：在 Samba 服务数据库中添加 Samba 用户并设置密码，具体命令及执行结果如下。

```
[admin@vms1 ~]$ sudo id admin
uid=1001(admin) gid=1001(admin) 组=1001(admin)
[admin@vms1 ~]$ sudo pdbedit -a -u admin
new password:
retype new password:
Unix username:        admin
NT username:
Account Flags:        [U          ]
……
```

步骤 2：创建自定义共享目录，修改所创建目录的安全上下文，设置 SELinux 策略，具体命令及执行结果如下。

```
#创建共享目录
[admin@vms1 ~]$ sudo mkdir -p /samba/public_share
[admin@vms1 ~]$ ll -Zd /samba/public_share
drwxr-xr-x. 2 root root unconfined_u:object_r:default_t:s0 6 8月    4 09:35
/samba/public_share
#修改共享目录的所有者和归属组
[admin@vms1 ~]$ sudo chown -Rf admin:admin /samba/public_share
[admin@vms1 ~]$ ll -Zd /samba/public_share
drwxr-xr-x. 2 admin admin unconfined_u:object_r:default_t:s0 6 8月    4 09:35
/samba/public_share
#修改目录的安全上下文，并使之生效
[admin@vms1  ~]$  sudo  semanage  fcontext  -a  -t  samba_share_t
/samba/public_share
[admin@vms1 ~]$ sudo restorecon -Rv /samba/public_share
Relabeled /samba/public_share from unconfined_u:object_r:default_t:s0 to
unconfined_u:object_r:samba_share_t:s0
[admin@vms1 ~]$ ll -Zd /samba/public_share
```

```
drwxr-xr-x. 2 admin admin unconfined_u:object_r:samba_share_t:s0 6 8月
4 09:35 /samba/public_share
#查看并修改 SELinux 策略
[admin@vms1 ~]$ sudo getsebool -a | grep samba
samba_create_home_dirs --> off
samba_domain_controller --> off
samba_enable_home_dirs --> off
......
[admin@vms1 ~]$ sudo setsebool -P samba_enable_home_dirs on
[admin@vms1 ~]$ sudo getsebool -a | grep samba
samba_create_home_dirs --> off
samba_domain_controller --> off
samba_enable_home_dirs --> on
......
```

步骤 3：编辑 smb.conf 文件，编辑配置项，命令如下。

```
[admin@vms1 ~]$ sudo vim /etc/samba/smb.conf
```

编辑文件内容如下。

```
......
[global]                                    //全局配置
        workgroup = SAMBA
        security = user
        passdb backend = tdbsam
[samba_pub_share]                           //自定义共享目录的配置
        comment =Samba_pub_share Home Directories
        path=/samba/public_share
        browseable = Yes
        read only = No
```

存盘退出。

步骤 4：重启 smb.service 和 nmb.service，并设为开机自动启动，查看
开机自动启动项是否设置成功，具体命令及执行结果如下。

```
[admin@vms1 ~]$ sudo systemctl restart smb
[admin@vms1 ~]$ sudo systemctl restart nmb
[admin@vms1 ~]$ sudo systemctl enable smb
Created symlink /etc/systemd/system/multi-user.target.wants/smb.service →
/usr/lib/systemd/system/smb.service.
[admin@vms1 ~]$ sudo systemctl enable nmb
Created symlink /etc/systemd/system/multi-user.target.wants/nmb.service →
/usr/lib/systemd/system/nmb.service.
[admin@vms1 ~]$ sudo systemctl list-unit-files | grep smb
smb.service                        enabled
[admin@vms1 ~]$ sudo systemctl list-unit-files | grep nmb
nmb.service                        enabled
```

笔 记

步骤 5：添加防火墙规则，允许 Samba 服务通过，具体命令及执行结果如下。

```
[admin@vms1 ~]$ sudo firewall-cmd --zone=public --permanent --add-service=
samba
    success
[admin@vms1 ~]$ sudo firewall-cmd --reload
    success
```

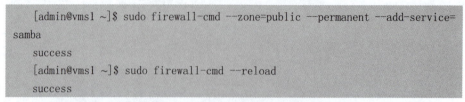

子任务 3　使用 Windows 客户端访问 Samba 共享资源

1. 实施要求

在 Windows 客户端中访问 Samba 共享目录。

2. 实施步骤

在 Windows 10 操作系统中，按 Win+X 组合键打开菜单，选择"运行"选项，打开"运行"对话框，如图 9-1 所示。

笔 记

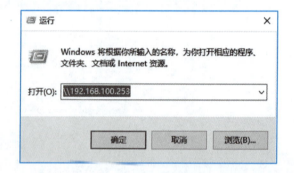

图 9-1 "运行"对话框

在"打开"文本框中输入\\192.168.100.253，并单击"确定"按钮，打开"Windows 安全中心"对话框，如图 9-2 所示。

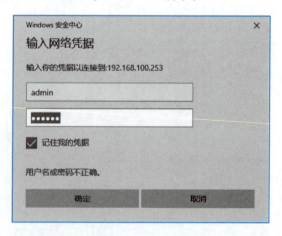

图 9-2 "Windows 安全中心"对话框

输入 Samba 用户名和密码，单击"确定"按钮。打开\\192.168.100.253
窗口，如图 9-3 所示。

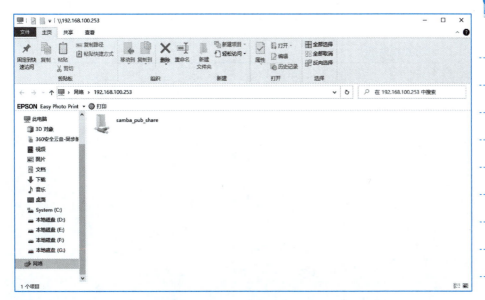

图 9-3　\\192.168.100.253 窗口

双击 samba_pub_share 图标，进入目录。创建 share.txt 文件，在文件
中输入内容 Welcome!，如图 9-4 所示。完成后存盘退出。

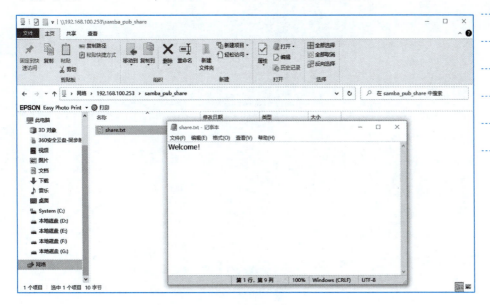

图 9-4　共享目录内情况

子任务 4 使用 Linux 客户端访问 Samba 共享资源

1. 实施要求

在 Linux 客户端中通过命令行界面和图形界面分别访问 Samba 共享目录。

2. 实施步骤

（1）命令行界面访问 Samba 共享目录。

步骤 1：在 Linux 客户端安装 samba-client 软件包，并查看 Samba 资源总体情况，具体命令及执行结果如下。

```
[root@whitai ~]# dnf -y install samba-client
……
Installed:
  samba-client-4.13.3-3.el8.x86_64
Complete!
[root@whitai media]# smbclient -U admin -L 192.168.100.253
Enter SAMBA\admin's password:

        Sharename       Type        Comment
        ---------       ----        -------
        samba_pub_share Disk        samba_pub_share Home Directories
        IPC$            IPC         IPC Service (Samba 4.13.3)
SMB1 disabled -- no workgroup available
```

步骤 2：安装 cifs-utils 软件包，具体命令及执行结果如下。

```
[root@whitai ~]# dnf -y install cifs-utils
……
Installed:
  cifs-utils-6.8-3.el8.x86_64
Complete!
```

步骤 3：将 Samba 共享目录挂载到 Linux 客户端的 /media 目录中，并创建 location.txt 文件和 centos 目录，具体命令及执行结果如下。

```
[root@whitai ~]# mount -t cifs //192.168.100.253/samba_pub_share /media -o username=admin,password=\
>123456
[root@whitai ~]# cd /media
[root@whitai media]# ll
total 4
-rwxr-xr-x. 1 root root 12 Aug  4 10:10 share.txt
[root@whitai media]# echo "ANhui,wuhu">location.txt
[root@whitai media]# mkdir /centos
[root@whitai media]# ll
total 8
-rwxr-xr-x. 1 root root 11 Aug  4 11:22 location.txt
-rwxr-xr-x. 1 root root 12 Aug  4 10:10 share.txt
```

```
[root@whitai media]# mkdir centos
[root@whitai media]# ll
total 8
drwxr-xr-x. 2 root root  0 Aug  4 11:23 centos
-rwxr-xr-x. 1 root root 11 Aug  4 11:22 location.txt
-rwxr-xr-x. 1 root root 12 Aug  4 10:10 share.txt
```

如果需要永久挂载共享目录，则需要编辑/etc/fstab 文件，具体如下。

```
[root@whitai media]# vim /etc/fstab
#
# /etc/fstab
# Created by anaconda on Fri Jan 14 15:01:22 2022
#
# Accessible filesystems, by reference, are maintained under '/dev/disk/'.
# See man pages fstab(5), findfs(8), mount(8) and/or blkid(8) for more info.
#
# After editing this file, run 'systemctl daemon-reload' to update systemd
# units generated from this file.
#
/dev/mapper/cl_whitai-root /              xfs    defaults    0 0
UUID=21329550-4d0f-4b8b-b155-4d87ab4ffe3d /boot   xfs    defaults    0 0
/dev/mapper/cl_whitai-swap none           swap    defaults    0 0
/dev/sr0 /mnt/cdrom iso9660 defaults 0 0
#添加挂载共享目录项
//192.168.100.253/samba_pub_share  /media  cifs  credentials=/etc/smb.txt  0 0
```

存盘退出。编辑/etc/smb.txt 文件内容如下。

```
username=admin
password=123456    #之前使用 pdbedit 命令创建的用户自定义密码
domain=SAMBA
```

存盘退出，设置/etc/smb.txt 文件权限为 600。重启操作系统。

在客户端还有一种命令行界面访问共享目录的方法，此方法不需要挂载共享目录到客户端本机目录：在步骤 1 后直接执行 smbclient 命令即可，具体命令及执行结果如下。

```
[root@whitai media]#  smbclient  //192.168.100.253/samba_pub_share  -U
admin%123456
Try "help" to get a list of possible commands.
smb: \> ls
  .                                  D    0  Thu Aug  4 11:23:51 2022
  ..                                 D    0  Thu Aug  4 09:35:23 2022
  share.txt                          A   12  Thu Aug  4 10:10:50 2022
  location.txt                       A   11  Thu Aug  4 11:22:44 2022
  centos                             D    0  Thu Aug  4 11:23:51 2022
smb: \> quit
[root@whitai media]#
```

（2）图形界面访问 Samba 共享目录

在 Linux 客户端的桌面上，单击"活动"→"文件"按钮，打开 File（文件）对话框，如图 9-5 所示。

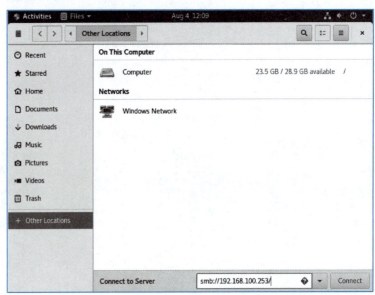

图 9-5　File（文件）对话框

选择 Other Locations（其他位置）选项，在 Connect to Server（连接到服务器）文本框中输入 smb://192.168.100.253，单击 Connect（连接）按钮，可以看到 samba_pub_share 共享目录的图标，双击共享目录图标，打开验证对话框，如图 9-6 所示。输入用户账号和密码，单击 Connect（连接）按钮。

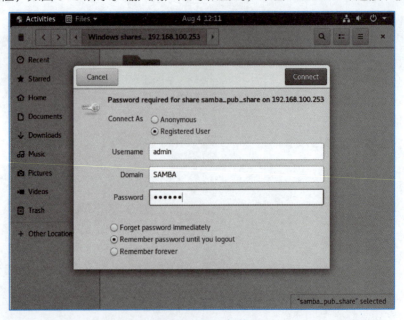

图 9-6　验证对话框

进入 samba_pub_share 目录，如图 9-7 所示，进行子目录和文件操作。

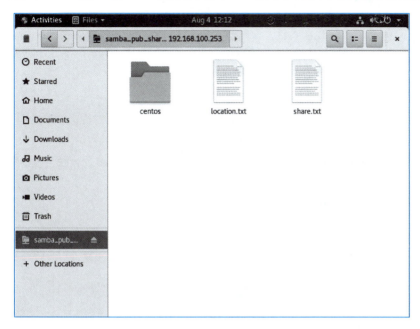

图 9-7　共享目录内部

【实训】 安装与配置 Samba 服务

实训文档

实训目的

1. 掌握 Samba 服务的安装和启动。
2. 掌握 Samba 服务的配置方法。
3. 掌握 Samba 共享资源的访问方法。

实训内容

搭建办公室文件共享系统，用户如下。

1. 管理人员 1 人：admin。
2. 技术部（tech）3 人：afu、ale、axi。
3. 财务部（fina）4 人：fina01、fina02、fina03、fina04。

需要实现功能如下。

1. admin 能管理所有的文件共享。
2. 每个部门都有 1 个供自己部门的人员进行读写的文件共享目录，其他部门不可访问。
3. 有 1 个文件共享目录供所有部门共享。

实训环境

见表 1-7。

实训步骤

步骤 1：安装 Samba 软件包。

步骤 2：创建相应用户和组，把对应的用户加到组用户中，并设置权限。

步骤 3：创建 Samba 用户并设置密码，创建共享目录，修改权限，配置 SELinux 规则，配置 smb.conf 文件，重启 Samba 服务，配置防火墙。smb.conf 文件样例如下。

```
[global]
        workgroup  =  WORKGROUP
......
        security  =  user
        passdb backend  =  tdbsam
[admin]
        comment  =  sa
        path  =  /smbdata
        valid users  =  admin
        create mask  =  0664
        writeable  =  yes
        browseable  =  no
        public=no
[tech]
        comment  =  developer
        path  =  /smbdata/tech/
        valid users  =  licheng,@tech        #--@dev 代表组用户
        create mask  =  0664
        writeable  =  yes
        browseable  =  yes
        public=yes
......
```

步骤 4：客户端访问 Samba 共享资源。

【项目总结】

本项目首先介绍 SMB 的基础知识、Samba 的工作原理及流程；接着介绍 Linux 中 Samba 服务的配置文件编写规则；然后介绍 SELinux 安全子系统的基础知识；最后以任务实操的方式讲解在 Linux 服务器中实现 Samba 服务的实际应用全过程。

【课后练习】

练习答案

1. 选择题

（1）Samba 服务的配置文件是_____。

    A. /etc/samba/smb.conf   B. /etc/smb.conf

    C. /etc/smb/smb.conf   D. /smb/smb.conf

（2）下列命令与安装和配置 Samba 服务无关的是_____。

    A. cat smb.conf | grep samba   B. dnf −y install samba

    C. systemctl restart smb   D. vim smb.conf

（3）SELinux 默认的工作模式是_____。

    A. enforcing   B. permissive

    C. disabled   D. enabled

（4）Samba 默认的安全验证模式是_____。

    A. share   B. user   C. domain   D. ads

（5）下列不属于 Samba 用户后台类型的是_____。

    A. smbpasswd   B. tdbsam

    C. ldapsam   D. anonymous

2. 简答题

（1）简述 Samba 的工作流程。

（2）简述 SELinux 的三种运行模式。

项目 **10**

安装与配置 DHCP 服务

学习目标

【知识目标】

- 了解 DHCP 服务的基本概念。
- 熟悉 DHCP 的配置文件。
- 掌握 DHCP 服务器安装与配置的方法。

【技能目标】

- 掌握在 Linux 服务器端安装 DHCP 服务相关软件包以及启动、停止、重启、查看、设置开机自动启动服务的方法。
- 掌握在 Linux 服务器端配置 DHCP 服务的方法。
- 掌握在客户端设置 DHCP 以及测试 DHCP 服务是否正常工作的方法。

【素养目标】

- 培养学习者在 Linux 服务器端与客户端安装与配置动态管理主机地址服务的工程应用能力。
- 认真分析任务目标，完成配置 DHCP 服务。
- 工作耐心细致，具有较强的安全意识。

安装与配置 DHCP 服务

PPT

笔 记

【任务】 安装与配置 DHCP 服务

学习情境

公司的私网计算机台数比较多，为每台计算机手动分配固定 IP 地址工作量大，还容易出现 IP 冲突等情况，需要安装并配置动态管理主机地址服务，来实现设备 IP 地址的自动分配。

任务描述

安装 DHCP 服务相关软件包并根据需求修改配置文件，实现 IP 地址自动分配、特殊设备的 IP 地址与 MAC 地址绑定等。

问题引导

- DHCP 服务有哪些功能？
- DHCP 的工作流程是怎样的？
- DHCP 配置文件的内容有哪些？

知识学习

1. DHCP 服务功能

DHCP 的前身是 BOOTP，工作在 OSI 的应用层，是一种使计算机从指定的 DHCP 服务器获取配置信息的自举协议。DHCP 采用客户端/服务器端架构，请求配置信息的计算机是 DHCP 客户端，提供信息的是 DHCP 服务器端。在私网中，若管理员开启 DHCP 服务，则每个客户端都可以从 DHCP 服务器端自动获取 IP 地址、子网掩码、网关、DNS 等网络适配器配置信息，从而实现自动配置并连接网络，可更高效地集中管理私网内的 IP 地址资源。DHCP 使用的协议是 UDP。服务器端使用的是 67 端口，客户端使用的是 68 端口。DHCP 分配地址的方法有手动配置、自动配置、动态配置 3 种。

（1）手动配置：由 DHCP 服务器管理员专门为客户端指定 IP 地址。

（2）自动配置：当 DHCP 客户端第一次成功地从 DHCP 服务器端分配到一个 IP 地址之后，可一直租用该 IP 地址。

（3）动态配置：DHCP 客户端第一次从 DHCP 服务器分配到 IP 地址后，并非永久地使用该地址。每次使用完后，DHCP 客户端就得释放这个 IP 地址，以给其他客户端使用。

2. DHCP 的工作流程

DHCP 的工作流程共有 6 个阶段。

（1）发现阶段。即 DHCP 客户端查找 DHCP 服务器端的阶段。客户机以广播方式(因为 DHCP 服务器的 IP 地址对于客户端来说是未知的)发送 DHCP discover 信息来查找 DHCP 服务器，即向地址 255.255.255.255 发送特定的广播信息。网络中每一台安装了 TCP/IP 协议的主机都会接收到这种广播信息，但只有 DHCP 服务器端才会做出响应。

（2）提供阶段。即 DHCP 服务器端提供 IP 地址的阶段，在网络中接收到 DHCP discover 信息的 DHCP 服务器端都会做出响应。从尚未出租的 IP 地址中挑选一个分配给 DHCP 客户端，向其发送一个包含出租的 IP 地址和其他设置的 DHCP offer 信息。

（3）选择阶段。即 DHCP 客户端选择某台 DHCP 服务器端提供的 IP 地址的阶段。如果有多台 DHCP 服务器向 DHCP 客户端发送 DHCP offer 信息，则 DHCP 客户端只接受第 1 个接收到的 DHCP offer 信息，然后以广播方式回答一个 DHCP request 信息，该信息中包含客户端向选定的 DHCP 服务器端请求 IP 地址的内容。之所以要以广播方式回答，是为了通知所有 DHCP 服务器端，该客户端将选择某台 DHCP 服务器端所提供的 IP 地址。

（4）确认阶段。即 DHCP 服务器确认所提供的 IP 地址的阶段。当 DHCP 服务器端收到 DHCP 客户端回答的 DHCP request 信息之后，向 DHCP 客户端发送一个包含其所提供的 IP 地址和其他设置的 DHCP ACK 信息，告诉 DHCP 客户端可以使用该 IP 地址，然后 DHCP 客户端便将该 IP 地址与网络适配器绑定。另外，除 DHCP 客户端选中的服务器端外，其他的 DHCP 服务器都将收回曾提供的 IP 地址。

（5）重新登录。以后 DHCP 客户端每次重新登录网络时，不需要发送 DHCP discover 信息，而是直接发送包含前一次所分配的 IP 地址的 DHCP request 信息。DHCP 服务器端接收到这一信息后，会尝试让 DHCP 客户端继续使用原来的 IP 地址，并回答一个 DHCP ACK 信息。如果此 IP 地址已无法再分配给原来的 DHCP 客户端使用（例如，此 IP 地址已分配给其他 DHCP 客户端使用），则 DHCP 服务器端给 DHCP 客户端回答一个 DHCP NACK 信息。当原来的 DHCP 客户端收到此信息后，必须重新发送 DHCP discover 信息来请求新的 IP 地址。

（6）更新租约。DHCP 服务器端向 DHCP 客户端出租的 IP 地址一般都有一个租借期限，期满后 DHCP 服务器便会收回该 IP 地址。如果 DHCP 客户端要延长其 IP 地址租约，则必须更新其 IP 地址租约。当 DHCP 客户端启动时和 IP 地址租约期限过一半时，DHCP 客户端都会自动向 DHCP 服务器发送更新其 IP 地址租约的信息。

3. DHCP 服务的配置文件

DHCP 服务的配置文件是/etc/dhcp/dhcpd.conf，DHCP 服务所有参数都是通过修改 dhcpd.conf 文件来实现，RHEL 8 操作系统中 dhcpd.conf 文件的初始内容只有几行注释，可从 /usr/share/doc/dhcp-server/dhcpd.conf.example 文件或者 dhcpd.conf(5) man page 查看编辑方法。/etc/dhcp/dhcpd.conf 文件中的主要配置项及含义见表 10-1。

表 10-1 /etc/dhcp/dhcpd.conf 文件中的主要配置项及含义

主要配置项	含 义
ddns-update-style none;	定义 DNS 服务动态更新的类型,类型共 3 种: (1) none: 不支持 ddns-update-style 类型动态更新; (2) interim: 互动更新模式; (3) ad-hoc: 特殊更新模式
allow/ignore client-updates;	允许/忽略客户端更新 DNS 记录
default-lease-time 21600;	默认超时时间
max-lease-time 43200;	最大超时时间
option domain-name-servers ns1.internal.example.org;	定义 DNS 服务器地址
option domain-name "internal.example.org";	定义 DNS 域名
subnet 10.5.5.0 netmask 255.255.255.224 {…}	定义作用域网段
range 10.5.5.26 10.5.5.30;	定义用于分配的 IP 地址池(范围)
option subnet-mask 255.255.255.224;	定义客户端的子网掩码
option routers 10.5.5.1;	定义客户端的网关地址
option broadcast-address 10.5.5.31;	定义客户端的广播地址
hardware ethernet 08:00:07:26:c0:a5;	指定网络适配器接口的类型与 MAC 地址
fixed-address fantasia.example.com;	将某个固定的 IP 地址分配给指定主机
server-name "toccata.example.com";	向 DHCP 客户端通知 DHCP 服务器的主机名

在服务器端配置 DHCP 服务之前，需关闭 VMware Workstation 软件自带的 DHCP 功能，如图 10-1 所示。

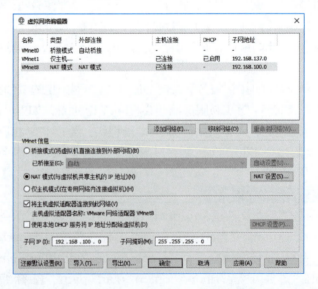

图 10-1 关闭 VMware Workstation 软件自带的 DHCP 功能

任务实施

查看 Linux 服务器端是否安装 DHCP 服务相关软件包，如果未安装，则在 Linux 服务器端安装 dhcp-server 软件包，并配置 dhcpd.conf 文件，IP 地址的自动分配范围是 192.168.100.51/24～192.168.100.150/24，特殊主机（Windows 7 操作系统客户端）设置固定 IP 地址为 192.168.100.100/24，网关 192.168.100.254，DNS 为 114.114.114.114。

子任务 1 安装 DHCP 服务所需软件包

1. 实施要求

查看 Linux 服务器端是否安装 dhcp-server 软件包，如果未安装，则需要进行安装。

微课 10-1
安装 DHCP 软件包

2. 实施步骤

步骤 1：查询以字符串 dhcp 开头的软件包。

```
[admin@vms1 ~]$ sudo dnf list dhcp*
......
可安装的软件包
dhcp-libs.i686                12:4.3.6-44.el8              BaseOS
dhcp-relay.x86_64             12:4.3.6-44.el8              BaseOS
dhcp-server.x86_64            12:4.3.6-44.el8              BaseOS
```

步骤 2：安装 dhcp-server 软件包。

```
[admin@vms1 ~]$ sudo dnf -y install dhcp-server
......
已安装:
  dhcp-server-12:4.3.6-44.el8.x86_64
完毕!
```

子任务 2 配置 DHCP 服务

1. 实施要求

在 Linux 服务器端配置/etc/dhcp/dhcpd.conf 文件，设置 Linux 客户端可获取 IP 地址的自动分配范围为 192.168.100.51/24～192.168.100.150/24。特殊主机（Windows 7 操作系统客户端网络适配器的物理地址：00-0c-29-65-13-78）设置固定 IP 地址为 192.168.100.100/24，网关 192.168.100.254，DNS 为 114.114.114.114。

微课 10-2
配置 DHCP 服务

2. 实施步骤

打开/etc/dhcp/dhcpd.conf 文件，初始文件的内容只有注释信息，具体命令及执行结果如下。

```
[admin@vms1 etc]$ sudo cat /etc/dhcp/dhcpd.conf
#
```

笔 记

```
# DHCP Server Configuration file.
#   see /usr/share/doc/dhcp-server/dhcpd.conf.example
#   see dhcpd.conf(5) man page
#
```

Linux 操作系统提供了样例文件 usr/share/doc/dhcp-server/dhcpd.conf.example。使用命令将其中以#开头的行以及空白行删除，剩下的内容写入到/etc/dhcp/dhcpd.conf 文件中，具体命令及执行结果如下。

```
[admin@vms1 ~]$ sudo -i
[root@vms1 ~]# sudo egrep -v '#|^$' /usr/share/doc/dhcp-server/dhcpd.conf.example>/etc/dhcp/dhcpd.conf
[root@vms1 ~]# cat /etc/dhcp/dhcpd.conf
option domain-name "example.org";
option domain-name-servers ns1.example.org, ns2.example.org;
default-lease-time 600;
max-lease-time 7200;
log-facility local7;
subnet 10.152.187.0 netmask 255.255.255.0 {
}
subnet 10.254.239.0 netmask 255.255.255.224 {
  range 10.254.239.10 10.254.239.20;
  option routers rtr-239-0-1.example.org, rtr-239-0-2.example.org;
}
……（省略中间部分输出内容）……
  pool {
    deny members of "foo";
    range 10.0.29.10 10.0.29.230;
  }
}
```

根据需求修改 dhcpd.conf 文件，具体内容如下。

```
option domain-name-servers 114.114.114.114;
default-lease-time 600;
max-lease-time 7200;
subnet 192.168.100.0 netmask 255.255.255.0 {
  range 192.168.100.51 192.168.100.150;
  option routers 192.168.100.254;
host fantasia {
//如特殊主机是 Windows 系统，Windows 系统的网络适配器物理地址表示方法为
00-0c-29-65-13-78，填写时需要将 "-" 替换为 ":"
    hardware ethernet 00:0c:29:65:13:78;
    fixed-address 192.168.100.100;
  }
}
```

存盘退出。

重启动 dhcpd.service，并加入开机自动启动，具体命令及执行结果如下。

```
[root@vms1 ~]# sudo systemctl restart dhcpd
[root@vms1 ~]# sudo systemctl status dhcpd
● dhcpd.service-DHCPv4 Server Daemon
    Loaded: loaded (/usr/lib/systemd/system/dhcpd.service; disabled; vendor
preset: disable>
    Active: active (running) since Fri 2022-08-05 15:54:16 CST; 25min ago
      Docs: man:dhcpd(8)
……
[root@vms1 ~]# sudo systemctl enable dhcpd
Created symlink /etc/systemd/system/multi-user.target.wants/dhcpd.service
→ /usr/lib/systemd/system/dhcpd.service.
```

在特殊情况下，可以添加防火墙规则，允许 dhcp 数据包通过。

```
[root@whitai ~]# firewall-cmd --zone=public --permanent --add-service=dhcp
success
[root@whitai ~]# firewall-cmd --reload
success
```

子任务 3　配置 Windows 的 DHCP 客户端

1. 实施要求

在 Windows 操作系统中配置 DHCP 客户端，以实现服务器端可以对客户端进行 IP 地址等的自动分配。

2. 实施步骤

右击 Windows 7 系统状态栏上的"网络"图标，单击"打开网络和共享中心"选项，打开"网络和共享中心"窗口。单击"本地连接"选项，打开"本地连接状态"对话框。单击"属性"按钮，打开"本地连接属性"对话框。选中"Internet 协议版本 4（TCP/IPv4）"选项，单击"属性"按钮。打开"Internet 协议版本 4（TCP/IPv4）属性"对话框，选中"自动获得 IP 地址"和"自动获得 DNS 服务器地址"单选按钮，如图 10-2 所示。单击"确定"按钮，重启网络适配器，完成 Windows 客户端的 DHCP 配置。

在 Windows 客户端的命令行窗口输入 ipconfig 命令并按 Enter 键，即可查看到分配的 IP 地址，如图 10-3 所示。

从图中可看到，动态分配的 IP 地址为 192.168.100.100，网关地址为 192.168.100.254，与在 DHCP 中的设置相同。

Windows 客户端如需更新 DHCP 信息，可执行如下操作。

（1）清除适配器可能已经拥有的 IP 地址，执行命令：ipconfig/release。

（2）向 DHCP 服务器请求一个新的 IP 地址，执行命令：ipconfig/renew。

微课 10-3
配置 Windows 和
Linux 的 DHCP
客户端

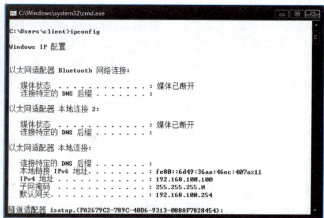

图 10-2 设置 "Internet 协议版本 4
（TCP/IPv4）属性" 对话框

图 10-3 在 Windows 客户端的命令行窗口查看 IP

子任务 4 配置 Linux 的 DHCP 客户端

笔记

1. 实施要求

在 Linux 操作系统中进行 DHCP 客户端配置，以实现服务器端对客户端进行 IP 地址等的自动分配。

2. 实施步骤

在执行 nmtui 命令后，打开网络管理器。选择 "编辑连接" 选项，按 Enter 键。选择 ens160 选项，按 Enter 键。打开 "编辑连接" 对话框，在 IPv4 配置区域选择 "自动" 下拉列表项，按 Enter 键。光标移动到 "确定" 按钮处，按 Enter 键。光标移动到 "返回"，按 Enter 键。退出 nmtui。

重启 ens160，查看新的配置信息具体命令及执行结果如下。

```
[root@whitai ~]# nmcli c down ens160
Connection 'ens160' successfully deactivated (D-Bus active path: /org/freedesktop/
NetworkManager/ActiveConnection/7)
[root@whitai ~]# nmcli c up ens160
Connection successfully activated (D-Bus active path: /org/freedesktop/
NetworkManager/ActiveConnection/8)
[root@whitai ~]# ip addr
......
2: ens160: <BROADCAST, MULTICAST, UP, LOWER_UP> mtu 1500 qdisc mq state UP group
default qlen 1000
    link/ether 00:0c:29:32:66:1f brd ff:ff:ff:ff:ff:ff
    inet 192.168.100.51/24 brd 192.168.100.255 scope global dynamic noprefixroute
ens160
        valid_lft 593sec preferred_lft 593sec
    inet6 fe80::20c:29ff:fe32:661f/64 scope link noprefixroute
```

```
        valid_lft forever preferred_lft forever
......
```

从执行结果可以看到，IP 地址已经更新为 192.168.100.51。

【实训】 安装与配置 DHCP 服务

实训文档

实训目的

1. 掌握在 Linux 服务器端安装 dhcp-server 软件包的方法。
2. 掌握 DHCP 服务器端的配置方法。
3. 掌握 DHCP 客户端的配置方法。

笔 记

实训内容

登录到 Linux 服务器端，执行以下操作。

1. 查看 DHCP 服务相关软件包是否有安装，若未安装则应安装相关软件包，并启动 DHCP 服务。

2. 编辑/etc/dhcp/dhcpd.conf 文件，修改配置项配置参数（IP 地址范围、网关、DNS 等根据机房实际情况由教师设定）。

3. 修改 Windows 客户端和 Linux 客户端的 DHCP 设置。

实训环境

见表 1-7。

实训步骤

步骤 1：查看 DHCP 安装状态。判断是否已安装 dhcp-server 软件包。

步骤 2：根据要求修改/etc/dhcp/dhcpd.conf 文件，存盘退出。

步骤 3：启动 DHCP 服务，并加入开机自启动。

步骤 4：修改 Windows 客户端、Linux 客户端的 DHCP 设置，并进行更新。

【项目总结】

本项目首先介绍 DHCP 的工作原理、工作流程等基础知识；接着介绍 Linux 中实现 DHCP 服务的配置文件编写规则；最后以任务实操的方式讲解在 Linux 服务器中实现 DHCP 服务的实际应用全过程。

练习答案

【课后练习】

1. 选择题

（1）DHCP 服务器能提供给客户机_____配置。

A. IP 地址　　　　　　　　　B. 子网掩码

C. 默认网关　　　　　　　　　D. DNS 服务器

（2）下列参数用于定义 DHCP 服务地址池的是_____。

A. host　　　　　　　　　　　B. range

C. ignore　　　　　　　　　　D. subnet

（3）在 RHEL 8 操作系统中，DHCP 服务对应的配置文件的完整路径是_____。

A. /var/dhcp/dhcpd.conf　　　B. /etc/dhcpd.conf

C. /etc/dhcp/dhcpd.conf　　　D. /dhcp/dhcpd.conf

（4）下列不属于 DHCP 分配地址方法的是_____。

A. 手动配置　　　　　　　　　B. 自动配置

C. 动态配置　　　　　　　　　D. 静态配置

（5）DHCP 使用的协议是_____。

A. UDP　　　　　　　　　　　B. TCP

C. HTTP　　　　　　　　　　D. FTP

2. 简答题

简述 DHCP 的工作流程。

项目 11
安装与配置 DNS 服务

学习目标

【知识目标】

- 了解域名与 DNS 的概念。
- 掌握域名的结构。
- 理解 DNS 的解析过程。
- 了解递归查询与迭代查询。
- 理解正向解析与反向解析。

【技能目标】

- 掌握在 Linux 服务器端安装 bind 软件包以及启动、停止、重启、查看、设置开机自动启动服务的方法。
- 掌握在 Linux 服务器端配置主域名服务器、从域名服务器的方法。
- 掌握在客户端设置 DNS 以及测试 DNS 服务是否正常的方法。

【素养目标】

- 培养学习者在 Linux 服务器端与客户端中安装与配置域名服务的工程应用能力。
- 充分认识网络安全的重要性，具备安全防范意识。
- 具有共享意识，树立版权意识和信息安全意识。

安装与配置 DNS 服务

【任务】 安装与配置 DNS 服务

学习情境

为满足企业私网内部主机以域名方式访问私网服务器等需求，计划构建 DNS 服务器，为企业私网内部服务器提供域名解析服务。

任务描述

很多企业都安装和配置了私网的 DNS 服务。私网 DNS 服务可以提供私网内服务器的域名解析结果，从而使得企业内部计算机可以通过域名从私网内部访问该服务器。根据域名服务器的工作类型，配置主 DNS 服务器、从 DNS 服务器、DNS 缓存服务器。同时，客户端也需要正确配置其对应的 DNS 参数。

问题引导

- 什么是域名和 DNS?
- DNS 是如何解析域名的?
- 如何在服务器端安装和配置 DNS 服务?
- 如何配置 DNS 的客户端以及测试 DNS 服务是否可以正常工作?

知识学习

1. 域名

Internet 是基于 TCP/IP 进行通信和连接的，每一台主机都有一个唯一的 IP 地址，以区别在网络中的其他计算机。为了保证公网中每台计算机的 IP 地址的唯一性，用户必须向特定机构申请注册，并由该机构分配 IP 地址。IP 地址是长 32 位的二进制数，可以书写成 4 个 0~255 之间的十进制数字，数字之间用点号间隔，如 202.10.64.55。由于 IP 地址是数字标识，使用时难以记忆和书写，因此在 IP 地址的基础上又发展出一种符号化的地址方案，用来代替数字型的 IP 地址。每一个符号化的地址都与特定的 IP 地址对应，从而降低网络资源访问的难度。与网络上的数字型 IP 地址相对应的字符型地址称为域名。

2. 域名的结构

通常 Internet 主机域名的结构为"主机名[.三级域名].二级域名.顶级域名"。

顶级域名又分为两类：一类是国家顶级域名，按照 ISO 3166 国家代码分配了顶级域名，例如，中国是 cn；另一类是国际顶级域名，例如，表示商业机构的域名为 com、表示网络提供商的域名为 net、表示非营利组织的域名为 org 等。目前国际通用的顶级域名见表 11-1。

表 11-1　国际通用的顶级域名

域　名	含　义	域　名	含　义	域　名	含　义	域　名	含　义
com	商业机构	net	网络服务机构	org	非营利性组织	gov	政府机构
edu	教育机构	mil	军事机构	biz	商业机构	name	个人网站
info	信息提供机构	mobi	专用手机域名	pro	医生，会计师	travel	旅游网站
museum	博物馆	int	国际机构	aero	航空机构	post	邮政机构
rec	娱乐机构	asia	亚洲机构				

二级域名是指顶级域名之下的域名，在国际顶级域名下，它是指域名注册人的网上名称，如 baidu、sohu 等。在国家顶级域名下，它是表示注册企业类别的符号，如 com、edu、gov、net 等。

中国在国际互联网络信息中心（Inter NIC）正式注册并运行的顶级域名是 cn。在顶级域名之下，中国的二级域名又分为类别域名和行政区域名两类。类别域名共 6 个，包括用于科研机构的 ac、用于工商金融企业的 com、用于教育机构的 edu、用于政府部门的 gov、用于互联网络信息中心和运行中心的 net、用于非营利组织的 org。

3. DNS 及其解析过程

人们习惯记忆域名，但计算机间互相只能识别 IP 地址，域名与 IP 地址之间的转换工作称为域名解析。域名解析依靠的是域名系统（Domain Name System，DNS），DNS 是 Internet 中将域名和 IP 地址相互映射的一个分布式数据库，搭建在专门的域名解析服务器中，整个解析过程是自动进行的。当网站制作完成后上传到虚拟主机时，可以直接在浏览器中输入 IP 地址从而浏览该网站，也可以输入域名查询该网站，虽然得到的内容是一样的，但是调用的过程不同，输入 IP 地址是直接从主机上调用内容，输入域名则是通过域名解析服务器指向对应的主机的 IP 地址，再从主机调用网站的内容。

如图 11-1 所示，一台客户机需要通过网页浏览器访问域名 baidu.com 所对应的服务器，客户机需要知道该服务器的 IP 地址。其解析过程如下。

（1）客户机操作系统中的 hosts 文件用于解析域名。在系统中，可以定义查找域名的顺序：先查找 hosts 文件，或者先查找 DNS 服务器。一般设置先查找 hosts 文件，如果 hosts 文件中发现 baidu.com 记录，则直接返回结果。如果 hosts 文件中没有发现该记录，则把查询指令转发到系统中指定的本地域名服务器，进行 DNS 查询。

（2）本地域名服务器在自己的缓存中查找相应的域名记录，如果存在该记录，则返回结果；否则，将这个查询指令转发到根域名服务器。

（3）在根域名服务器的记录中，只能返回顶级域名 com，并且把能够解析 com 的域名服务器的地址告诉本地域名服务器。

（4）本地域名服务器根据返回的信息，继续向 com 域名服务器发送请求。

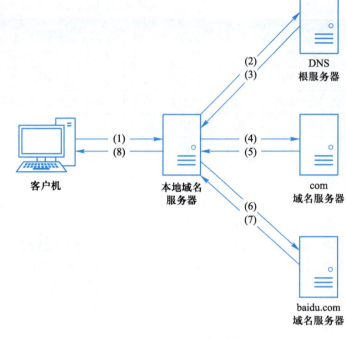

图 11-1 DNS 解析过程

（5）com 域名服务器在自己的缓存中查找相应的域名记录，如果存在该记录，则返回结果；否则，将 baidu.com 域名服务器的相关信息返回给本地域名服务器。

（6）本地域名服务器再次向 baidu.com 域名服务器发送请求。

（7）baidu.com 域名服务器已经能够把 baidu.com 域名解析到一个 IP 地址，并把这个 IP 地址返回给本地域名服务器。

（8）本地域名服务器将 baidu.com 域名的解析结果返回给客户端。

4. 递归查询与迭代查询

递归查询：当 DNS 服务器不能直接得到解析结果时，将代替提出请求的客户端（或下级 DNS 服务器）进行域名查询，最终将查询结果返回给客户端。在递归查询期间，客户端处于等待状态。如图 11-1 的步骤（1）和（8）所示。

迭代查询：又称重指引。当上级 DNS 服务器不能直接得到解析结果时，将向下级 DNS 服务器返回另一个查询点的地址。下级 DNS 服务器按照提示的指引依次查询，如图 11-1 的步骤（2）～（7）所示。

5. 正向解析与反向解析

域名的正向解析是指将主机域名转换为对应的 IP 地址，以便网络程序能够通过主机域名访问到对应的服务器主机。域名的反向解析是指将主机的 IP 地址转换为对应的域名，反向解析可以用于测试一个 IP 地址绑定哪些域名。

6. DNS 服务器的类型

DNS 服务器包括主域名服务器、从域名服务器和缓存域名服务器。

主域名服务器是特定域所有信息的权威性信息源，对于某个指定域，主域名服务器是唯一存在的，主域名服务器中保存了指定域的区域文件。

当主域名服务器出现故障、关闭或负载过重时，将从域名服务器作为主域名服务器的备份提供域名解析服务。从域名服务器中区域文件中的数据是从另外的一台主域名服务器中复制过来的，是不可以修改的。

缓存域名服务器也称为"高速缓存服务器"，主要功能是提供域名解析的缓存，临时存储主名称服务器已解析过的域名记录。

7. DNS 服务的配置文件

DNS 服务的配置涉及一组配置文件，DNS 服务的常用配置文件见表 11-2。

表 11-2 DNS 服务的常用配置文件

配 置 文 件	说 明
/etc/named.conf	主配置文件，用于定义全局选项部分（options 语句），以及当前域名服务器负责维护的域名地址解析信息
/etc/named.rfc1912.zones	区域配置文件，用于保存域名和 IP 地址对应关系的所在位置
/var/named/named.localhost	定义回路网络接口主机名 localhost 的正向解析记录
/var/named/named.loopback	定义回路网络接口 IP 地址 127.0.0.1 的反向解析记录

（1）主配置文件/etc/named.conf

主配置文件/etc/named.conf 由 bind-chroot 软件包安装时自动生成，其主体部分及说明如下。

```
......
options {                                          //选项
        listen-on port 53 { 127.0.0.1; };         //服务监听端口为 53
        listen-on-v6 port 53 { ::1; };            //服务监听端口为 53（IPv6）
        directory       "/var/named";             //配置文件存放的目录
        dump-file       "/var/named/data/cache_dump.db";    //解析过的
                                                            //内容的缓存
        allow-query     { localhost; };           //允许连接的客户端
......
        recursion yes;                            //递归查找
        dnssec-enable yes;                        //DNS 加密
        dnssec-validation yes;                    //DNS 加密高级算法
......
logging {                                          //日志
        channel default_debug {
                file "data/named.run";            //运行状态文件
                serverity dynamic;                //静态服务器地址（根域）
        };
};
```

笔 记

```
zone "." IN {                              //根域解析
        type hint;                         //区域类型为提示类型
        file "named.ca";                   //根域配置文件
};

include "/etc/named.rfc1912.zones";        //包含扩展配置文件
include "/etc/named.root.key";
```

（2）区域配置文件/etc/named.rfc1912.zones

区域配置文件 /etc/named.rfc1912.zones 是对主配置文件 /etc/named.conf 的扩展说明，保存域名和 IP 地址对应关系的所在位置，使用 zone 语句来指示引用哪些区域文件。当添加相关区域解析文件时，可以在此文件中添加引用项。其主体部分及说明如下。

```
zone "localhost.localdomain" IN {          //本地主机全名解析，IN 代表
                                           //Internet 类型
    type master;                           //区域类型为主域
    file "named.localhost";                //区域配置文件名
    allow-update { none; };                //是否允许客户端更新
};

zone "localhost" IN {                      //本地主机名解析
    type master;
    file "named.localhost";
    allow-update { none; };
};
zone "1.0.0.0.0.0.0.0.0.0.0.0.0.0.0.0.0.0.0.0.0.0.0.0.0.0.0.0.0.0.0.
ip6.arpa" IN {                             //IPv6 本地地址反向解析
type master;
    file "named.loopback";
    allow-update { none; };
};
zone "1.0.0.127.in-addr.arpa" IN {         //本地地址反向解析
    type master;
    file "named.loopback";
    allow-update { none; };
};
zone "0.in-addr.arpa" IN {                 //本地全网地址反向解析
    type master;
    file "named.empty";
    allow-update { none; };
};
```

（3）正向解析区域文件/var/named/named.localhost

正向解析区域文件/var/named/named.localhost 用于定义回路网络接口主机名 localhost 的正向解析记录。其主体部分及说明如下。

```
$TTL  1D                              //更新时间最长为 1 天
@      IN SOA  @ rname.invalid. (
               0    ; serial          //序列号
               1D   ; refresh         //从域名服务器刷新时间为 1 天
               1H   ; retry           //从域名服务器重试时间为 1 小时
               1W   ; expire          //从域名服务器过期时间为一周
               3H ) ; minimum         //记录在缓存中最小生存时间为 3 小时
       NS      @                      //域名服务器名称
       A       127.0.0.1              //正向解析记录
       AAAA    ::1                    //IPv6 正向解析记录
```

以上区域文件可包含 SOA、NS、A、AAAA、CNAME 等资源记录类型，分别解释如下。

① SOA 记录用来表示某区域的授权服务器的相关参数。其写法如下。

```
@       IN   SOA  DNS 主机名   管理员邮件地址 (
                  ……)
```

以 "@   IN   SOA   @ rname.invalid." 为例，说明各部分含义如下。

- 第一个@代表当前域，即在 named.conf 中 zone 语句定义的域。
- IN：表示为 Internet 类。
- SOA：本记录的关键字，表示起始授权（Start of Authority）的意思。
- 第二个@代表 DNS 主机是当前主机。
- rname.invalid.：管理员的邮件地址为 rname@invalid。因为@符号在 SOA 语句中有特殊用途，所以此处用点号代替电子邮件地址中的@符号。

② NS 记录用于指明该区域中 DNS 服务器的主机名或 IP 地址，区域文件必须包含此记录。除 NS 以外，常用的还有 MX 记录，MX 记录用于指明该区域中邮件服务器主机名或 IP 地址。

③ A 记录指明区域内的主机域名与 IPv4 地址之间的正向解析关系。AAAA 记录指明区域内的主机域名与 IPv6 地址之间的正向解析关系。这里的主机域名一般仅需写出主机名部分即可，域名服务器会对所有未使用点号结束的主机名自动连接区域名，域名的完整形式为 "主机名+区域名"。例如，在区域文件的当前区域名为 tcgs.com，则以下两条 A 记录等价。

```
www           A   192.168.0.2
www.tcgs.com. A   192.168.0.2
```

注意：第一条 A 记录的主机域名不以点号结束，而第二条 A 记录的主机域名是以点号结束的，代表域名的完整形式。

④ CNAME 记录用于为区域内的主机建立别名，通常用于一个 IP 地址对应多个不同域名的情况。例如，在区域 tcgs.com 的区域文件中有以下记录。

```
www1        CNAME    www
```

表示 www1.tcgs.com 是域名 www.tcgs.com 的别名。

也可以使用多条 A 记录实现别名的功能，让多个域名对应相同的 IP 地址。上例功能也可以使用如下两条 A 记录实现：

```
www         A    192.168.0.2
www1        A    192.168.0.2
```

（4）反向解析区域文件/var/named/named.loopback

反向解析区域文件/var/named/named.loopback 用于定义回路网络接口 IP 地址 127.0.0.1 的反向解析记录。其主体部分及说明如下。

```
$TTL 1D
@        IN SOA   @ rname.invalid. (
                                      0        ; serial
                                      1D       ; refresh
                                      1H       ; retry
                                      1W       ; expire
                                      3H )     ; minimum

         NS       @
         A        127.0.0.1
         AAAA     ::1
         PTR      localhost.
```

反向解析区域文件中使用 PTR 记录用于 IP 地址到主机名的解析。与 A 记录类似，在 PTR 记录中也无须写出完整的 IP 地址，域名服务器会根据所在的反向解析区域的 IP 地址范围对所有未使用点号结束的地址自动补全。如在反向解析区域"0.168.192.in-addr.arpa"（即 192.168.0 网段）的区域文件中，以下两条 PTR 记录等价。

```
2               PTR   www.tcgs.com
192.168.0.2.    PTR   www.tcgs.com
```

任务实施

公司内部私网（192.168.100.0/24）的网络拓扑如图 11-2 所示。现需安装与配置 DNS 服务器，将 Web 服务器的 IP 地址与域名 www.vms1.whit.com 做映射。公司员工可以通过域名方式从局域网内部访问 Web 服务器。

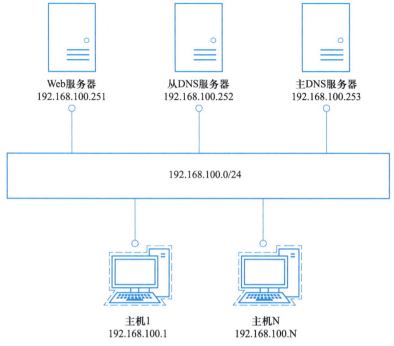

Web服务器　　　　　　从DNS服务器　　　　　　主DNS服务器
192.168.100.251　　　192.168.100.252　　　192.168.100.253

192.168.100.0/24

主机1　　　　　　　　　　主机N
192.168.100.1　　　　192.168.100.N

图 11-2　公司内部私网的网络拓扑结构

子任务 1　安装 DNS 服务所需软件包

1. 实施要求

将 VM_Server1 主机配置为主 DNS 服务器，查询是否安装 bind 软件包。如未安装，则需安装 bind 软件包及 bind-chroot 插件。安装完成后，检查服务状态，如可启动，则添加开机自动启动。

微课 11-1
安装 DNS 服务所需
软件包

> 注意：bind-chroot 可以使 bind 在 chroot 模式下运行。bind 运行时的根目录，并不是操作系统真正的根目录，只是系统中的一个子目录。这样做的目的是为了提高安全性，因为在 chroot 的模式下，bind 可以访问的范围仅限于该子目录的范围里，无法进一步提升，进入到系统的其他目录中。

2. 实施步骤

步骤 1：查询及安装 bind 软件包，具体命令及执行结果如下。

```
[admin@vms1 ~]$ sudo dnf list bind
......
可安装的软件包
bind.x86_64                    32:9.11.26-3.el8              AppStream
[admin@vms1 ~]$ sudo dnf -y install bind-chroot
......
已安装：
  bind-32:9.11.26-3.el8.x86_64      bind-chroot-32:9.11.26-3.el8.x86_64
完毕！
```

步骤 2：检查服务状态并设为开机自动启动，具体命令及执行结果如下。

```
[admin@vms1 ~]$ sudo systemctl start named
[admin@vms1 ~]$ sudo systemctl status named
● named.service-Berkeley Internet Name Domain (DNS)
   Loaded: loaded (/usr/lib/systemd/system/named.service; disabled; vendor
preset: disabl>
   Active: active (running) since Sat 2022-08-06 13:51:27 CST; 5s ago
……
[admin@vms1 ~]$ sudo systemctl enable named
Created symlink /etc/systemd/system/multi-user.target.wants/named.service
→ /usr/lib/systemd/system/named.service.
```

子任务 2 配置主 DNS 服务器

微课 11-2
配置主 DNS 服务器

1. 实施要求

在主 DNS 服务器（ns.vms1.whit.com）中实现如下正、反向域名解析。

1. www.vms1.whit.com ←→ 192.168.100.251。

2. ns.vms1.whit.com ←→ 192.168.100.253。

2. 任务实施

步骤 1：使用 Vim 修改主配置文件/etc/named.conf 内容，实现对其他客户端 DNS 查询的响应，文件内容如下。

```
……
options {
        listen-on port 53 { any; };    //修改所有主机都可监听 53 端口（IPv4）
        listen-on-v6 port 53 { any; };//修改所有主机都可监听 53 端口（IPv6）
……

        allow-query     { any; };      //修改为允许所有主机连接本机，发送
                                       //DNS 请求
……
```

存盘退出。

步骤 2：使用 Vim 修改区域配置文件/etc/named.rfc1912.zones，文件内容如下。

```
zone "vms1.whit.com" IN {
        type master;
        file "vms1.whit.com.zone";
        allow-update { none; };
};

zone "100.168.192.in-addr.arpa" IN {
        type master;
        file "192.168.100.arpa";
        allow-update { none; };
};
```

存盘退出。

步骤 3：以 name.localhost 文件、named.loopback 文件为模板，创建
vms1.whit.com.zone 文件、192.168.100.arpa 文件，保证文件属性不变，具体
命令及执行结果如下。

笔 记

```
[admin@vms1 ~]$ sudo -i
[root@vms1 ~]# cd /var/named
[root@vms1 named]# ll
总用量 16
drwxr-x---.7 root   named    61 8月   6 13:50 chroot
drwxrwx---.2 named named    23 8月   6 13:51 data
drwxrwx---.2 named named    60 8月   6 13:51 dynamic
-rw-r-----.1 root   named 2253 2月   15 2021 named.ca
-rw-r-----.1 root   named  152 2月   15 2021 named.empty
-rw-r-----.1 root   named  152 2月   15 2021 named.localhost
-rw-r-----.1 root   named  168 2月   15 2021 named.loopback
drwxrwx---.2 named named     6 2月   15 2021 slaves
[root@vms1 named]# sudo cp -a named.localhost vms1.whit.com.zone
[root@vms1 named]# sudo cp -a named.loopback 192.168.100.arpa
```

步骤 4：使用 Vim 修改正向解析区域文件/var/named/vms1.whit.com.zone，
文件内容如下。

```
$TTL 1D
@       IN SOA  vms1.whit.com. root.vms1.whit.com. (
                                    0       ; serial
                                    1D      ; refresh
                                    1H      ; retry
                                    1W      ; expire
                                    3H )    ; minimum
        NS      ns.vms1.whit.com.
ns      IN A    192.168.100.253
www     IN A    192.168.100.251
```

存盘退出。

步骤 5：使用 Vim 修改反向解析区域文件/var/named/192.168.100.arpa，
文件内容如下。

```
$TTL 1D
@       IN SOA  vms1.whit.com. root.vms1.whit.com. (
                                    0       ; serial
                                    1D      ; refresh
                                    1H      ; retry
                                    1W      ; expire
                                    3H )    ; minimum
        NS      ns.vms1.whit.com.
ns      A       192.168.100.253
```

```
253    PTR       ns. vms1. whit. com.
251    PTR       www. vms1. whit. com.
```

笔记

存盘退出，重启 named.service，使修改生效，具体命令如下。

```
[root@vms1 named]# sudo systemctl restart named
```

步骤 6：添加防火墙规则，允许 DNS 数据包通过，具体命令及执行结果如下。

```
[root@vms1 ~]# sudo firewall-cmd —zone=public —permanent —query-service=dns
no
[root@vms1 ~]# sudo firewall-cmd —zone=public —permanent —add-service=dns
success
[root@vms1 ~]# sudo firewall-cmd —reload
success
```

步骤 7：修改 VM_Server2 主机的网络适配器参数，将 DNS 修改为 192.168.100.253，重启网络适配器。在 VM_Server2 主机中使用 nslookup 命令测试，具体命令及执行结果如下。

```
[root@vms2 ~]# nslookup ns. vms1. whit. com
Server:    192. 168. 100. 253
Address:  192. 168. 100. 253#53
Name:      ns. vms1. whit. com
Address: 192. 168. 100. 253
[root@vms2 ~]# nslookup www. vms1. whit. com
Server:    192. 168. 100. 253
Address:  192. 168. 100. 253#53
Name:      www. vms1. whit. com
Address: 192. 168. 100. 251
[root@vms2 ~]# nslookup 192. 168. 100. 253
253. 100. 168. 192. in-addr. arpa name = ns. vms1. whit. com.
[root@vms2 ~]# nslookup 192. 168. 100. 251
251. 100. 168. 192. in-addr. arpa name = www. vms1. whit. com.
```

使用 host 命令测试 DNS 服务器，具体命令及执行结果如下。

```
[admin@vms1 ~]$ host ns. vms1. whit. com
ns. vms1. whit. com has address 192. 168. 100. 253
```

子任务 3 配置从 DNS 服务器

1. 实施要求

为防止主 DNS 服务器出现故障，将 VM_Server2 主机配置为从 DNS 服务器，并从主 DNS 服务器复制正、反向解析记录。

2. 实施步骤

步骤 1：使用 dnf 命令安装 bind-chroot 软件包，步骤同子任务 1。
步骤 2：使用 Vim 修改主 DNS 服务器的区域配置文件/etc/named.rfc1912.

微课 11-3
配置从 DNS 服务器

zones，文件内容如下。

```
zone "vms1.whit.com" IN {
        type master;
        file "vms1.whit.com.zone";
        allow-update { 192.168.100.252; };//修改为从 DNS 服务器的 IP 地址
};

zone "100.168.192.in-addr.arpa" IN {
        type master;
        file "192.168.100.arpa";
        allow-update { 192.168.100.252; };//修改为从 DNS 服务器的 IP 地址
};
```

存盘退出，重启主服务器的 named.service，使修改生效，具体命令如下。

```
[root@vms1 named]# sudo systemctl restart named
```

步骤 3：使用 Vim 修改从 DNS 服务器的主配置文件/etc/named.conf 内容，实现对其他客户端 DNS 查询的响应，修改后的内容与主 DNS 服务器/etc/named.conf 文件内容一致。

步骤 4：使用 Vim 修改从 DNS 服务器的/etc/named.rfc1912.zones 文件，文件内容如下。

```
zone "vms1.whit.com" IN {
  type slave;                              //类型为从 DNS 服务器
  masters { 192.168.100.253; };            //主 DNS 服务器的 IP 地址
  file "slaves/vms2.whit.com.zone";        //区域文件保存在/var/named/slaves
                                           //目录中，文件内容从主 DNS 服务器获取
};

zone "100.168.192.in-addr.arpa" IN {
  type slave;
  masters { 192.168.100.253; };
  file "slaves/192.168.100.arpa";
};
```

存盘退出。

步骤 5：在从 DNS 服务器中添加防火墙规则，允许 DNS 数据包通过，具体命令及执行结果如下。

```
[root@vms2 ~]# sudo firewall-cmd --zone=public --permanent --add-service=dns
success
[root@vms2 ~]# sudo firewall-cmd --reload
```

步骤 6：重启从 DNS 服务器的 named.service，使修改生效，具体命令如下。

```
[root@vms2 ~]# sudo systemctl restart named
```

查看/var/named/slaves/目录内是否已接收并生成正、反向区域解析文件，具体命令及执行结果如下。

微课 11-4
配置 DNS 客户端

笔 记

```
[root@vms2 ~]# ll /var/named/slaves/
total 8
-rw-r--r--.1 named named 364 Aug  6 16:27 192.168.100.arpa
-rw-r--r--.1 named named 260 Aug  6 16:27 vms2.whit.com.zone
```

子任务 4 配置 DNS 客户端

1. 实施要求

将 Windows 客户端网络适配器的 DNS 参数设置为主 DNS 服务器 IP 地址和从 DNS 服务器 IP 地址，测试 DNS 服务器是否正常工作。将 Linux 客户端网络适配器的 DNS 参数设置为从 DNS 服务器 IP 地址，测试 DNS 服务器是否正常工作。

2. 实施步骤

步骤 1：Windows 客户端的 DNS 设置。

右击 Windows 7 系统状态栏上的"网络"图标，在弹出的快捷菜单中选择"打开网络和共享中心"选项。在打开的"网络和共享中心"窗口中选择 "本地连接"选项，打开"本地连接状态"对话框。单击"属性"按钮，打开"本地连接属性"对话框。选中"Internet 协议版本 4（TCP/IPv4）"选项，单击"属性"按钮。打开"Internet 协议版本 4（TCP/IPv4）属性"对话框，选中"使用下面的 DNS 服务器地址"单选按钮，在"首选 DNS 服务器"文本框中输入 192.168.100.253，在"备用 DNS 服务器"文本框中输入 192.168.100.252。单击"确定"按钮，重启网络适配器，完成 Windows 客户端的 DNS 配置。在命令行中使用 nslookup 命令测试，测试过程和结果如图 11-3 所示。

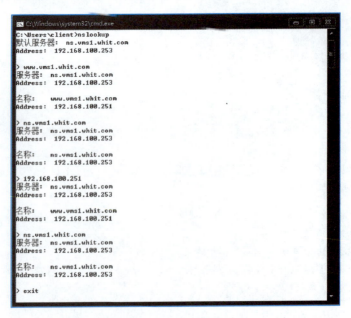

图 11-3 Windows 客户端测试 DNS

步骤 2：Linux 客户端的 DNS 设置。

修改 Linux 客户端的网络适配器参数，将 DNS 修改为 192.168.100.252，
并重启网络适配器服务，如图 11-4 所示。

笔 记

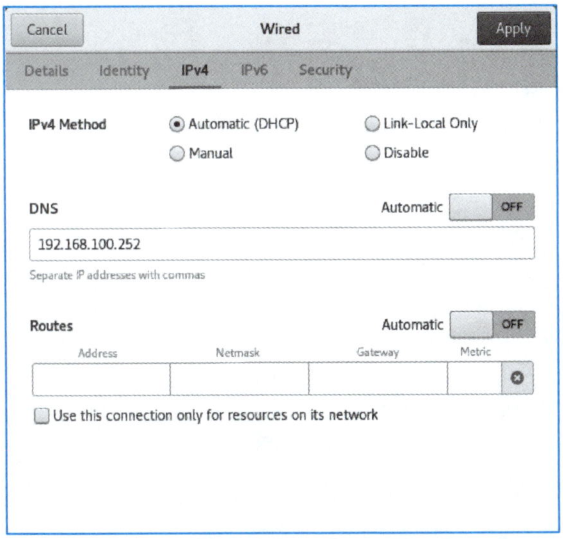

图 11-4　Linux 客户端网络适配器 DNS 设置

步骤 3：在 Linux 客户端中使用 dig 命令测试，具体命令及执行结果如下。

```
[root@whitai ~]# dig ns.vms1.whit.com
; <<>> DiG 9.11.26-RedHat-9.11.26-3.el8 <<>> ns.vms1.whit.com
;; global options: +cmd
;; Got answer:
;; ->>HEADER<<- opcode: QUERY, status: NOERROR, id: 15014
;; flags: qr aa rd ra; QUERY: 1, ANSWER: 1, AUTHORITY: 1, ADDITIONAL: 1
;; OPT PSEUDOSECTION:
; EDNS: version: 0, flags:; udp: 1232
; COOKIE: d2620c3103a7962f87bbf8bb62f0764e88ea391362412e48 (good)
;; QUESTION SECTION:
;ns.vms1.whit.com.        IN    A
;; ANSWER SECTION:
ns.vms1.whit.com.  86400IN    A    192.168.100.253
;; AUTHORITY SECTION:
vms1.whit.com.       86400IN    NS    ns.vms1.whit.com.
;; Query time: 0 msec
;; SERVER: 192.168.100.252#53(192.168.100.252)
;; WHEN: Mon Aug 08 10:34:54 CST 2022
;; MSG SIZE  rcvd: 103
[root@whitai ~]# dig www.vms1.whit.com
; <<>> DiG 9.11.26-RedHat-9.11.26-3.el8 <<>> www.vms1.whit.com
;; global options: +cmd
```

```
;; Got answer:
;; ->>HEADER<<- opcode: QUERY, status: NOERROR, id: 56318
;; flags: qr aa rd ra; QUERY: 1, ANSWER: 1, AUTHORITY: 1, ADDITIONAL: 2
;; OPT PSEUDOSECTION:
; EDNS: version: 0, flags:; udp: 1232
; COOKIE: 4471b3c90090da29de50398562f0767fc0ac126881f2623e (good)
;; QUESTION SECTION:
;www.vms1.whit.com.         IN    A
;; ANSWER SECTION:
www.vms1.whit.com. 86400IN    A    192.168.100.251
;; AUTHORITY SECTION:
vms1.whit.com.          86400IN    NS    ns.vms1.whit.com.
;; ADDITIONAL SECTION:
ns.vms1.whit.com.  86400IN    A    192.168.100.253
;; Query time: 1 msec
;; SERVER: 192.168.100.252#53(192.168.100.252)
;; WHEN: Mon Aug 08 10:35:43 CST 2022
;; MSG SIZE  rcvd: 123
```

微课 11-5
配置 DNS 缓存服务器

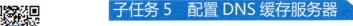

子任务 5 配置 DNS 缓存服务器

1. 实施要求

在 Linux 服务器端配置双网络适配器，连接公网的虚拟网络适配器使用桥接模式，连接私网的虚拟网络适配器使用仅主机模式。配置 DNS 缓存服务器，将用户经常用到的解析记录保存在服务器端，从而提高下次解析的效率。

2. 实施步骤

步骤 1：在 Linux 服务器端（VM_Server1）将设置为"NAT 模式"的虚拟网络适配器 ens160 禁用。新增用于连接私网的虚拟网络适配器 ens224，连接网络模式设置为"仅主机模式"，设置 ens224 的参数：IP 地址为 192.168.137.1/24，网关为 192.168.137.1，DNS 为 114.114.114.114，默认路由为 192.168.137.1。新增用于连接公网的网络适配器 ens256，连接网络模式设置为"桥接模式"，设置 ens256 的参数获取方式为 DHCP。

步骤 2：将客户端（VM_L_Client）的虚拟网络适配器 ens160 的连接网络模式设置为"仅主机模式"，设置 ens160 的参数：IP 地址为 192.168.137.100/24，网关为 192.168.137.1，DNS 为 192.168.137.1，默认路由为 192.168.137.1。

步骤 3：在 Linux 服务器端使用 Vim 修改/etc/sysctl.conf 文件，添加 IP 转发功能。执行命令 sysctl −p 重载网络配置生效，具体命令及执行结果如下。

```
[root@vms1 ~]# vim /etc/sysctl.conf
……（省略前面部分文件内容）……
# For more information, see sysctl.conf(5) and sysctl.d(5).
```

```
net.ipv4.ip_forward=1                          //添加 IP 转发功能
```

存盘退出，重载网络配置具体命令如下。

```
[root@vms1 ~]# sysctl -p
```

步骤 4：在 Linux 服务器端修改防火墙规则，添加源地址转换功能（对应图形化界面 firewall-config 中的"伪装"选项），具体命令法及执行结果如下。

```
[root@vms1 ~]# firewall-cmd --permanent --add-masquerade
success
[root@vms1 ~]# firewall-cmd --reload
success
```

步骤 5：在服务器端安装 bind-chroot 软件包，并修改配置文件 /etc/named.conf，具体命令与执行结果如下。

```
[admin@vms1 ~]$ sudo -i
[root@vms1 ~]# dnf -y install bind-chroot
......
已安装:
  bind-32:9.11.26-3.el8.x86_64      bind-chroot-32:9.11.26-3.el8.x86_64
完毕!
[root@vms1 ~]# vim /etc/named.conf
```

/etc/named.conf 文件内容修改如下。

```
......
options {
  listen-on port 53 { any; };          //修改所有主机都可监听 53 端口（IPv4）
  listen-on-v6 port 53 { any; };       //修改所有主机都可监听 53 端口
                                       // （IPv6）。若不使用 IPv6，可不进行修改
......
  recursing-file   "/var/named/data/named.recursing";
  allow-query     { any; };            //修改为允许所有主机连接本机，发送 DNS 请求
  forwarders { 114.114.114.114; };     //设定转发使用的 IP 地址
......
  recursion yes;
  dnssec-enable yes;
  dnssec-validation no;                //不进行 DNSSEC 确认
......
```

存盘退出。添加防火墙规则，允许 DNS 数据包通过。重启 named.service，具体命令如下。

```
[root@vms1 ~]# systemctl restart named
```

步骤 6：在 Linux 客户端使用 nslookup 测试，具体命令及执行结果如下。

```
[test@vmc1 ~]$ ping www.baidu.com
PING www.a.shifen.com (14.215.177.39) 56(84) bytes of data.
64 bytes from 14.215.177.39 (14.215.177.39): icmp_seq=1 ttl=54 time=30.7 ms
```

笔 记

```
64 bytes from 14.215.177.39 (14.215.177.39): icmp_seq=2 ttl=54 time=30.8 ms
64 bytes from 14.215.177.39 (14.215.177.39): icmp_seq=3 ttl=54 time=41.1 ms
64 bytes from 14.215.177.39 (14.215.177.39): icmp_seq=4 ttl=54 time=30.6 ms
64 bytes from 14.215.177.39 (14.215.177.39): icmp_seq=5 ttl=54 time=30.6 ms
64 bytes from 14.215.177.39 (14.215.177.39): icmp_seq=6 ttl=54 time=30.7 ms
^C
--- www.a.shifen.com ping statistics ---
6 packets transmitted, 6 received, 0% packet loss, time 6354ms
rtt min/avg/max/mdev = 30.552/32.419/41.110/3.891 ms
[test@vms2 ~]$ nslookup
> www.baidu.com
Server:    192.168.137.1
Address:   192.168.137.1#53

Non-authoritative answer:
www.baidu.com canonical name = www.a.shifen.com.
Name:      www.a.shifen.com
Address: 14.215.177.38
Name:      www.a.shifen.com
Address: 14.215.177.39
> exit

[test@vmc1 ~]$
```

结果表明 DNS 缓存服务器配置成功。

实训文档

【实训】 安装与配置 DNS 服务

实训目的

熟练掌握在 Linux 服务器端与客户端中配置主、从 DNS 服务的步骤与方法。

实训内容

1. 在服务器端安装 bind-chroot 软件包。
2. 配置主 DNS 服务器，并添加如下正、反向域名解析记录。
（1）www.jsj.com   IP 地址（根据实训室具体设备情况而定）。
（2）ftp.jsj.com   IP 地址（根据实训室具体设备情况而定）。
3. 配置从 DNS 服务器，正、反域名解析记录从主服务器下载。
4. 设置客户端，并使用相关网络命令测试域名服务器是否配置成功。

实训环境

见表 1-7。

实训步骤

步骤 1：登录主 DNS 服务器，查看 bind 软件包的安装情况。如 bind 软件包未安装，则应安装。检查 named 服务状态，设置为开机自动启动。

步骤 2：在主 DNS 服务器中，配置 named 服务相关配置文件，并根据实验室实际情况为 www.jsj.com、ftp.jsj.com 添加正、反向域名解析记录。重启服务使之生效，并修改防火墙策略，允许 DNS 数据包通过。

步骤 3：在从服务器上安装 bind 软件包，设置为开机自动启动，配置修改文件，重启服务使之生效，并修改防火墙规则，允许 DNS 数据包通过。

步骤 4：设置 Windows 客户端、Linux 客户端网络适配器的 DNS 参数并重启网络适配器。在终端窗口中分别使用 host、dig、nslookup 命令，查询以上正、反向域名解析记录是否可以返回正确结果。

【项目总结】

本项目首先介绍域名、DNS 工作原理及工作流程等基础知识；接着介绍 Linux 中 DNS 服务配置文件的编写规则；最后以任务实操的方式讲解在 Linux 服务器中安装与配置 DNS 服务的实际应用全过程。

练习答案

【课后练习】

1. 选择题

（1）DNS 服务器是_____。

    A. 目录服务器   B. 域控制器

    C. 域名服务器   D. 代理服务器

（2）DNS 主要负责主机名和_____之间的解析。

    A. IP 地址   B. MAC 地址

    C. 网络地址   D. 主机别名

（3）下列不属于 DNS 服务器的是_____。

    A. 主域名服务器   B. 从域名服务器

    C. 缓存域名服务器   D. 安全域服务器

（4）下列属于中国的二级地理区域名的是_____。

    A. com   B. ah

    C. gov   D. edu

（5）在解析区域文件中，指明区域内的主机域名与 IPv4 地址之间的正向解析关系的记录是_____。

  A．SOA   B．MX

  C．AAAA   D．A

2．简答题

（1）简述 DNS 进行域名解析的过程。

（2）简述配置主 DNS 服务器的步骤。

项目 **12**
安装与配置 FTP 服务

 学习目标

【知识目标】

- 了解文件传输协议（FTP）的概念。
- 理解 FTP 服务器的工作原理和基本概念。
- 掌握 FTP 服务器软件 vsftpd 配置文件的常用配置项及含义。

【技能目标】

- 掌握在 Linux 服务器端安装 vsftpd 软件包以及启动、停止、重启、查看、设置开机自动启动服务的方法。
- 掌握在 Linux 服务器端配置 3 种不同用户 FTP 服务的方法。
- 掌握在 Linux 客户端安装软件包以及使用 ftp 命令的方法。
- 掌握在 Windows 客户端使用 ftp 命令的方法。

【素养目标】

- 培养学习者在 Linux 服务器端与客户端中安装与配置文件传输服务的工程应用能力。
- 引导学习者树立有备无患的意识，认识备份的重要性和必要性。
- 充分认识网络安全的重要性，具备安全防范意识。

安装与配置 FTP
服务

笔 记

 【任务】 安装与配置 FTP 服务

学习情境

公司为方便员工快速下载或者上传业务专业用的软件和文件等资源（如软件仓库），需要搭建一台 FTP 服务器。

任务描述

Linux 环境中提供 FTP 服务的软件包有很多，本项目选择安装 vsftpd 软件包，并根据需要选择配置匿名用户、本地用户、虚拟用户任何一种模式。

问题引导

- 什么是 FTP?
- FTP 服务是如何工作的?
- FTP 有哪些类型的用户?
- 如何安装和配置 FTP 服务?
- 如何从客户端访问 FTP 服务器端?

知识学习

1. FTP 简介

文件传输协议（File Transfer Protocol，FTP）是专门用于传输文件的协议。FTP 是在 TCP/IP 网络和 Internet 上最早使用的协议之一，它属于网络协议组的应用层，采用客户端/服务器端架构。FTP 实现了服务器端和客户端之间的文件传输和资源的再分配，是普遍采用的资源共享方式之一。客户端可以连接到 FTP 服务器端并下载文件，也可以将自己的文件上传至 FTP 服务器端。

2. FTP 的工作模式

FTP 有两种工作模式：主动（Standard）模式和被动（Passive）模式。主动模式和被动模式下的 FTP 客户端分别通过发送 PORT 命令和 PASV 命令与 FTP 服务器建立连接，因此也被称为 PORT 模式和 PASV 模式。

在主动模式下,FTP 客户端首先和 FTP 服务器端的 21 端口建立会话连接。FTP 服务器通过该连接传送控制信息，当客户端需要传输数据时，也可通过该连接发送 PORT 命令。PORT 命令包含客户端传输数据的端口号。服务器端通过自己的 20 端口连接至客户端的指定端口进行数据传输。

主动模式下的 FTP 连接过程如图 12-1 所示，步骤如下。

（1）当 FTP 客户端发出请求时，系统将动态分配一个端口号大于 1024 的端口（如 1032）。

（2）若 FTP 服务器端在端口 21 侦听到该请求，则在 FTP 客户端的端口 1032 和 FTP 服务器端的端口 21 之间建立起一个 FTP 会话连接。

（3）当需要传输数据时，FTP 客户端再动态打开一个端口（如 1033），发送 PORT 命令到 FTP 服务器，告诉服务器客户端采用主动模式并开放端口。FTP 服务器收到 PORT 命令和端口号后，服务器端的端口 20 连接客户端的端口 1033，发送数据。当数据传输完毕后，这两个端口会自动关闭。

（4）当 FTP 客户端断开与 FTP 服务器端的连接时，客户端上动态分配的端口将自动释放掉。

在被动模式下，建立会话连接的过程和主动模式相同，但建立连接后客户端发送的不是 PORT 命令，而是 PASV 命令，通知服务器端自己处于被动模式。FTP 服务器端收到 PASV 命令后，随机打开一个端口号≥1024 且未使用的端口（如 4801），并通知客户端端口 1033 在服务器端的端口 4801 上传送数据请求，然后客户端端口 1033 连接 FTP 服务器端的 4801 端口进行数据的传送。

笔 记

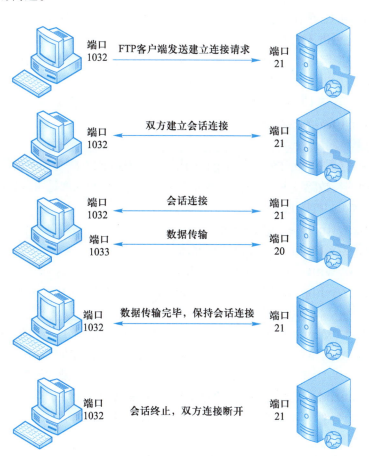

图 12-1　FTP 服务主动模式的工作过程

3. FTP 的数据传输模式

FTP 可使用多种模式传输文件，具体采用哪种模式通常由系统决定，大多数系统（包括 Linux 系统）只有两种模式：ASCII 模式和二进制模式。

ASCII 模式适合传输文本信息，在这种模式下，如果进行数据传输的两台计算机使用的不是相同的字符编码，当文件传输时 FTP 服务器通常会自动进行文件格式转换以适应接收端的字符编码。

二进制模式以文件的原有格式传输，不对文件进行任何转换。二进制传输模式可以传输任意形式的文件，并且比 ASCII 模式传输速度更快，所以系统管理员一般将 FTP 服务器设置为二进制模式。

4. FTP 用户类型

FTP 用户类型可分为三类，分别是：匿名用户、本地用户、虚拟用户。

（1）匿名用户：匿名用户在登录 FTP 服务器时并不需要特别的密码就能访问服务器。一般匿名用户的用户名为 ftp 或者 anonymous。

（2）本地用户：本地用户是指具有本地登录权限的用户。这类用户在登录 FTP 服务器时，所用的登录名为本地用户名，采用的密码为本地用户的口令。登录成功之后进入的为本地用户的家目录。

（3）虚拟用户：虚拟用户只具有从远程登录 FTP 服务器的权限，只能访问为其提供的 FTP 服务。虚拟用户不具有本地登录权限。虚拟用户的用户名和密码都是由用户口令库指定，一般采用可插入认证模块（Pluggable Authentication Modules，PAM）方式进行认证。

5. FTP 地址格式

FTP 资源的地址格式为"ftp://用户名:密码@FTP 服务器地址"。

上面的参数除了 FTP 服务器地址为必要项外，其他项都是可以省略的。下列都是有效的 FTP 地址。

- ftp://ftp.vms1.whit.com。
- ftp://whit@ftp.vms1.whit.com。
- ftp://whit:123456@ftp.vms1.whit.com。
- ftp://whit:123456@ ftp.vms1.whit.com:2003/soft/demo.doc。

6. vsftpd 简介

vsftpd（very secure FTP daemon）即非常安全的 FTP 守护程序，是一个 UNIX 类操作系统上运行的服务器软件，可以运行在如 Linux、BSD、Solaris、HP-UNIX 等系统上面，是一个完全免费、开放源代码的 FTP 服务器软件。vsftpd 表现出一些良好的性能，如非常高的安全性、支持带宽限制、良好的可伸缩性、可创建虚拟用户、支持 IPv6、速率高等。

7. vsftpd 服务配置文件

配置 vsftpd 服务的常用配置文件见表 12-1。

表 12-1　vsfdtpd 服务的常用配置文件

配 置 文 件	简 单 说 明
/etc/vsftpd/vsftpd.conf	主配置文件
/etc/vsftpd/ftpusers	在该文件中列出的用户清单将不能访问 FTP 服务器
/etc/vsftpd/user_list	当/etc/vsftpd/vsftpd.conf 文件中的 userlist_enable 和 userlist_deny 的值都为 YES 时，在该文件中列出的用户不能访问 FTP 服务器；当 /etc/vsftpd/vsftpd.conf 文件中的 userlist_enable 的取值为 YES，而 userlist_deny 的取值为 NO 时，只有/etc/vstpd.user_list 文件中列出的 用户才能访问 FTP 服务器

8. 主配置文件/etc/vsftpd/vsftpd.conf 的常用配置项

为了让 vsftpd 能够按照需求提供服务，需要对其主配置文件 /etc/vsftpd/vsftpd.conf 进行正确的配置。主配置文件提供的配置项较多，默 认配置文件只给出了基本的配置项，还有很多配置项并未列出，根据需要可以 手动添加。常用的配置项见表 12-2。

表 12-2　/etc/vsftpd/vsftpd.conf 文件常用的配置项

主要配置项	含　义
listen = [YES｜NO]	是否以独立运行的方式监听 FTP 服务。若取值为 YES，则 vsftpd 服务以独立方式启动。如果想以被动方式启动，可将本行注释掉即可
listen_address = IP 地址	设置监听 FTP 服务的 IP 地址，适用于 FTP 服务器有 多个 IP 地址的情况。如果不设置，则在所有的 IP 地址监 听 FTP 请求。只有 vsftpd 服务在独立启动方式下才有效
listen_port = 端口号	设置 FTP 服务的监听端口号
download_enable = [YES｜NO]	是否允许下载文件
userlist_enable = [YES｜NO]	当取值为 YES 时，/etc/vsftpd/user_list 文件生效； 当取值为 NO 时，/etc/vsftpd/user_list 文件不生效
userlist_deny = [YES｜NO]	设置/etc/vsftpd/user_list 文件中的用户是否允许访问 FTP 服务器。当设置为 YES 时，/etc/vsftpd/user_list 文 件中的用户不能访问 FTP 服务器；当设置为 NO 时，则 只有/etc/vsftpd/user_list 文件中的用户才能访问 FTP 服务器
max_clients = 数值	设置 vsftpd 在独立启动方式下允许的最大连接数，若 取值为 0，则不受限制
max_per_ip = 数值	设置 vsftpd 在独立启动方式下允许每个 IP 地址同时建 立的连接数目。若取值为 0，则不受限制
write_enable = [YES｜NO]	全局性设置，设置是否对用户开启写权限
anonymous_enable = [YES｜NO]	设置是否允许匿名访问，即是否允许匿名账号 anonymous 和 ftp 登录 FTP 服务器
ftp_username = 账户名称	设置匿名用户的账户名称，默认值为 ftp

续表

主要配置项	含 义
no_anon_password = [YES｜NO]	设置匿名用户登录时是否询问口令。设置为 YES，则不询问
anon_upload_enable= [YES｜NO]	设置是否允许匿名用户上传文件，只有在 write_enable 的值为 YES 时，该配置项才有效
anon_mkdir_write_enable = [YES｜NO]	设置是否允许匿名用户创建目录，只有在 write_enable 的值为 YES 时，该配置项才有效
anon_other_write_enable = [YES｜NO]	若设置为 YES，则匿名用户会被允许拥有多于上传和建立目录的权限，还有删除和更名的权限。默认值为 NO
anon_world_readable_only = [YES｜NO]	允许匿名用户下载不具备读权限的文件，默认配置文件不包含本条命令，需要时手动添加
anon_umask = umask 掩码值	设置匿名用户新增文件的 umask 掩码值（如 022，对应目录权限为 777-022=755，文件权限为 666-022=644）
anon_root = 目录路径	设置匿名用户登录 FTP 服务器时所在的目录。若未指定，则默认为/var/ftp 目录
anon_max_rate = 数值	设置匿名用户的最大传输速度，若取值为 0，则不受限制
local_enable = [YES｜NO]	设置是否允许本地用户登录 FTP 服务器
local_umask = umask 值	设置本地用户新增文件的 umask 掩码值
local_root = 目录路径	设置本地用户登录后所在的目录，默认情况下，没有此项配置。在 vsftpd.conf 文件的默认配置中，本地用户登录 FTP 服务器后，所在的目录为用户的主目录
chroot_local_user = [YES｜NO]	用于指定用户列表文件中的用户，是否允许切换到指定 FTP 目录以外的其他目录。默认情况下，匿名用户会被锁定在默认的 FTP 目录中，而本地用户可以访问到自己 FTP 目录以外的内容。出于安全性的考虑，可以将本地用户也锁定在指定的 FTP 目录中
chroot_list_enable = [YES｜NO]	设置是否启用用户列表文件
chroot_list_file = /etc/vsftpd/chroot_list	指定用户列表文件
local_max_rate = 数值	设置本地用户的最大传输速度，若取值为 0，则不受限制
port_enable = YES	设置 FTP 服务器的工作模式为主动模式
pasv_enable = YES	设置 FTP 服务器的工作模式为被动模式
ascii_download_enable = [YES｜NO]	设置是否启动 ASCII 模式下载数据
ascii_upload_enable = [YES｜NO]	设置是否启动 ASCII 模式上传数据
ftpd_banner=自定义信息	设置登录 FTP 服务器时显示的信息
banner_file = /etc/vsftpd/banner	设置用户登录时，将要显示 banner 文件中的内容，该设置将覆盖 ftpd_banner 的设置
dirmessage_enable = [YES｜NO]	设置进入目录时是否显示目录消息。若设置为 YES，则用户进入目录时，将显示该目录中由 message_file 配置项指定文件（.message）中的内容

主要配置项	含　义
pam_service_name = 名称	设置 PAM 所使用的名称
xferlog_std_format = YES	使用标准格式上传或者下载记录

9. ftp 命令

在客户端可以通过一些图形化的 FTP 访问工具来连接和访问 FTP 服务器。在 Windows 系统下，一些网页浏览软件和文件浏览器都具有访问 FTP 服务器的功能。而在 Linux 系统下，可以使用一些专门的 FTP 客户端软件，如 FileZilla、gFTP、ncFTP 等。

笔 记

无论是 Windows 系统还是 Linux 系统，都可以在命令行方式下面使用 ftp 命令连接和访问 FTP 服务器。

ftp 的命令格式为：ftp [选项] [主机名或 IP 地址]。

ftp 命令连接成功后，用户需要在 FTP 服务器上登录，登录成功后将会出现"ftp>"提示符。在提示符后可以进一步使用 ftp 提供的二级命令，可以用 help 命令取得可供使用的命令清单，也可以在 help 命令后面指定具体的命令名称，获得这条命令的说明。常用的 ftp 二级命令如下。

（1）启动 ftp 会话

open 命令用于打开一个与远程主机的会话。命令格式为：open [主机名或 IP 地址]。

如果在 ftp 会话期间要与一个以上的站点连接，通常只用不带参数的 ftp 命令。如果在会话期间只想与一台计算机连接，那么在命令行中可指定远程主机名或 IP 地址作为 ftp 命令的参数。

（2）终止 ftp 会话

close、disconnect、bye 命令用于终止与远程机的会话。close 和 disconnect 命令用于关闭与远程机的连接，但是使用户留在本地计算机的 ftp 程序中。bye 命令用于关闭用户与远程机的连接，并退出用户机上的 ftp 程序。

（3）改变目录

cd 命令用于在 ftp 会话期间改变远程机上的目录，lcd 命令改变本地目录，使用户能指定查找或放置本地文件的位置。

（4）远程目录列表

ls 命令用于列出远程目录的内容，就像使用一个交互 Shell 中的 ls 命令一样。命令格式为：ls [目录] [本地文件]。

如果指定目录作为参数，那么 ls 命令就列出该目录的内容。如果给出本地文件名，那么这个目录列表被放入本地机上指定的文件中。

（5）从远程系统获取文件

get 和 mget 命令用于从远程机上获取文件。

笔 记

get 命令一次获取一个远程文件，命令格式为：get 文件。命令中可以给出新的本地文件名，如果不给出本地文件名，则使用远程文件原来的名字。

mget 命令一次获取多个远程文件。命令格式为：mget 文件列表。

使用空格分隔的或带通配符的文件名列表来指定要获取的文件，对其中的每个文件都要求用户确认是否传送。

（6）向远程系统发送文件

put 和 mput 命令用于向远程机发送文件。

put 命令一次发送一个本地文件，命令格式为：put 文件。

mput 命令一次发送多个本地文件，命令格式为：mput 文件列表。

使用空格分隔的或带通配符的文件名列表来指定要发送的文件。对其中的每个文件都要求用户确认是否发送。

（7）改变文件传输模式

在默认情况下，FTP 按 ASCII 模式传输文件，用户也可以指定其他模式。ascii 和 binary 命令的功能是设置传输的模式。用 ASCII 模式传输文件对纯文本是非常好的，但为避免对二进制文件的破坏，用户可以使用二进制模式传输文件。

（8）检查传输状态

在传输大型文件时，可能会发现让 FTP 提供关于传输情况的反馈信息是非常有用的。hash 命令使 FTP 在每次传输完数据缓冲区中的数据后，就在屏幕上打印一个#字符。本命令在发送和接收文件时都可以使用。

（9）FTP 中的本地命令

当使用 ftp 时，字符!用于向本地机上的命令 Shell 传送一个命令。如果用户处在 ftp 会话中，就需要 Shell 完成某项任务。例如，用户要建立一个目录来保存接收到的文件，如果输入!mkdir new_dir，那么 Linux 就在用户当前的本地目录中创建一个名为 new_dir 的目录。

任务实施

在 Linux 服务器端安装 vsftpd 软件包，并分别配置匿名用户、本地用户、虚拟用户 3 种访问模式的 FTP 服务。在 Linux 客户端安装 ftp 软件包，通过 ftp 命令访问 FTP 服务器端。在 Windows 客户端使用 ftp 命令访问 FTP 服务器端。

子任务 1 安装 FTP 服务所需软件包

1. 实施要求

在服务器端查询 vsftpd 软件包是否已安装，如未安装，则应安装。启动 vsftpd 服务并设置为开机自动启动。在客户端安装 ftp 软件包。

2. 实施步骤

① 服务器端安装软件包。

步骤 1：查询及安装 vsftpd，具体命令及执行结果如下。

微课 12-1
安装 FTP 服务所需
软件包

```
[admin@vms1 ~]$ sudo dnf list vsftpd
......
可安装的软件包
vsftpd.x86_64                      3.0.3-33.el8                  AppStream
[admin@vms1 ~]$ sudo dnf -y install vsftpd
......
已安装:
  vsftpd-3.0.3-33.el8.x86_64
完毕!
```

步骤 2: 启动 vsftpd.service 并设置开机自动启动, 具体命令及执行结果
如下。

```
[admin@vms1 ~]$ sudo systemctl start vsftpd
[admin@vms1 ~]$ sudo systemctl status vsftpd
● vsftpd.service – Vsftpd ftp daemon
    Loaded: loaded (/usr/lib/systemd/system/vsftpd.service; disabled; vendor
preset: disab>
    Active: active (running) since Tue 2022-08-09 08:59:52 CST; 5s ago
   Process: 36850 ExecStart=/usr/sbin/vsftpd /etc/vsftpd/vsftpd.conf (code=exited,
status=>
    ......
[admin@vms1 ~]$ sudo systemctl enable vsftpd
Created symlink /etc/systemd/system/multi-user.target.wants/vsftpd.service
→ /usr/lib/systemd/system/vsftpd.service.
```

② Linux 客户端安装软件包。

具体命令及执行结果如下。

```
[root@whitai ~]# dnf -y install ftp
......
Installed:
  ftp-0.17-78.el8.x86_64
Complete!
```

子任务 2 配置匿名用户访问模式

1. 实施要求

配置允许匿名账号登录的 FTP 服务器。要求: 设置匿名用户登录的根目录
为/var/ftp; 匿名用户在根目录下只能下载, 在 pub 子目录下可以新建文件夹,
并可以下载、上传和重命名文件 (目录)。

2. 实施步骤

① 服务器端配置。

步骤 1: 备份服务器端的/etc/vsftpd/vsftpd.conf 文件, 去除/etc/vsftpd/
vsftpd.conf 文件中带有#和;的行和空白行, 具体命令及执行结果如下。

```
[admin@vms1 ~]$ sudo mv /etc/vsftpd/vsftpd.conf /etc/vsftpd/vsftpd.conf.bak
```

笔 记

微课 12-2
配置 FTP 匿名用户
访问模式

笔记

```
[admin@vms1 ~]$ sudo -i
[root@vms1 ~]# sudo egrep -v '#|; |^$' /etc/vsftpd/vsftpd.conf.bak >\
> /etc/vsftpd/vsftpd.conf
[root@vms1 ~]# sudo vim /etc/vsftpd/vsftpd.conf
```

编辑/etc/vsftpd/vsftpd.conf 文件，基本文件内容如下。

```
anonymous_enable=YES          //允许匿名访问
anon_umask=022                //设置匿名用户新增文件的 umask 掩码
anon_upload_enable=YES        //允许匿名用户上传文件
anon_mkdir_write_enable=YES   //允许匿名用户新建文件夹
anon_other_write_enable=YES   //允许匿名用户的其他写权限，如删除、重命名等
ftpd_banner=欢迎来到公司开源软件站!          //设置欢迎词
......
```

存盘退出。

步骤 2：查看/var/ftp/pub 目录，修改其文件所有者，修改 SELinux 规则，使得 pub 目录可以被匿名用户访问，具体命令及执行结果如下。

```
[root@vms1 ~]# chown -R ftp /var/ftp/pub
[root@vms1 ~]# ll -d /var/ftp/pub
[root@vms1 ~]# sudo setsebool -P ftpd_full_access=on
```

步骤 3：添加防火墙规则，允许 FTP 数据包通过，重启 vsftpd.service，具体命令及执行结果如下。

```
[root@vms1 ~]# sudo firewall-cmd --zone=public --permanent --add-service=ftp
success
[root@vms1 ~]# sudo firewall-cmd --reload
success
[root@vms1 ~]# systemctl restart vsftpd
```

② Linux 客户端测试。

具体步骤：使用 ftp 命令登录 FTP 服务器端，再输入匿名用户账号 anonymous，密码为空，按 Enter 键。创建子目录 old 并重命名为 new，查看目录，退出 FTP，具体命令及执行结果如下。

```
[root@whitai ~]# ftp 192.168.100.253
Connected to 192.168.100.253 (192.168.100.253).
220 欢迎来到公司开源软件站!
Name (192.168.100.253:root): anonymous
331 Please specify the password.
Password:
230 Login successful.
Remote system type is UNIX.
Using binary mode to transfer files.
ftp> ls
```

227 Entering Passive Mode (192, 168, 100, 253, 124, 44).

150 Here comes the directory listing.

drwxrwxrwx   2 14   0   6 Nov 12 2020 pub

226 Directory send OK.

ftp> cd pub

250 Directory successfully changed.

ftp> mkdir old

257 "/pub/old" created

ftp> rename old new

350 Ready for RNTO.

250 Rename successful.

ftp> ls

227 Entering Passive Mode (192, 168, 100, 253, 224, 45).

150 Here comes the directory listing.

drwxr-xr-x   2 14   50   6 Aug 09 06:44 new

226 Directory send OK.

ftp> bye

221 Goodbye.

③ Windows 客户端测试。

具体步骤：在命令行界面 Shell 中，输入 ftp 192.168.100.253，再输入匿名用户账号 anonymous，密码为空，按 Enter 键。上传 d:\test.txt 文件，查看 /var/ftp/pub 目录的内容，然后执行 bye 命令退出，如图 12-2 所示。

```
C:\WINDOWS\system32\cmd.exe                                    —  □  ×

C:\Users\rayne>ftp 192.168.100.253
连接到 192.168.100.253。
220 欢迎来到公司开源软件站！
200 Always in UTF8 mode.
用户 (192.168.100.253:(none)): anonymous
331 Please specify the password.
密码：
230 Login successful.
ftp> cd pub
250 Directory successfully changed.
ftp> ls -l
200 PORT command successful. Consider using PASV.
150 Here comes the directory listing.
drwxr-xr-x    2 14       50          6 Aug 09 06:44 new
226 Directory send OK.
ftp: 收到 64 字节，用时 0.00秒 64.00千字节/秒。
ftp> put d:\test.txt
200 PORT command successful. Consider using PASV.
150 Ok to send data.
226 Transfer complete.
ftp: 发送 7 字节，用时 0.00秒 7000.00千字节/秒。
ftp> ls -l
200 PORT command successful. Consider using PASV.
150 Here comes the directory listing.
drwxr-xr-x    2 14       50          6 Aug 09 06:44 new
-rw-r--r--    1 14       50          7 Aug 09 11:44 test.txt
226 Directory send OK.
ftp: 收到 130 字节，用时 0.00秒 65.00千字节/秒。
ftp> bye
221 Goodbye.

C:\Users\rayne>
```

图 12-2 Windows 客户端匿名用户登录 FTP

微课 12-3
配置 FTP 本地用户
访问模式

笔记

子任务 3 配置本地用户访问模式

1. 实施要求

在 FTP 服务器的使用过程中，为避免匿名用户恶意删除共享文件导致其他用户无法正常使用共享文件的情况，应禁止匿名用户登录，仅允许限定的本地用户账号访问 FTP 服务器且无法操作用户主目录以外的其他目录。

2. 实施步骤

① 服务器端配置。

步骤 1：修改主配置文件/etc/vsftpd/vsftpd.conf 文件，基本内容如下。

```
anonymous_enable=NO        //不允许匿名访问
ftpd_banner=欢迎来到公司开源软件站！
local_enable=YES           //允许本地用户访问
write_enable=YES           //全局设置，开启写权限
local_umask=022            //本地用户的 umask 值
……
pam_service_name=vsftpd    //设置 PAM 所使用的名称
userlist_enable=YES        //开启用户作用名单文件功能
……
```

存盘退出，修改防火墙、SELinux 规则，方法同子任务 2。重启 vsftpd.service。

```
[root@vms1 ~]# sudo systemctl restart vsftpd
```

步骤 2：查看用户名单文件/etc/vsftpd/ftpusers，初始内容如下。

```
# Users that are not allowed to login via ftp
root
bin
daemon
……
```

如要禁止或启用某用户登录 FTP 服务器，只需在该文件中添加或删除用户名，存盘退出。

步骤 3：查看用户名单文件/etc/vsftpd/user_list，初始内容如下，用户添加、删除操作方式与/etc/vsftpd/ftpusers 文件相同。

```
# vsftpd userlist
# If userlist_deny=NO, only allow users in this file
# If userlist_deny=YES (default), never allow users in this file, and
# do not even prompt for a password.
# Note that the default vsftpd pam config also checks /etc/vsftpd/ftpusers
# for users that are denied.
root
bin
```

```
daemon
......
```

② Linux 客户端测试。

笔 记

具体步骤：使用 ftp 命令登录 FTP 服务器端，输入 ftp 192.168.100.253，再输入服务器的本地用户账号 whit 并输入密码。创建子目录 old 并改名为 new，删除 new 目录，查看目录，退出 FTP，具体命令及执行结果如下。

```
[root@whitai ~]# ftp 192.168.100.253
Connected to 192.168.100.253 (192.168.100.253).
220 欢迎来到公司开源软件站!
Name (192.168.100.253:root): admin
331 Please specify the password.
Password:
230 Login successful.
Remote system type is UNIX.
Using binary mode to transfer files.
ftp> ls -l
227 Entering Passive Mode (192,168,100,253,140,63).
150 Here comes the directory listing.
drwxr-xr-x    2 1001    1001           6 Jul 26 06:12 下载
drwxr-xr-x    2 1001    1001           6 Jul 26 06:12 公共
drwxr-xr-x    2 1001    1001           6 Jul 26 06:12 图片
......
226 Directory send OK.
ftp> mkdir old
257 "/old" created
ftp> ls -l
227 Entering Passive Mode (192,168,100,253,70,69).
150 Here comes the directory listing.
drwxr-xr-x    2 1001    1001           6 Aug 10 03:22 old
drwxr-xr-x    2 1001    1001           6 Jul 26 06:12 下载
drwxr-xr-x    2 1001    1001           6 Jul 26 06:12 公共
drwxr-xr-x    2 1001    1001           6 Jul 26 06:12 图片
......
226 Directory send OK.
ftp> rename old new
350 Ready for RNTO.
250 Rename successful.
ftp> ls -l
227 Entering Passive Mode (192,168,100,253,47,9).
150 Here comes the directory listing.
drwxr-xr-x    2 1001    1001           6 Aug 10 03:22 new
drwxr-xr-x    2 1001    1001           6 Jul 26 06:12 下载
drwxr-xr-x    2 1001    1001           6 Jul 26 06:12 公共
```

笔 记

```
drwxr-xr-x    2 1001      1001           6 Jul 26 06:12 图片
……
226 Directory send OK.
ftp> rmdir new
250 Remove directory operation successful.
ftp> ls -l
227 Entering Passive Mode (192,168,100,253,193,99).
150 Here comes the directory listing.
drwxr-xr-x    2 1001      1001           6 Jul 26 06:12 下载
drwxr-xr-x    2 1001      1001           6 Jul 26 06:12 公共
drwxr-xr-x    2 1001      1001           6 Jul 26 06:12 图片
……
226 Directory send OK.
ftp> bye
221 Goodbye.
```

③ Windows 客户端测试。

具体步骤：在命令行模式中，输入 ftp 192.168.100.253，再输入服务器的本地用户账号 whit 并输入密码。上传 D:\test.txt 文件，查看目录的内容，执行 bye 命令退出，如图 12-3 所示。

```
C:\WINDOWS\system32\cmd.exe
C:\Users\rayne>ftp 192.168.100.253
连接到 192.168.100.253。
220 欢迎来到公司开源软件站!
200 Always in UTF8 mode.
用户(192.168.100.253:(none)): whit
331 Please specify the password.
密码:
230 Login successful.
ftp> ls
200 PORT command successful. Consider using PASV
150 Here comes the directory listing.
下载
公共
图片
文档
桌面
模板
视频
音乐
226 Directory send OK.
ftp: 收到 67 字节，用时 0.01秒 11.17千字节/秒。
ftp> put d:\test.txt
200 PORT command successful. Consider using PASV.
150 Ok to send data.
226 Transfer complete.
ftp: 发送 7 字节，用时 0.00秒 7.00千字节/秒。
ftp> ls -l
200 PORT command successful. Consider using PASV.
150 Here comes the directory listing.
-rw-r--r--    1 1000     1000            7 Aug 10 03:26 test.txt
drwxr-xr-x    2 1000     1000            6 Jul 03 13:22 下载
drwxr-xr-x    2 1000     1000            6 Jul 03 13:22 公共
drwxr-xr-x    2 1000     1000            6 Jul 03 13:22 图片
drwxr-xr-x    2 1000     1000            6 Jul 03 13:22 文档
drwxr-xr-x    2 1000     1000            6 Jul 03 13:22 桌面
drwxr-xr-x    2 1000     1000            6 Jul 03 13:22 模板
drwxr-xr-x    2 1000     1000            6 Jul 03 13:22 视频
drwxr-xr-x    2 1000     1000            6 Jul 03 13:22 音乐
226 Directory send OK.
ftp: 收到 581 字节，用时 0.01秒 38.73千字节/秒。
ftp> bye
221 Goodbye.

C:\Users\rayne>
```

图 12-3 Windows 客户端本地用户登录 FTP

子任务 4 配置虚拟用户访问模式

1. 实施要求

为了进一步提升安全性，创建专门账号用于登录 FTP 服务器，进行文件传输。此类账号不能以 SSH 方式登录服务器。

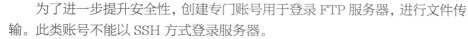

微课 12-4
配置 FTP 虚拟用户
访问模式

2. 实施步骤

① 服务器端。

步骤 1：进入/etc/vsftpd 目录，创建并编辑 virtualuser.list 文件，具体命令及执行结果如下。

```
[root@vms1 ~]# sudo cd /etc/vsftpd/
[root@vms1 vsftpd]# ls
ftpusers   user_list   vsftpd.conf   vsftpd.conf.bak   vsftpd_conf_migrate.sh
[root@vms1 vsftpd]# sudo vim virtualuser.list
```

编辑 virtualuser.list 文件内容如下，每两行为一组，第一行是用户账号，第二行是用户密码。

```
21040900101
ai21101
```

步骤 2：使用 db_load 命令对 virtualuser.list 文件进行加密，加密后的文件名为 virtualuser.db，并修改该文件的用户权限为 600，完成后删除 virtualuser.list 文件，具体命令及执行结果如下。

```
[root@vms1 vsftpd]# sudo db_load -T -t hash -f virtualuser.list virtualuser.db
[root@vms1 vsftpd]# ls
ftpusers    virtualuser.db    vsftpd.conf      vsftpd_conf_migrate.sh
user_list   virtualuser.list  vsftpd.conf.bak
[root@vms1 vsftpd]# sudo ls
ftpusers    virtualuser.db    vsftpd.conf      vsftpd_conf_migrate.sh
user_list   virtualuser.list  vsftpd.conf.bak
[root@vms1 vsftpd]# sudo chmod 600 virtualuser.db
[root@vms1 vsftpd]# sudo rm -f virtualuser.list
```

步骤 3：创建用户 virtual，设置 Shell 为 nologin。逐层设置/home/virtual/文件的权限为 755。创建/etc/vsftpd/virtualuser_dir 目录，并在目录内创建 21040900101 文件，具体命令及执行结果如下。

```
[root@vms1 vsftpd]# sudo useradd virtual -s /sbin/nologin
[root@vms1 vsftpd]# sudo chmod -Rf 755 /home/virtual/
[root@vms1 vsftpd]# sudo mkdir /etc/vsftpd/virtualuser_dir
[root@vms1 vsftpd]# sudo touch /etc/vsftpd/virtualuser_dir/21040900101
[root@vms1 vsftpd]# sudo vim /etc/vsftpd/virtualuser_dir/21040900101
```

在 21040900101 文件中写入相关权限内容如下。

笔 记

```
anon_upload_enable=YES
anon_mkdir_write_enable=YES
anon_other_write_enable=YES、
anon_umask=022
```

步骤 4：修改/etc/vsftpd/vsftpd.conf 文件，内容如下。

```
anonymous_enable=NO
ftpd_banner=欢迎来到公司开源软件站!
local_enable=YES
guest_enable=YES                              //开启虚拟用户模式
guest_username=virtual                        //指定虚拟用户账户
write_enable=YES
local_umask=022
……
pam_service_name=vsftpd.vu                     //使用 PAM 文件
user_config_dir=/etc/vsftpd/virtualuser_dir   //虚拟用户权限配置文件的
                                              //存放路径
userlist_enable=YES
allow_writeable_chroot=YES
……
```

存盘退出。

步骤 5：修改/etc/pam.d/vsftpd.vu 文件内容如下。

```
auth required pam_userdb.so db=/etc/vsftpd/virtualuser
account required pam_userdb.so db=/etc/vsftpd/virtualuser
```

存盘退出，修改防火墙、SELinux 规则，方法同子任务 2。重启 vsftpd.service，命令如下。

```
[root@vms1 vsftpd]# sudo systemctl restart vsftpd
```

② Linux 客户端。

输入 ftp 192.168.100.253，再输入虚拟用户账号 21040900101 和密码 ai211101 登录 FTP 服务器。查看目录，新建 old 目录并重命名为 new，执行 bye 命令退出 FTP，具体命令及执行结果如下。

```
[root@whitai ~]# ftp 192.168.100.253
Connected to 192.168.100.253 (192.168.100.253).
220 欢迎来到公司开源软件站!
Name (192.168.100.253:root): 21040900101
331 Please specify the password.
Password:
230 Login successful.
Remote system type is UNIX.
Using binary mode to transfer files.
```

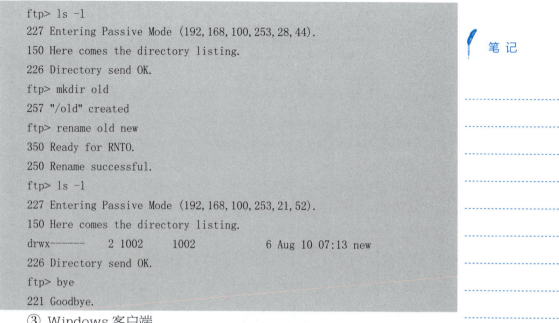

```
ftp> ls -l
227 Entering Passive Mode (192,168,100,253,28,44).
150 Here comes the directory listing.
226 Directory send OK.
ftp> mkdir old
257 "/old" created
ftp> rename old new
350 Ready for RNTO.
250 Rename successful.
ftp> ls -l
227 Entering Passive Mode (192,168,100,253,21,52).
150 Here comes the directory listing.
drwx------    2 1002     1002         6 Aug 10 07:13 new
226 Directory send OK.
ftp> bye
221 Goodbye.
```

笔 记

③ Windows 客户端。

输入 ftp 192.168.100.253，再输入虚拟用户账号 21040900101 和密码 ai211101 登录 FTP 服务器。查看目录，上传 latest-zh_CN.tar.gz 文件，执行 bye 命令退出 FTP，如图 12-4 所示。

④ 网页浏览器登录 FTP 服务器（图 12-5）。

图 12-4　Windows 客户端登录虚拟用户
FTP 服务器

图 12-5　网页浏览器登录虚拟用户 FTP 服务器

登录进入 FTP 服务器以后的界面如图 12-6 所示。

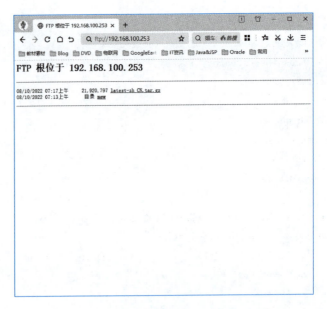

图 12-6 网页浏览器访问虚拟用户 FTP 服务器

实训文档

【实训】 安装与配置 FTP 服务

实训目的

熟练掌握在 Linux 服务器端与客户端安装与配置 FTP 服务的步骤与方法。

实训内容

1. 在 Linux 服务器中安装 vsftpd 软件包。
2. 配置匿名访问模式的 FTP 服务。
3. 客户端能够成功访问 FTP 服务器端。

实训环境

见表 1-7。

实训步骤

步骤 1：在服务器端查看 vsftpd 软件包的安装情况。如未安装，则应安装。启动 FTP 服务并设置为开机自动启动。

步骤 2：使用 Vim 修改/etc/vsftpd/vsftpd.conf 文件，设置 FTP 服务器为允许匿名访问，允许匿名用户上传、下载文档，允许匿名用户创建新目录，并设置/var/ftp/pub 目录的权限为 777。修改 SELinux 规则，允许/var/ftp/pub 目录被访问。添加防火墙规则，允许 FTP 数据包通过。

步骤 3：分别在 Linux 客户端和 Windows 客户端使用 ftp 命令访问 FTP 服务器，完成新建、更名、删除目录以及上传、下载文件等操作。在 Windows 客户端访问网页浏览器。

【 项目总结 】

本项目首先介绍 FTP 的工作原理、工作流程等基础知识；接着介绍在 Linux 服务器中不同用户类型的 FTP 服务配置文件编写规则；最后以任务实操的方式讲解在 Linux 服务器端以及客户端安装与配置 FTP 服务的实际应用全过程。

【 课后练习 】

练习答案

1. 选择题

（1）FTP 是 Internet 提供的_____服务。

　　A. 远程登录　　　　　　　　B. 文件传输

　　C. 电子公告板　　　　　　　D. 电子邮件

（2）使用 FTP 进行文件传输时，有两种模式，分别为_____。

　　A. Word 和二进制　　　　　B. txt 和 Word Document

　　C. ASCII 和二进制　　　　　D. ASCII 和 Rich Text Format

（3）FTP 传输中使用_____端口。

　　A. 23 和 24　　　　　　　　B. 21 和 22

　　C. 20 和 21　　　　　　　　D. 22 和 23

（4）在使用匿名用户登录 FTP 时，常用的用户名为_____。

　　A. users　　　　　　　　　B. anonymous

　　C. root　　　　　　　　　　D. guest

（5）当使用 ftp 命令一次下载多个文件时，可用_____二级命令。

　　A. get　　　　　　　　　　B. put

　　C. mget　　　　　　　　　　D. mput

2. 简答题

（1）FTP 服务器有哪两种工作模式，区别是什么？

（2）简述如何配置本地账号 FTP 服务器。

项目 13

安装与配置 Web 服务

学习目标

【知识目标】

- 理解 Web 服务器的工作原理。
- 了解常用的 Web 服务器软件。
- 掌握主要的 Web 服务器配置选项。
- 掌握 LAMP 环境的架构。

【技能目标】

- 掌握在服务器端安装 httpd 软件包以及启动、停止、重启、查看、设置开机自动启动服务的方法。
- 掌握在服务器端配置 3 种不同类型虚拟主机的方法。
- 掌握在服务器端安装并配置 LAMP 环境的方法。
- 掌握在服务器端安装与配置内容管理系统的方法。

【素养目标】

- 培养学习者在 Linux 服务器端部署动态网站的工程应用能力。
- 识别安全、有效的网站，使用适合的搜索引擎快速获取有用的信息。
- 尊重知识产权，有版权意识，合理借鉴使用他人成果。

安装与配置 Web
服务

PPT

✎ 笔记

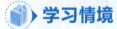

【任务】 安装与配置 Web 服务

📦 学习情境

为了扩大公司影响力，让更多的人了解公司，需要架设公司的博客网站，在互联网上加强宣传。经过分析，决定基于 LAMP 部署该网站。

🧑‍💼 任务描述

公司希望建立官方的博客网站，可以通过网站宣传公司并且可以与客户互动，使客户可以更全面地通过网站获取公司的产品信息。需要架设 Web 服务器，并且使用开源的内容管理系统（Content Management System，CMS）管理该网站。

🎯 任务内容

在 Linux 服务器端安装并配置 Apache 服务，安装并配置开源数据库管理系统 MariaDB，安装 PHP 程序，从而完成 LAMP 环境搭建。部署 WordPress 系统，建成公司的博客网站。

💬 问题引导

- 什么是 Web 服务器？
- Web 服务器是如何工作的？
- 如何部署内容管理系统？

知识学习

1. Web 服务器

Web 服务器一般指网页服务器，是驻留于 Internet 上某种类型计算机的程序，主要功能是提供网上信息浏览服务。WWW 是 World Wide Web 的缩写，一般称为万维网，万维网是互联网提供的一种主要服务，可以结合文字、图形、视频与声音等多媒体，通过鼠标点击超链接的方式将数据通过 Internet 传递到世界各地。因此，Web 服务器也称 WWW 服务器。

Web 服务器程序有很多种，比较常用的有 Apache、Nginx、lighttpd 以及 Microsoft IIS 等。Apache HTTP Server（简称 Apache）是 Apache 软件基金会的一个开放源代码的网页服务器，可以在大多数计算机操作系统中运行，由于其跨平台和安全性被广泛使用，是最流行的 Web 服务器端软件之一。Apache 快速、可靠，并且可通过简单的 API 扩充将 PHP、Perl、Python 等解释器编译到服务器中。Nginx 可用于 HTTP 和反向代理服务器、邮件代理服

务器和通用 TCP/UDP 代理服务器，其源代码和文档在 2-Clause BSD-like
License 下分发，其特点是占有内存少、并发能力强。目前，百度、京东、新
浪、网易、腾讯、淘宝等网站都在使用 Nginx。

笔 记

2. Web 服务器工作原理

一般来说，网站文件都存储在网页服务器的本地文件系统中，而 URL 和
本地文件名都有一个组织结构，服务器会简单地把 URL 对照到本地文件系统
中。正确安装和设置好网页服务器软件后，服务器管理员会从服务器软件放置
文件的地方指定一个本地路径名为根目录。

当客户端 Web 浏览器连接到服务器上并请求文件时，服务器将处理该请
求并将文件反馈到该浏览器上，附带的信息会告诉浏览器如何查看该文件（即
文件类型）。服务器使用超文本传输协议（Hyper Text Transfer Protocol，
HTTP）与客户机浏览器进行信息交互，过程如图 13-1 所示，这就是人们常
把它们称为 HTTP 服务器的原因。

向服务器发出Web请求

返回HTML文档给客户端浏览器

使用浏览器上网　　　　　　　　　　Web服务器

图 13-1　浏览器请求 Web 服务器的过程

通过图 13-1 可以看出，Web 服务器端接收客户端发出的请求，返回的主
要资料是超文本标签语言（HTML）、多媒体资料（如图片、视频、声音、文
本等）。客户端一般使用 Web 浏览器对 HTML 以及多媒体资料进行解析，并
呈现给用户。

3. 虚拟主机

虚拟主机又称虚拟服务器，是一种节省服务器硬件成本的技术。虚拟是指
空间由物理服务器延伸而来，多个虚拟服务器通过软件架设在一个物理服务器
上，而每个虚拟主机包含服务器的所有功能，从而降低每个虚拟主机的成本。

通常一个虚拟主机可以架设几百个网站，架设的网站越多，共享服务器的
客户端就越多，占用系统资源就越多，虚拟主机的数量一般和实体服务器的硬
件配置有关。

虚拟主机通常分为 3 类，每种虚拟主机的设置方式稍有不同，具体如下。

（1）基于 IP 地址的虚拟主机。计算机网络适配器配有多个 IP 地址，并为
每个 Web 站点分配一个唯一的 IP 地址。

（2）基于域名的虚拟主机。拥有多个域名，并且为每个 Web 站点分配一
个主机域名。

（3）基于端口号的虚拟主机。不同的 Web 站点通过不同的端口号监听，
系统服务以及其他服务已占用的端口号不可选用。

4. 静态网页和动态网页

在网站设计中，纯粹 HTML 格式的网页被称为"静态网页"，静态网页是标准的 HTML 文件，文件扩展名是.htm、.html、.shtml、.xml，可以包含文本、图像、声音、Flash 动画、客户端脚本和 ActiveX 控件及 Java 小程序等。静态网页是网站建设的基础，早期的网站一般都是由静态网页构成的。静态网页是相对于动态网页而言，没有后台数据库、不含程序和不可交互。静态网页相对更新起来比较麻烦，适用于一般更新较少的展示型网站。

动态网页用于可以让服务器和使用者互动的网站，一般情况下动态网站通过数据库保存数据，如论坛、留言板和博客等。动态网站除了要设计网页外，还要通过数据库和编制程序来使网站具有更多自动的和高级的功能。动态网站中的动态并不是指动画功能，而是使用"网页编程语言"来实现与使用者互动的行为，网站内容可根据不同情况动态变更。网页文件扩展名有.asp、.jsp、.php、.aspx 等。目前主流的动态网页语言有 PHP、ASP.NET、JSP、Ruby 和 Python 等。动态网站服务器空间配置要比静态的网页要求高，运维费用也相对较高，不过动态网页利于网站内容的更新，适合企业建站。动态网站程序与数据库的交互过程如图 13-2 所示。

图 13-2 动态网站程序与数据库的交互过程

5. 动态网站搭建环境常用软件

搭建主流的动态网站系统功能，运行环境要求如下。

（1）稳定运行的网络操作系统。动态网站所需的系统程序必须可以安装执行，除此之外，操作系统的安全性对动态网站的安全也至关重要。常用的网络操作系统有 Linux 操作系统、Windows Server 系列操作系统。

（2）Web 服务器系统。常用的 Web 服务器软件有 Apache、Nginx、IIS 等。

（3）数据库管理系统。常用的数据库管理系统软件有 MariaDB、MySQL、MongoDB、PostgreSQL、Oracle 等。

（4）网站程序语言。常用的网站程序语言有 Perl、PHP、JSP、Ruby、Python 等。

基于 Linux 操作系统搭建动态网站，常用的软件组合主要有以下三种。

① Linux+Apache+MariaDB/MySQL+PHP（简称 LAMP）。

② Linux+Nginx+MariaDB/MySQL+PHP（简称 LNMP）。

③ Linux+Apache+Nginx+MariaDB/MySQL+PHP（简称 LANMP），该方案中 Nginx 做负载均衡器和反向代理服务器。

基于 Windows 系统搭建动态网站，常用的软件组合有以下两种。

① Windows Server+Apache+MySQL+PHP（简称 WAMP）。

② Windows Server+IIS + MySQL + ASP（简称 WIMP）。

基于 Linux 操作系统的动态网站市场占有率很高，是最常用的动态网站系统运行环境。Nginx 前文已做介绍，下面分别简单介绍 Apache、MariaDB、PHP。

LAMP 中的 A 指的就是 Apache。Apache 网页服务器（Apache HTTP Server）是 Apache 软件基金会的一个开源的网页服务器，可以在大多数计算机操作系统中运行，由于其跨平台和安全性被广泛使用，是目前最流行的 Web 服务器端软件之一。它快速、可靠并且可通过简单的 API 扩充，将 PHP、Perl、Python 等解释器编译到服务器中。

LAMP 中的 M 指的是 MariaDB 或者 MySQL。MariaDB 是 MySQL 的一个分支，属于开源软件，由开源社区维护，采用 GPL 授权许可，目的完全兼容 MySQL（包括 API 和命令行）。自 MySQL 被 Oracle 收购变成闭源软件后，众多 IT 企业开始使用 MariaDB 替代 MySQL。MariaDB 在扩展功能、存储引擎以及一些新的功能改进方面都强过 MySQL，而且从 MySQL 迁移到 MariaDB 非常简单。此外，MariaDB 采用基于事务的 Maria 存储引擎，而 MySQL 采用的是 MyISAM 存储引擎。

LAMP 中的 P 指的是 PHP。超文本预处理器（Hypertext Preprocessor，PHP）是一种在服务器端运行的脚本语言，尤其适用于 Web 开发并可嵌入 HTML 中，主要用于处理动态网页。PHP 的特点有基础好、效率高、功能全面、开箱即用、程序代码简洁，能大幅提高开发效率，部署相对容易。

6. Apache 配置文件

Apache 服务的软件包名称为 httpd，httpd 安装完成后相关的配置文件见表 13-1。

表 13-1 Apache 服务的相关配置文件

配 置 文 件	说　　明
/etc/httpd/	服务目录
/etc/httpd/conf/httpd.conf	主配置文件
/var/www/html/	默认网站数据目录。如果要修改为自定义目录，则需修改 SELinux 策略
/var/log/httpd/access_log	访问日志
/var/log/httpd/error_log	错误日志

主配置文件/etc/httpd/conf/httpd.conf 中的常用配置项见表 13-2。

表 13-2 主配置文件/etc/httpd/conf/httpd.conf 中的常用配置项

常用配置项	功 能
ServerRoot	服务目录
ServerAdmin	管理员邮箱
User	运行服务的用户
Group	运行服务的用户组
ServerName	网站服务器的域名
DocumentRoot	网站数据目录
Listen	监听的 IP 地址与端口号
DirectoryIndex	默认的索引页面
ErrorLog	错误日志文件
CustomLog	访问日志文件
Timeout	网页超时时间，默认为 300 s

任务实施

在 Linux 服务器中创建公司的博客网站，安装与配置 Apache、MariaDB 和 PHP 等软件，搭建网站所需要的 LAMP 运行环境。从 WordPress 网站下载 WordPress 软件并部署调试。

子任务 1 安装 Web 服务所需软件包

1. 实施要求

在 Linux 服务器中通过 dnf 安装 Apache 软件，启动服务并设置为开机自动启动，添加配置防火墙规则，打开 80 端口，允许 HTTP 数据包通过。

微课 13-1
安装 Web 服务所需
软件包

2. 实施步骤

步骤 1：安装 httpd 软件包，具体命令及执行结果如下。

```
[admin@vms1 ~]$ sudo dnf -y install httpd
......
已安装:
  apr-1.6.3-11.el8.x86_64
  apr-util-1.6.1-6.el8.x86_64
  apr-util-bdb-1.6.1-6.el8.x86_64
  apr-util-openssl-1.6.1-6.el8.x86_64
  httpd-2.4.37-39.module+el8.4.0+9658+b87b2deb.x86_64
  httpd-filesystem-2.4.37-39.module+el8.4.0+9658+b87b2deb.noarch
  httpd-tools-2.4.37-39.module+el8.4.0+9658+b87b2deb.x86_64
  mod_http2-1.15.7-3.module+el8.4.0+8625+d397f3da.x86_64
  redhat-logos-httpd-84.4-1.el8.noarch
完毕!
```

步骤 2：启动 httpd.service 并设置为开机自动启动，具体命令及执行结果如下。

```
[admin@vms1 ~]$ sudo systemctl restart httpd
[admin@vms1 ~]$ sudo systemctl status httpd
● httpd.service - The Apache HTTP Server
   Loaded: loaded (/usr/lib/systemd/system/httpd.service; disabled; vendor
preset: disabl>
   Active: reloading (reload) since Fri 2022-08-12 15:53:20 CST; 8s ago
     Docs: man:httpd.service(8)
......
[admin@vms1 ~]$ sudo systemctl enable httpd
Created symlink /etc/systemd/system/multi-user.target.wants/httpd.service
→ /usr/lib/systemd/system/httpd.service.
```

步骤 3：添加防火墙规则，开放 80 端口，允许 HTTP 数据包通过，具体命令及执行结果如下。

```
[admin@vms1 ~]$ sudo firewall-cmd --zone=public --permanent --add-service=http
success
[admin@vms1 ~]$ sudo firewall-cmd --zone=public --permanent --add-port=80/tcp
success
[admin@vms1 ~]$ sudo firewall-cmd --reload
success
```

步骤 4：在 Windows 客户端的网页浏览器中输入 192.168.100.253 并按 Enter 键，访问 Apache 测试页，测试成功的网页显示内容如图 13-3 所示。

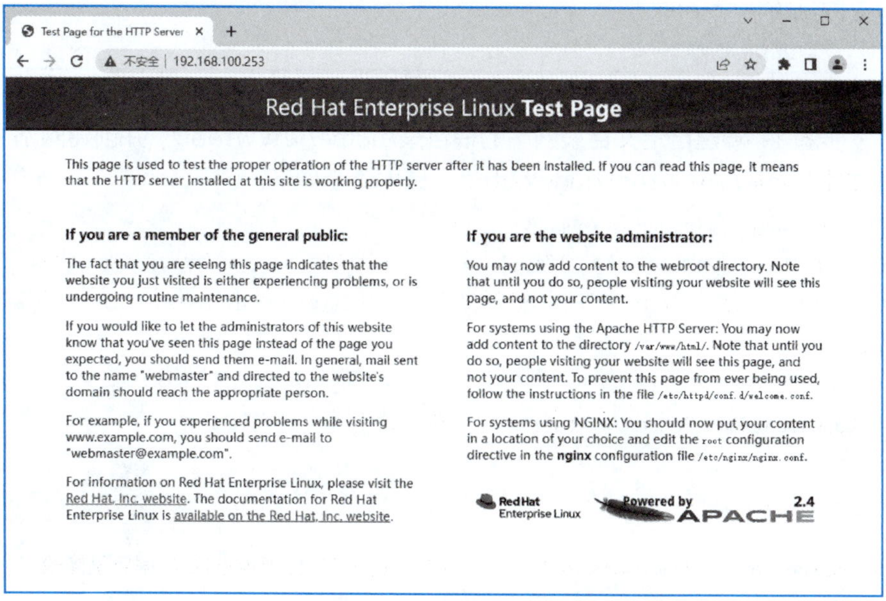

图 13-3　Windows 客户端访问 Web 服务器端测试页

步骤 5：在目录/var/www/html/中创建主页文件 index.html。在 Windows 客户端刷新网页，网页显示内容如图 13-4 所示。

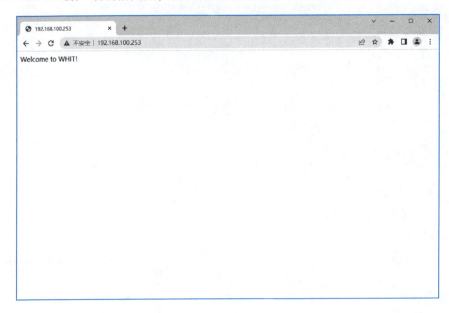

图 13-4　默认网站根目录的网站主页

微课 13-2
配置 Web 服务

子任务 2　配置 Web 服务

1. 实施要求

如需自定义网站根目录，则需要修改主配置文件和 SELinux 规则，使自定义网站可正常访问。

2. 实施步骤

自定义网站根目录的步骤如下。

步骤 1：新建自定义目录网站的根目录/home/wwwroot/，并创建网站主页文件 home/wwwroot/index.html，具体命令如下。

```
[root@vms1 ~]# mkdir /home/wwwroot/
[root@vms1 ~]# sudo echo "Welcome to WHITAI!" >/home/wwwroot/index.html
```

步骤 2：使用 Vim 打开主配置文件/etc/httpd/conf/httpd.conf，修改内容如下。

```
......
DocumentRoot "/home/wwwroot"        //网站根目录，可自定义
#
# Relax access to content within /var/www.
#
<Directory "/home/wwwroot">        //定义目录权限，跟随网站数据目录修改
    AllowOverride None
    # Allow open access:
```

```
    Require all granted
</Directory>
# Further relax access to the default document root:
<Directory "/home/wwwroot">        //定义目录权限，跟随网站数据目录修改
    #
    # Possible values for the Options directive are "None", "All",
    # or any combination of:
    #    Indexes Includes FollowSymLinks SymLin
......
```

存盘退出，重启 httpd.service，具体命令如下。

```
[root@vms1 ~]# sudo systemctl restart httpd
```

步骤 3：修改 SELinux 规则，允许 httpd.service 访问自定义网站目录 /home/wwwroot，具体命令及执行结果如下。

```
[root@vms1 ~]# ll -Zd /var/www/html/
drwxr-xr-x. 2 root root system_u:object_r:httpd_sys_content_t:s0 24 8月  12 17:40 /var/www/html/
[root@vms1 ~]# ll -Zd /home/wwwroot/
drwxr-xr-x. 2 root root unconfined_u:object_r:user_home_dir_t:s0 6 8月  12 18:56 /home/wwwroot/
[root@vms1 ~]# sudo semanage fcontext -a -t httpd_sys_content_t /home/wwwroot
[root@vms1 ~]# sudo semanage fcontext -a -t httpd_sys_content_t /home/wwwroot/*
[root@vms1 ~]# sudo restorecon -Rv /home/wwwroot/
Relabeled /home/wwwroot from unconfined_u:object_r:user_home_dir_t:s0 to unconfined_u:object_r:httpd_sys_content_t:s0
```

步骤 4：在 Windows 客户端刷新网页，网页显示内容如图 13-5 所示。

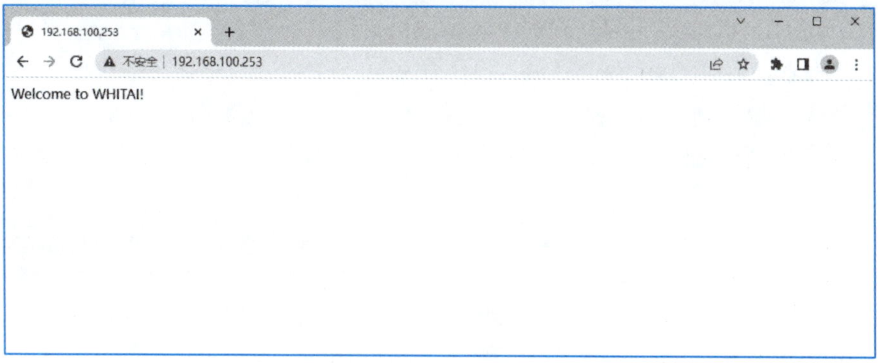

图 13-5　自定义网站根目录的网站主页

子任务 3　配置基于 IP 地址的虚拟主机

1. 实施要求

配置基于 IP 地址的虚拟主机，搭建技术部和财务部两个部门网站，分别通过 192.168.100.253 和 192.168.100.249 两个 IP 地址进行访问。

微课 13-3
配置基于 IP 地址的
虚拟主机

笔 记

2. 实施步骤

步骤 1：在配置基于 IP 地址的虚拟主机时，首先需要在网络适配器上配置两个 IP 地址，使用 nmtui 工具给网络适配器 ens160 添加 IP 地址 192.168.100.249/24，如图 13-6 所示。

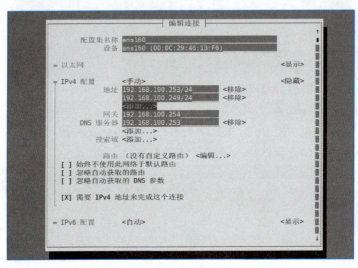

图 13-6 使用 nmtui 添加 IP 地址

更新网络适配器配置信息，具体命令及执行结果如下。

```
[root@vms1 ~]# sudo nmcli c reload ens160
[root@vms1 ~]# sudo nmcli c up ens160
连接已成功激活（D-Bus 活动路径：/org/freedesktop/NetworkManager/
ActiveConnection/4）
```

步骤 2：创建部门网站的根目录及主页文件。

创建 tech 和 fina 两个目录，具体命令如下。

```
[root@vms1 ~]# sudo mkdir /home/wwwroot/tech /home/wwwroot/fina
```

在这两个目录下分别建立技术部和财务部的首页文件 index.html，具体命令如下。

```
[root@vms1 ~]# sudo echo "Welcome to TECH!" > /home/wwwroot/tech/index.html
[root@vms1 ~]# sudo echo "Welcome to FINA!" > /home/wwwroot/fina/index.html
```

修改 SELinux 规则，允许对目录 /home/wwwroot/tech/、/home/wwwroot/fina/及目录内所有内容的访问。

```
[root@vms1 ~]# sudo semanage fcontext -a -t httpd_sys_content_t /home/
wwwroot/tech
[root@vms1 ~]# sudo semanage fcontext -a -t httpd_sys_content_t /home/
wwwroot/tech/*
[root@vms1 ~]# sudo semanage fcontext -a -t httpd_sys_content_t /home/
wwwroot/fina
[root@vms1 ~]# sudo semanage fcontext -a -t httpd_sys_content_t /home/
wwwroot/fina/*
```

```
[root@vms1 ~]# sudo restorecon -Rv /home/wwwroot/
```

步骤 3：编辑主配置文件/etc/httpd/conf/httpd.conf，添加内容如下。

```
......
<VirtualHost 192.168.100.253>              //基于 IP 地址的技术部虚拟主机配置
        DocumentRoot  "/home/wwwroot/tech"
        Servername  tech
        <Directory "/home/wwwroot/tech">
                AllowOverride None
                Require all granted
        </Directory>
</VirtualHost>
<VirtualHost 192.168.100.249>              //基于 IP 地址的财务部虚拟主机配置
        DocumentRoot "/home/wwwroot/fina"
        Servername fina
        <Directory "/home/wwwroot/fina">
                AllowOverride None
                Require all granted
        </Directory>
</VirtualHost>
......
```

存盘退出，重启 httpd.service，具体命令如下。

```
[root@vms1 ~]# sudo systemctl restart httpd
```

步骤 4：在客户端网页浏览器中分别输入 IP 地址 192.168.100.253、192.168.100.249 并按 Enter 键，显示网页效果如图 13-7 所示。

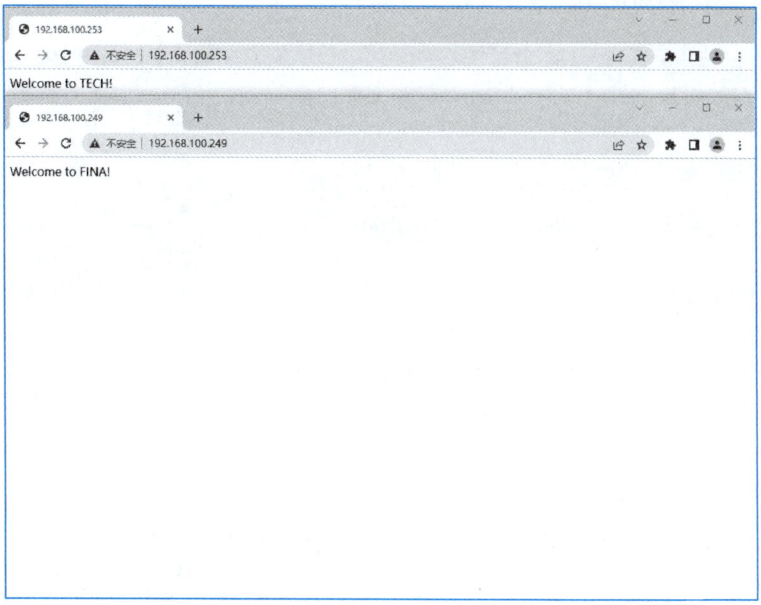

图 13-7　基于 IP 地址虚拟主机的技术部和财务部主页

微课 13-4
配置基于域名的虚拟
主机

笔 记

子任务 4　配置基于域名的虚拟主机

1. 实施要求

配置基于域名的虚拟主机，搭建技术部和财务部两个部门网站，分别通过 tech.vms1.whit.com 和 fina.vms1.whit.com 两个网址进行访问。

2. 实施步骤

步骤 1：使用 Vim 编辑文件/etc/hosts，手动定义地址与域名之间的对应关系，内容如下。

```
127.0.0.1 localhost localhost.localdomain localhost4 localhost4.localdomain4
::1       localhost localhost.localdomain localhost6 localhost6.localdomain6
192.168.100.253 tech.vms1.whit.com   fina.vms1.whit.com //地址与域名之间
                                                          //的对应关系
```

存盘退出。

步骤 2：配置基于域名的虚拟主机需要修改/etc/httpd/conf/httpd.conf 配置文件，添加内容如下。

```
......
<VirtualHost 192.168.100.253>              //基于域名的技术部虚拟主机配置
        DocumentRoot  "/home/wwwroot/tech"
        Servername  tech.vms1.whit.com
        <Directory "/home/wwwroot/tech">
                AllowOverride None
                Require all granted
        </Directory>
</VirtualHost>
<VirtualHost 192.168.100.253>              //基于域名的财务部虚拟主机配置
        DocumentRoot  "/home/wwwroot/fina"
        Servername  fina.vms1.whit.com
        <Directory "/home/wwwroot/fina">
                AllowOverride None
                Require all granted
        </Directory>
</VirtualHost>
......
```

存盘退出，重启 httpd.service，具体命令如下。

```
[root@vms1 ~]# sudo systemctl restart httpd
```

步骤 3：项目 11 的子任务 2 中曾经做过域名解析。现在项目 11 的子任务 2 的基础上对正、反向解析配置文件进行修改。

正向解析文件/var/named/vms1.whit.com.zone，修改内容如下。

```
$TTL 1D
@       IN SOA  vms1.whit.com. root.vms1.whit.com. (
                                        0       ; serial
                                        1D      ; refresh
```

```
                                    1H      ; retry
                                    1W      ; expire
                                    3H )    ; minimum
            NS      ns.vms1.whit.com.
ns          IN A    192.168.100.253
tech        IN A    192.168.100.253     //tech.vms1.whit.com 的正向解析记录
fina        IN A    192.168.100.253     //fina.vms1.whit.com 的正向解析记录
```

存盘退出。

反向解析文件/var/named/192.168.100.arpa，修改内容如下。

```
$TTL 1D
@       IN SOA  vms1.whit.com root.vms1.whit.com. (
                                    0       ; serial
                                    1D      ; refresh
                                    1H      ; retry
                                    1W      ; expire
                                    3H )    ; minimum
            NS      ns.vms1.whit.com.
ns          A       192.168.100.253
253         PTR     ns.vms1.whit.com.
253         PTR     tech.vms1.whit.com.     //tech.vms1.whit.com 的反向解析记录
253         PTR     fina.vms1.whit.com.     //fina.vms1.whit.com 的反向解析记录
```

存盘退出，重启 named.service，具体命令如下。

```
[root@vms1 ~]# sudo systemctl restart named
```

步骤 4：在 Windows 客户端（已设置 DNS 为 192.168.100.253）中打开网页浏览器，分别输入 tech.vms1.whit.com、fina.vms1.whit.com 并按 Enter 键，网页显示结果如图 13-8 所示。

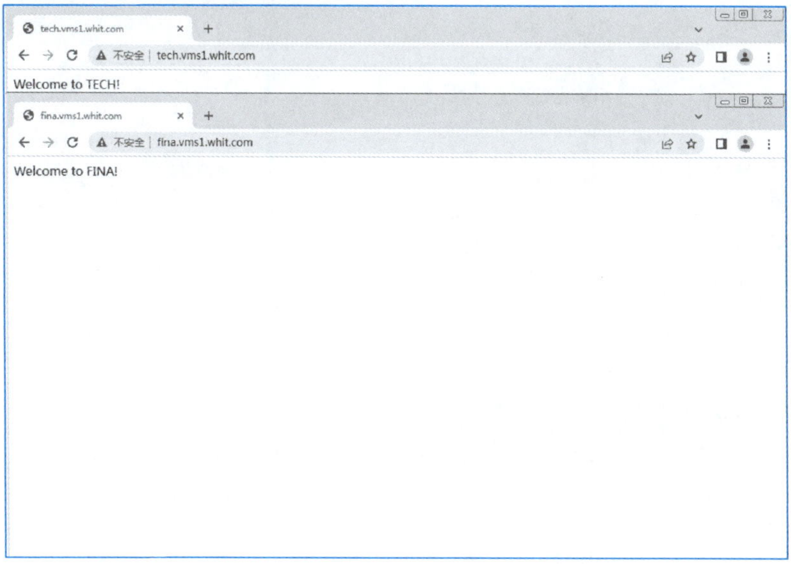

图 13-8　基于域名虚拟主机的技术部和财务部主页

子任务 5　配置基于端口号的虚拟主机

1. 实施要求

配置基于端口号的虚拟主机，搭建技术部和财务部两个部门网站，分别通过 192.168.100.253：4900 和 192.168.100.253：4901 两个带有端口号的 IP 地址进行访问。

2. 实施步骤

步骤 1：配置基于端口号的虚拟主机需要修改/etc/httpd/conf/httpd.conf 配置文件，添加内容如下。

笔 记

```
......
Listen 80
Listen 4900                                    //添加监听端口
Listen 4901                                    //添加监听端口
......
<VirtualHost 192.168.100.253:4900>             //基于端口的技术部虚拟主机配置
        DocumentRoot  "/home/wwwroot/tech"
        Servername  tech.vms1.whit.com
        <Directory "/home/wwwroot/tech">
                AllowOverride None
                Require all granted
        </Directory>
</VirtualHost>
<VirtualHost 192.168.100.253:4901>             //基于端口的财务部虚拟主机配置
        DocumentRoot  "/home/wwwroot/fina"
        Servername  fina.vms1.whit.com
        <Directory "/home/wwwroot/fina">
                AllowOverride None
                Require all granted
        </Directory>
</VirtualHost>
......
```

存盘退出，重启 httpd.service，具体命令如下。

```
[root@vms1 ~]# sudo systemctl restart httpd
```

步骤 2：修改 SELinux 规则，开放 4900、4901 端口，具体命令及执行结果如下。

```
[root@vms1 ~]# sudo semanage port -l | grep http
http_cache_port_t          tcp      8080, 8118, 8123, 10001-10010
http_cache_port_t          udp      3130
http_port_t                tcp      80, 81, 443, 488, 8008, 8009, 8443, 9000
pegasus_http_port_t        tcp      5988
pegasus_https_port_t       tcp      5989
```

```
[root@vms1 ~]# sudo semanage port -a -t http_port_t -p tcp 4900
[root@vms1 ~]# sudo semanage port -a -t http_port_t -p tcp 4901
[root@vms1 ~]# sudo semanage port -l | grep http
http_cache_port_t    tcp        8080, 8118, 8123, 10001-10010
http_cache_port_t    udp        3130
http_port_t          tcp        4901, 4900, 80, 81, 443, 488, 8008, 8009, 8443, 9000
pegasus_http_port_t  tcp        5988
pegasus_https_port_t tcp        5989
```

添加防火墙规则，开放 4900、4901 端口，允许两个端口通过 HTTP 数据包，具体命令及执行结果如下。

```
[root@vms1 ~]# sudo firewall-cmd --zone=public --permanent --add-port=4900/tcp
success
[root@vms1 ~]# sudo firewall-cmd --zone=public --permanent --add-port=4901/tcp
success
[root@vms1 ~]# sudo firewall-cmd --reload
success
```

步骤 3：在 Windows 客户端中打开网页浏览器，分别输入 192.168.100.253：4900、192.168.100.253：4901 并按 Enter 键，网页显示结果如图 13-9 所示。

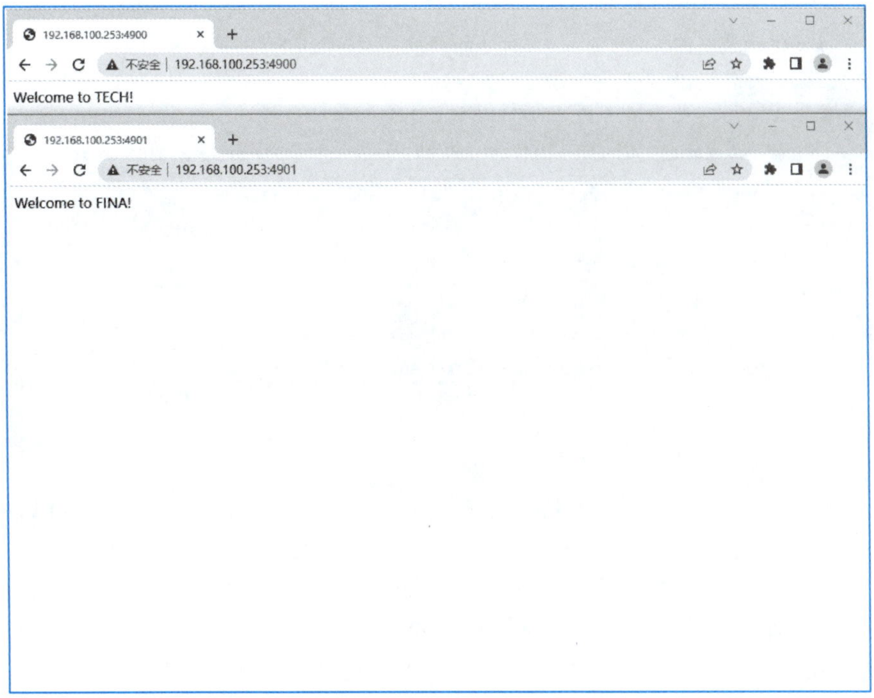

图 13-9　基于端口虚拟主机的技术部和财务部主页

微课 13-6
安装与配置数据库及
服务器端脚本语言

子任务 6 安装与配置数据库

1. 实施要求

以 MariaDB 为例，安装与配置数据库。

安装 mariadb-server 软件包，启动服务并设置为开机自动启动，通过命令设置用户密码，创建数据库。

2. 实施步骤

步骤 1：安装 mariadb-server 软件包，启动相关服务并设置为开机自动启动。

安装 mariadb-server 软件包，具体命令及执行结果如下。

```
[root@vms1 ~]# sudo dnf -y install mariadb-server
......
已安装:
......
  mariadb-server-3:10.3.27-3.module+el8.3.0+8972+5e3224e9.x86_64
  mariadb-server-utils-3:10.3.27-3.module+el8.3.0+8972+5e3224e9.x86_64
  perl-DBD-MySQL-4.046-3.module+el8.1.0+2938+301254e2.x86_64
完毕!
```

启动 mariadb.service，并设置为开机动启动，具体命令及执行结果如下。

```
[root@vms1 ~]# sudo systemctl start mariadb
[root@vms1 ~]# sudo systemctl status mariadb
● mariadb.service - MariaDB 10.3 database server
   Loaded: loaded (/usr/lib/systemd/system/mariadb.service; disabled; vendor preset: disa>
   Active: active (running) since Sat 2022-08-13 15:27:15 CST; 3s ago
     Docs: man:mysqld(8)
......
[root@vms1 ~]# sudo systemctl enable mariadb
Created symlink /etc/systemd/system/mysql.service → /usr/lib/systemd/system/mariadb.service.
Created symlink /etc/systemd/system/mysqld.service → /usr/lib/systemd/system/mariadb.service.
Created symlink /etc/systemd/system/multi-user.target.wants/mariadb.service → /usr/lib/systemd/system/ mariadb.service.
```

步骤 2：设置数据库管理系统管理员密码，登录数据库管理系统创建数据库。

MariaDB 数据库管理系统默认数据库管理员 root 的密码为空，使用 mysqladmin 命令修改数据库管理员 root 的密码，具体命令如下。

```
[root@vms1 ~]# sudo mysqladmin -uroot password 'admin_123456'
```

登录 MariaDB 数据库管理系统，创建数据库 wordpressdb，具体命令及执行结果如下。

笔 记

```
[root@vms1 ~]# sudo mysql -u root -p
Enter password:
Welcome to the MariaDB monitor.  Commands end with ; or \g.
Your MariaDB connection id is 9
Server version: 10.3.27-MariaDB MariaDB Server
Copyright (c) 2000, 2018, Oracle, MariaDB Corporation Ab and others.
Type 'help;' or '\h' for help. Type '\c' to clear the current input statement.
MariaDB [(none)]> create database wordpressdb;
Query OK, 1 row affected (0.000 sec)
MariaDB [(none)]> show databases;
+--------------------+
| Database           |
+--------------------+
| information_schema |
| mysql              |
| performance_schema |
| wordpressdb        |
+--------------------+
4 rows in set (0.000 sec)
MariaDB [(none)]> exit
Bye
```

子任务 7　安装与配置服务器端脚本语言

1. 实施要求

以 PHP 为例，安装与配置服务器端脚本语言。

考虑到软件兼容性，选择合适的 PHP 版本进行安装，并在浏览器上测试通过。

2. 实施步骤

步骤 1：查看 PHP 可安装版本，选择 7.3 版本作为安装版本，具体命令及执行结果如下。

```
[root@vms1 ~]# sudo dnf module list php
......
上次元数据过期检查：1:12:31 前，执行于 2022 年 08 月 13 日 星期六 14 时 29 分07 秒。
AppStream
Name     Stream       Profiles                      Summary
php      7.2 [d]      common [d], devel, minimal     PHP scripting language
php      7.3          common [d], devel, minimal     PHP scripting language
php      7.4          common [d], devel, minimal     PHP scripting language
提示：[d]默认，[e]已启用，[x]已禁用，[i]已安装
```

```
[root@vms1 ~]# dnf module -y enable php:7.3
......
============================================================================
 软件包              架构           版本              仓库              大小
============================================================================
启用模块流:
 nginx                                  1.14
 php                                    7.3
事务概要
============================================================================

完毕!
[root@vms1 ~]# sudo dnf module list php
......
AppStream
Name     Stream       Profiles                         Summary
php      7.2 [d]      common [d], devel, minimal       PHP scripting language
php      7.3 [e]      common [d], devel, minimal       PHP scripting language
php      7.4          common [d], devel, minimal       PHP scripting language
提示: [d]默认, [e]已启用, [x]已禁用, [i]已安装
```

步骤 2: 安装 PHP 7.3 软件包, 具体命令及执行结果如下。

```
[root@vms1 ~]# sudo dnf -y install php
......
已安装:
  nginx-filesystem-1:1.14.1 9.module+el8.0.0+4108+af250afe.noarch
  php-7.3.20-1.module+el8.2.0+7373+b272fdef.x86_64
  php-cli-7.3.20-1.module+el8.2.0+7373+b272fdef.x86_64
  php-common-7.3.20-1.module+el8.2.0+7373+b272fdef.x86_64
  php-fpm-7.3.20-1.module+el8.2.0+7373+b272fdef.x86_64
完毕!
[root@vms1 ~]# sudo php -v
PHP 7.3.20 (cli) (built: Jul  7 2020 07:53:49) ( NTS )
Copyright (c) 1997-2018 The PHP Group
Zend Engine v3.3.20, Copyright (c) 1998-2018 Zend Technologies
```

步骤 3: 创建 PHP 测试网页文件 test.php, 并在 Windows 客户端进行测试。测试网页文件创建的命令如下。

```
[root@vms1 ~]# echo "<?php phpinfo();?>"> /home/wwwroot/test.php
[root@vms1 ~]# sudo systemctl restart httpd
```

在 Windows 客户端打开网页浏览器, 输入 192.168.100.253/test.php 并按 Enter 键, 网页显示结果如图 13-10 所示。

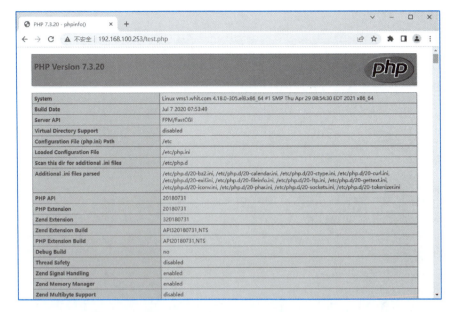

图 13-10　网页显示结果

子任务 8　安装与配置内容管理系统

微课 13-7
安装与配置内容管理
系统

1. 实施要求

以 WordPress 为例，安装与配置内容管理系统。

安装 LAMP 环境下所需的其他相关软件包，通过网络下载需要安装的 WordPress 软件压缩包，解压到指定目录，安装过程中需要根据系统提示修改相应目录的读写权限，并在浏览器中进行安装与部署。部署完成后，登录后台进行管理。

2. 实施步骤

步骤 1：安装 PHP 官方的 MySQL 数据库驱动 php-mysqlnd 软件包，具体命令及执行结果如下。

```
[root@vms1 ~]# sudo dnf -y install php-mysqlnd
......
已安装:
  php-mysqlnd-7.3.20-1.module+el8.2.0+7373+b272fdef.x86_64
  php-pdo-7.3.20-1.module+el8.2.0+7373+b272fdef.x86_64
完毕!
```

步骤 2：安装 php-json 模块（php-json 常规用途是从 Web 服务器读取数据，然后在网页中显示这些数据），具体命令及执行结果如下。

```
[root@vms1 ~]# sudo dnf -y install php-json
......
已安装:
  php-json-7.3.20-1.module+el8.2.0+7373+b272fdef.x86_64
```

完毕!

笔 记

步骤 3：通过网络下载 WordPress 压缩包，并解压缩到网站根目录 /home/wwwroot/中，修改/home/wwwroot/wordpress/目录的所有者、用户组以及权限，具体命令及执行结果如下。

```
[root@vms1 ~]# sudo wget https://cn.wordpress.org/latest-zh_CN.tar.gz
--2022-08-13 16:10:11--  https://cn.wordpress.org/latest-zh_CN.tar.gz
正在解析主机 cn.wordpress.org (cn.wordpress.org)... 198.143.164.252
正在连接 cn.wordpress.org (cn.wordpress.org)|198.143.164.252|:443... 已连接
已发出 HTTP 请求，正在等待回应... 200 OK
长度: 21934071 (21M) [application/octet-stream]
正在保存至: "latest-zh_CN.tar.gz"
latest-zh_CN.tar.gz  100%[===========================>]  20.92M  2.63MB/s
用时 11s
2022-08-13 16:10:24 (1.97 MB/s) - 已保存 "latest-zh_CN.tar.gz"
[21934071/21934071])
[root@vms1 ~]# tar -zxvf latest-zh_CN.tar.gz -C /home/wwwroot/
......
wordpress/wp-includes/class.wp-dependencies.php
wordpress/wp-signup.php
wordpress/wp-links-opml.php
[root@vms1 ~]# sudo chown -R apache:apache /home/wwwroot/wordpress/
[root@vms1 ~]# sudo chmod -R 755 /home/wwwroot/wordpress/
```

步骤 4：修改 httpd 的主配置文件/etc/httpd/conf/httpd.conf，内容如下。

```
......
DocumentRoot "/home/wwwroot/wordpress"          //修改网站数据目录


#
# Relax access to content within /var/www.
#
<Directory "/home/wwwroot/">                    //跟随网站数据目录修改
    AllowOverride None
    # Allow open access:
    Require all granted
</Directory>
<Directory "/home/wwwroot/wordpress">           //跟随网站数据目录修改
    #
    # Possible values for the Options directive are "None", "All",
    # or any combination of:
......
```

存盘退出，重启 httpd.service，临时关闭 SELinux，具体命令如下。

```
[root@vms1 ~]# systemctl restart httpd
[root@vms1 ~]# setenforce 0
```

步骤 5：WordPress 安装与配置。

在 Windows 客户端中打开网页浏览器，输入 192.168.100.253 并按 Enter 键，进入 WordPress 初始化安装界面，网面显示如图 13-11 所示。

笔 记

图 13-11　初始化安装界面

单击"现在就开始！"按钮，在打开的数据库连接配置界面中填写相关信息，如图 13-12 所示。

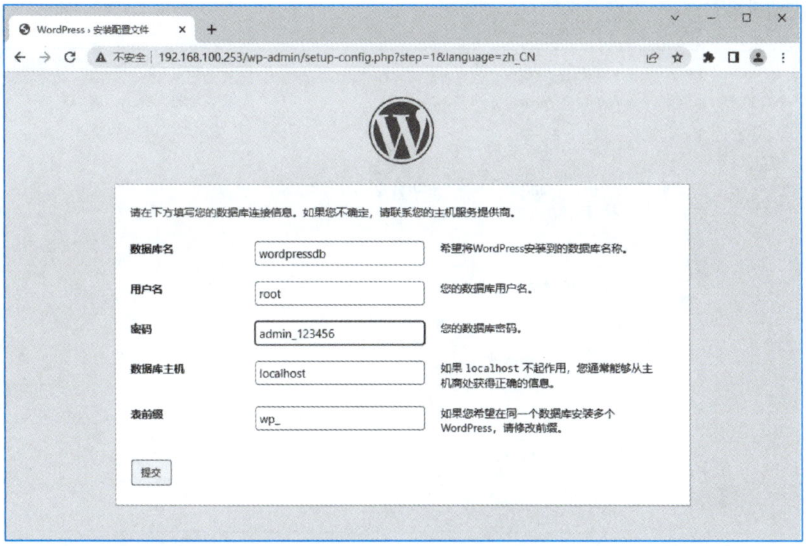

图 13-12　填写数据库连接配置界面

填写完数据库信息后，单击"提交"按钮。如果测试成功，可单击"运行安装程序"按钮，打开站点信息配置界面，如图 13-13 所示。

笔 记

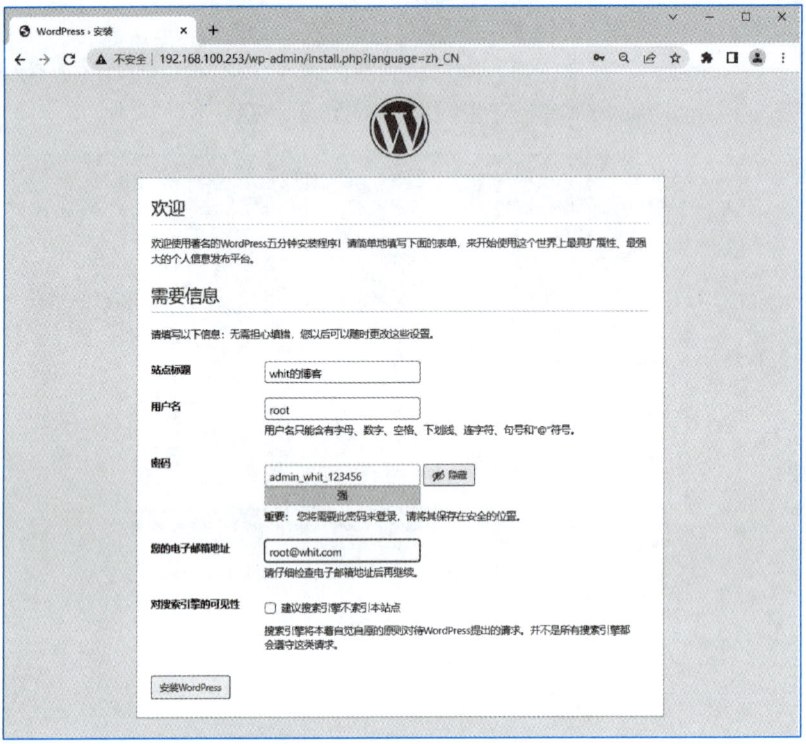

图 13-13　站点信息配置界面

填写完相关信息后单击"安装 WordPress"按钮，打开安装成功界面，如图 13-14 所示。

图 13-14　安装成功界面

单击"登录"按钮，打开网站后台管理登录界面，如图 13-15 所示。

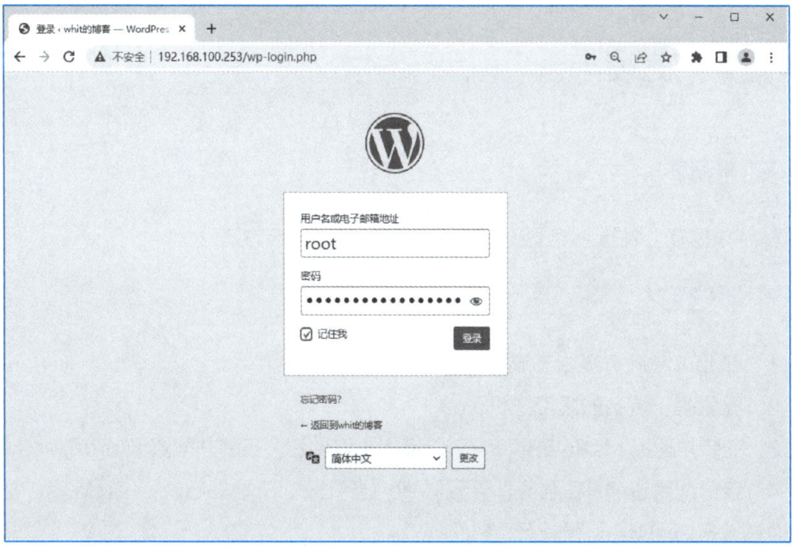

图 13-15　网站后台管理登录界面

在输入后台管理的账号和密码后，单击"登录"按钮，打开后台管理界面，即可进行网站管理。网站后台管理完成后，普通用户在客户端的网页浏览器中输入 192.168.100.253 并按 Enter 键，即可看到公司的博客网站，如图 13-16 所示。

图 13-16　普通用户访问网站的界面

实训文档

笔 记

【实训】 安装与配置 Web 服务

实训目的

熟练掌握在 Linux 服务器端搭建动态网站的步骤与方法。

实训内容

1. 在 Linux 服务器中安装 httpd 软件包。
2. 配置基于域名的虚拟主机。
3. 安装并配置 MariaDB、PHP 以及相关软件包，安装并配置 WordPress 系统。
4. 若已配置过 DNS 服务，可将 Web 服务器的 IP 地址与域名进行绑定，客户端可以通过域名访问 Web 服务器。

实训环境

见表 1-7。

实训步骤

步骤 1：查看、安装 httpd 软件包。安装完成后，启动 httpd.service 并设置开机自动启动。

步骤 2：修改 Apache 配置文件/etc/httpe/conf/httpd.conf 的内容，配置虚拟主机，修改 SELinux、防火墙策略并进行测试。

步骤 3：安装并配置 MariaDB、PHP 以及相关软件包（php-mysqlnd、php-json 等）并进行测试。

步骤 4：下载软件压缩包 latest-zh_CN.zip 并解压缩到网站的根目录中，修改目录以及文件权限等。

步骤 5：在浏览器中安装部署 WordPress 系统，完成后登录后台进行管理。

【项目总结】

本项目首先介绍 Web 服务的工作原理、工作流程等基础知识；接着介绍 Web 服务配置文件以及不同类型虚拟主机配置文件的编写规则；然后介绍 LAMP 环境搭建的另两个核心软件：开源数据库管理系统 MariaDB 和编程语言 PHP；最后以任务实操的方式讲解在 Linux 服务器端安装与配置 Web 服务以及部署动态网站的全过程。

【课后练习】

练习答案

1. 选择题

（1）LAMP 中的 A 是指_____。

    A. Apache   B. Agent

    C. Anaconda   D. Allow

（2）httpd 程序的配置文件是_____。

    A. httpd.con   B. httpd.conf

    C. httpd.cof   D. httpd.co

（3）httpd 程序的配置文件中定义网站根目录的配置项名称是_____。

    A. DocumentRoot   B. VirtualHost

    C. Servername   D. Listen

（4）默认 Web 服务的端口号是_____。

    A. 21   B. 22

    C. 80   D. 143

（5）httpd 程序的配置文件中定义虚拟主机的标签项是<_____>。

    A. Host   B. Virtual

    C. Directory   D. VirtualHost

2. 简答题

（1）简述 LAMP 环境的组成。

（2）简述 Apache 虚拟主机的 3 种类型及区别。

项目 **14**

安装与配置
E-mail 服务

学习目标

【知识目标】

- 了解 E-mail 的功能和工作原理。
- 了解 E-mail 服务的主要组成。

【技能目标】

- 掌握在 Linux 服务器端安装与配置 postfix 的方法。
- 掌握在 Linux 服务器端安装与配置 dovecot 的方法。
- 掌握在客户端安装与设置 E-mail 邮件客户端软件的方法。

【素养目标】

- 培养学习者在 Linux 服务器端与客户端安装与配置 E-mail 服务的工程应用能力。
- 培养学习者根据实际需求解决问题的工程综合应用能力。
- 充分认识网络安全的重要性，具备安全防范意识。

安装与配置 E-mail
服务

PPT

【任务】 安装与配置 E-mail 服务

 学习情境

为了保障公司内部的业务隐私以及企业员工之间高效的业务沟通，公司决定自建 E-mail 服务。要求搭建以公司域名为后缀的企业邮箱，要求公司员工在企业私网中均要使用企业邮箱收发邮件。

经过研究比较，决定使用 SMTP 服务器软件 Postfix 和 IMAP、POP3 服务器软件 Dovecot，搭配 Foxmail（Windows 客户端）、Mozilla Thunderbird（Linux 客户端）E-mail 客户端软件，满足公司员工使用企业邮箱收发邮件的需求。

笔记

 任务描述

在 Linux 服务器中，安装 SMTP 邮件服务器软件 Postfix，配置 Postfix，添加服务器防火墙规则，允许 SMTP 数据包通过。安装和配置 POP3、IMAP 邮件服务器软件 Dovecot，添加服务器防火墙规则，允许 POP3、IMAP 数据包通过。配置邮件客户端软件 Foxmail，由 Foxmail 连接邮件服务器，公司员工通过 Foxmail 完成邮件的收发。

 问题引导

- 什么是 E-mail?
- 电子邮件是如何在网络中传送的?
- Postfix 和 Dovecot 各自作用是什么?
- 常用的电子邮件客户端软件有哪些?

知识学习

1. E-mail 简介

电子邮件（Electronic Mail，E-mail）又称电子函件、电邮或邮件是指通过 Internet 进行书写、发送和接收信件，实现发信人和收信人之间的信息交互，是一种通过计算机网络的手段提供信息交换的通信方式，是 Internet 最基本、应用最广、最重要的服务之一。

与传统的邮政系统的邮件服务相比,E-mail 主要通过 Internet 或 Intranet 进行邮件交互，具有快速和费用低廉的特点。用户发送一封 E-mail，一般可以在几秒钟内到达对方的邮箱。E-mail 还可以添加附件，将文件以邮件附件的形式进行传送，可以高效地在全球范围内进行邮件通信。此外，E-mail 采用邮箱存储的方式，用户可以在公司或者家中随时接收邮箱里的邮件，方便用户使用。

Internet 中 E-mail 地址的格式为：用户标识符@域名。其中，用户标识符是指用户账号，存在于邮件服务器中，且在同一个邮件服务器中具有唯一性。例如，whit@vms1.whit.com，@是分隔符，是英文 at 的符号。域名是指用户邮箱所在的邮件接收服务器域名，用以标志其所在的位置。

笔记

2. E-mail 服务使用的协议

E-mail 服务通过专用的通信协议完成通信，应用在 E-mail 服务中的协议主要有 SMTP、POP3 和 IMAP 等。

（1）SMTP

简单邮件传输协议（Simple Mail Transfer Protocol，SMTP）是 Internet 邮件传输的标准协议，是一种用于由源地址到目的地址传送邮件时，控制邮件传输方式的规则。SMTP 属于 TCP/IP 协议族，使用 25 端口，帮助每台计算机在发送或中转信件时找到下一个目的地。通过 SMTP 所指定的服务器，可以在极短时间内把邮件发送到收信人的服务器上。

（2）POP3

邮局协议（Post Office Protocol，POP）是 TCP/IP 协议族中的一员，最新版本为 POP3，全称 Post Office Protocol – Version 3。POP3 支持使用客户端远程管理在服务器上的 E-mail，使用 110 端口。而提供了 SSL 加密的 POP3 被称为 POP3S。

POP3 支持离线邮件处理，离线邮件处理模式是一种存储转发服务，其具体过程是：将邮件发送到服务器上，邮件客户端调用邮件客户机程序连接服务器，将所有未读的电子邮件下载到本地计算机机中，同时删除保存在邮件服务器中的邮件。但目前的 POP3 邮件服务器大都可以实现下载邮件到本地计算机而并不删除服务器端邮件的功能，即实现改进的 POP3。

（3）IMAP

Internet 邮件访问协议（Internet Message Access Protocol，IMAP）是一个应用层协议，IMAP4 是 IMAP 的第 4 版，用来从本地邮件客户端访问远程服务器上的邮件。IMAP 使用 143 端口。

IMAP4 与 POP3 均为规定个人计算机如何访问网上的邮件的服务器进行收发邮件的协议，但是 IMAP4 弥补了 POP3 的很多缺陷。IMAP4 支持协议客户端在线或者离线访问并阅读服务器上的邮件，还能交互式地操作服务器上的邮件。IMAP4 更人性化的地方是不需要像 POP3 那样将邮件下载到本地，用户可以通过客户端直接对服务器上的邮件进行操作。

3. E-mail 服务的工作原理

E-mail 服务是一个系统的服务，由多个软件协同运行，软件主要分为 4 类。

（1）邮件传输代理（Mail Transfer Agent，MTA）。MTA 指在 Linux 主机上可以配置一个邮件传输代理，进行邮件的传送。MTA 使用的是 SMTP，主要功能是接收用户或者其他 MTA 发送的邮件，如果接受的邮件是发送给本地用户的，MTA 则将邮件保存到收件箱中，否则 MTA 将邮件转发给其他邮件服务器。

（2）邮件接收代理（Mail Retrieval Agent，MRA）。常用的 MRA 服务器软件有 Cyrus IMAP 和 Dovecot，用户利用 MRA 服务可以通过 POP3 或者 IMAP 获取服务器中的邮件。MRA 使用 POP3 和 IMAP 收信的方式是不同的，区别如下。

采用 POP3 收信，邮件客户端软件通过 POP3 连接到 MRA 的 110 端口，通过输入正确的账号及密码获得授权，进入用户收件箱取得邮件，将邮件发送到邮件客户端，邮件发送完毕以后系统会删除收件箱中的邮件。

采用 IMAP 收信，IMAP 可以将用户收件箱的资料转存到用户家目录，可以对用户邮件进行分类管理，用户收件后邮件仍然保存。

（3）邮件用户代理（Mail User Agent，MUA）。MUA 是指可以在客户本地主机编写邮件，发送邮件到邮件服务器上的客户端软件，MUA 还可以接收邮件服务器上的邮件，并且在本地进行查看。常见的 MUA 软件有 Mozilla Thunderbird、Outlook、Foxmail 等。

（4）邮件递送代理（Mail Delivery Agent，MDA）。MDA 的主要作用是分析 MTA 接收的邮件，如果邮件的目标地址是本机，则将邮件发送到收件箱，如果不是本机则转送到其他 MTA，常用的 MDA 软件是 Procmail。除此之外，MDA 一般还可以承担过滤垃圾邮件及自动回复等功能。

邮件传送的整体流程如图 14-1 所示。

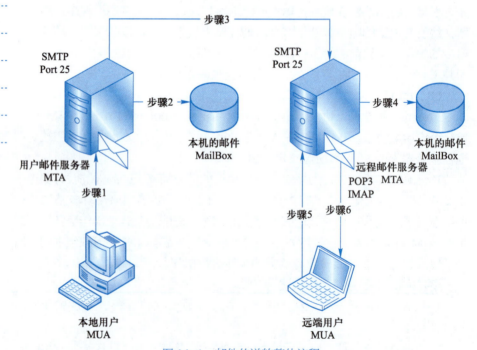

图 14-1　邮件传送的整体流程

步骤 1：使用 MUA 创建一封邮件，邮件创建后被送到该用户的本地邮件服务器的 MTA，传送过程使用的是 SMTP。此邮件被加入本地 MTA 服务器的队列。

步骤 2：MTA 检查收件用户是否是本地邮件服务器的用户，如果收件人是本机的用户，服务器将邮件存入本机的收件箱。

步骤 3：如果邮件收件人并非本机用户，MTA 则检查该邮件的收信人，向 DNS 服务器查询接收方 MTA 对应的域名，然后将邮件发送至接收方 MTA，使用的仍然是 SMTP。这时，邮件已经从本地的用户工作站发送到收件人 ISP 的邮件服务器，并且转发到远程的域中。

步骤 4：远程邮件服务器比对收到的邮件，如果邮件地址是本服务器地址，则将邮件保存入收件箱，否则继续转发到目标邮件服务器。

步骤 5：远端用户连接到远程邮件服务器的 POP3 或者 IMAP 接口上，通过账号、密码获得使用授权。

步骤 6：邮件服务器将远端用户账号下的邮件取出并且发送给收件人的 MUA。

4. 常用的电子邮件服务相关软件

E-mail 服务相关软件有很多，最常用的有 Postfix、Dovecot、Foxmail、Mozilla Thunderbird。

（1）Postfix

Postfix 是一款 MTA 软件，改良了 Sendmail 邮件服务器软件，基于 GPL 协议，在快速、易于管理和安全性方面取得了一种较好的平衡。此外，Postfix 还可以和 Sendmail 邮件服务器保持兼容性以满足用户的使用习惯。

（2）Dovecot

Dovecot 是一款 MRA 软件，作为 POP3 和 IMAP 邮件服务器，支持 Linux 系统，是开源软件，安全性较高。

（3）Foxmail

Foxmail 是一款 E-mail 客户端软件，支持 Windows 系统，具备强大的反垃圾邮件功能，使用多种技术对邮件进行判别，能够准确识别垃圾邮件与非垃圾邮件。

（4）Mozilla Thunderbird

Mozilla Thunderbird 是由 Mozilla 浏览器的邮件功能部件所改造的邮件工具，支持 Linux 系统，界面设计更简洁、免安装。

任务实施

搭建企业邮箱，让私网用户都可以通过公司邮件服务器使用公司域名后缀的邮箱收发邮件。在 Linux 操作系统中安装并配置 Postfix、Dovecot，设置防火墙策略允许 SMTP、POP3、IMAP 数据包通过，使用 Foxmail 邮件客户端软件在公司私网收发邮件。

笔 记

笔记

子任务 1 配置邮件服务器的 DNS

1. 实施要求

设置主机名，安装与配置邮件服务器的 DNS 服务。

2. 实施步骤

步骤 1：使用 Vim 修改主机名配置文件/etc/hostname，将服务器主机名修改为 mail.vms1.whit.com。然后重启服务器。

步骤 2：安装与配置 DNS 服务（具体步骤参见项目 11），修改正向区域配置文件/var/named/vms1.whit.com.zone，编辑内容如下。

```
$TTL 1D
@        IN SOA   vms1.whit.com. root.vms1.whit.com. (
                                     0       ; serial
                                     1D      ; refresh
                                     1H      ; retry
                                     1W      ; expire
                                     3H )    ; minimum
         NS       ns.vms1.whit.com.
ns       IN A     192.168.100.253
@        IN MX 10 mail.vms1.whit.com.        //添加邮箱记录
mail     IN A     192.168.100.253            //正向解析记录
```

存盘退出。

步骤 3：修改反向区域配置文件/var/named/192.168.100.arpa，编辑内容如下。

```
$TTL 1D
@        IN SOA   vms1.whit.com root.vms1.whit.com. (
                                     0       ; serial
                                     1D      ; refresh
                                     1H      ; retry
                                     1W      ; expire
                                     3H )    ; minimum
         NS       ns.vms1.whit.com.
ns       A        192.168.100.253
253      PTR      ns.vms1.whit.com.
253      PTR      mail.vms1.whit.com.        //反向解析记录
```

存盘退出，重启 named.service，具体命令如下。

```
[root@mail ~]# sudo systemctl restart named
```

子任务 2　安装与配置 MTA 服务器软件

1. 实施要求

安装与配置 MTA 服务器软件 Postfix，监听所有客户端机器的邮件收发请求。启动 postfix.service，并设置为开机自动启动。添加防火墙规则，允许 SMTP 数据包通过。

微课 14-2
安装与配置 MTA
服务器软件

2. 实施步骤

步骤 1：安装 Postfix 软件包，具体命令及执行结果如下。

```
[root@mail ~]# sudo dnf -y install postfix
......
已安装:
  postfix-2:3.5.8-1.el8.x86_64
完毕!
```

笔 记

步骤 2：启动 postfix.service 并设置为开机自动启动，具体命令及执行结果如下。

```
[root@mail ~]# sudo systemctl start postfix
[root@mail ~]# sudo systemctl status postfix
● postfix.service - Postfix Mail Transport Agent
    Loaded: loaded (/usr/lib/systemd/system/postfix.service; disabled; vendor
preset: disa>
    Active: active (running) since Mon 2022-08-15 14:23:52 CST; 6s ago
   Process: 7351 ExecStart=/usr/sbin/postfix start (code=exited, status=
0/SUCCESS)
......
[root@ mail ~]# sudo systemctl enable postfix
Created symlink /etc/systemd/system/multi-user.target.wants/postfix.service →
/usr/lib/systemd/system/postfix.service.
```

步骤 3：修改配置文件/etc/postfix/main.cf。文件中 5 个配置项 myhostname、mydomain、myorigin、inet_interfaces、mydestination 的配置内容如下。

```
......
myhostname = mail.vms1.whit.com  //设置主机名
......
mydomain = vms1.whit.com    //设置域名（此处设置将成为 E-mail 地址@后面的
                            //部分）
......
myorigin = $mydomain        //将发信地址@后面的部分设置为域名
......
inet_interfaces = all       //接受来自所有网络的请求
......
mydestination = $myhostname, $mydomain    //指定发给本地邮件的域名
......
```

存盘退出，重启 postfix.service，具体命令如下。

```
[root@mail ~]# sudo systemctl restart postfix
```

步骤 4：添加防火墙规则，允许 SMTP 数据包通过，具体命令及执行结果如下。

```
[root@mail ~]# sudo firewall-cmd --zone=public --permanent --add-service=smtp
success
[root@mail ~]# sudo firewall-cmd --reload
success
```

微课 14-3
安装与配置 MRA
服务器软件

📝 笔 记

子任务 3 安装与配置 MRA 服务器软件

1. 实施要求

安装与配置 MRA 服务器软件 Dovecot，打开 POP3、IMAP 服务，关闭 SSL，添加防火墙规则，允许 POP3、IMAP 数据包通过。

2. 实施步骤

步骤 1：安装 Dovecot 软件包，具体命令及执行结果如下。

```
[root@mail ~]# sudo dnf -y install dovecot
......
已安装:
    clucene-core-2.3.3.4-31.20130812.e8e3d20git.el8.x86_64
dovecot-1:2.3.8-9.el8.x86_64
完毕!
```

步骤 2：修改配置文件/etc/dovecot/dovecot.conf。文件中 3 个配置项 protocols、disable_plaintext_auth、login_trusted_networks 的配置内容如下。

```
......
protocols = imap pop3 lmtp          //修改 Dovecot 支持的电子邮件协议
disable_plaintext_auth = no         //允许用户使用明文进行密码验证
......
login_trusted_networks = 192.168.100.0/24        //设置允许登录的网段地址
......
```

存盘退出。

步骤 3：修改配置文件 etc/dovecot/conf.d/10-mail.conf。文件中配置项 mail_location = mbox: ~/mail:INBOX=/var/mail/%u 所在行的注释标记# 删除即可。

```
......
mail_location = mbox: ~/mail:INBOX=/var/mail/%u     //配置邮件格式与存储路径
......
```

存盘退出，重启 dovecot.service，并设置为开机自动启动，具体命令及执行结果如下。

```
[root@mail ~]# sudo systemctl restart dovecot
```

```
[root@mail ~]# sudo systemctl enable dovecot
Created symlink /etc/systemd/system/multi-user.target.wants/dovecot.service →
/usr/lib/systemd/system/dovecot.service.
```

步骤 4：切换到 whit 用户中，创建目录 mail/.imap/INBOX，具体命令如下。

```
[root@mail ~]# su - whit
[whit@mail ~]$ mkdir -p mail/.imap/INBOX
[whit@mail ~]$ exit
```

步骤 5：添加防火墙规则，允许 IMAP、POP3 数据包通过，具体命令及执行结果如下。

```
[root@mail ~]# sudo firewall-cmd --zone=public --permanent --add-service=imap
success
[root@mail ~]# sudo firewall-cmd --zone=public --permanent --add-service=pop3
success
[root@mail ~]# sudo firewall-cmd --reload
success
```

子任务 4 配置 E-mail 客户端

1. 实施要求

常用的 E-mail 客户端软件有 Foxmail、Mozilla Thunderbird 等。本任务选用 Foxmail 软件，在客户端配置 Foxmail，并测试通过。

微课 14-4
配置 E-mail 客户端

2. 实施步骤

步骤 1：添加邮件账号。

启动 Foxmail 软件，选择需要登录的邮箱，如图 14-2 所示。

由于是企业定制的邮箱，所以可单击"其他邮箱"选项，打开"请输入账号密码"界面，如图 14-3 所示。

图 14-2 Foxmail 配置选择邮箱

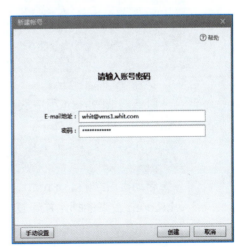

图 14-3 Foxmail 输入账号密码

输入邮箱账号 whit@vms1.whit.com 及其密码 Demo_vm1u@01（该邮箱账号源自 Linux 主服务器的 whit 用户，邮箱密码就是 whit 用户的登录系统密码），单击"创建"按钮。自动识别后，会打开"邮件服务器参数配置"界面，如图 14-4 所示。

接收服务器类型选择 POP3，在"POP 服务器"文本框中填写 mail.vms1.whit.com，在"SMTP 服务器"文本框中填写 mail.vms1.whit.com，单击"创建"按钮，进入"设置成功"界面，如图 14-5 所示。

图 14-4　Foxmail 邮件服务器参数配置

图 14-5　Foxmail 用户邮箱创建完成

单击"完成"按钮，配置工作完成。

步骤 2：在服务器端安装 Mailx 软件包，具体命令及执行结果如下。

```
[root@mail ~]# sudo dnf -y install mailx
......
已安装:
  mailx-12.5-29.el8.x86_64
完毕!
```

步骤 3：邮箱测试。

服务器端的 root 用户从 root@vms1.whit.com 向 whit@vms1.whit.com 发送邮件，具体命令如下。

```
[root@mail ~]# sudo echo "Hello, Whit" | mailx -s "Whit's Greeting" whit@vms1.whit.com
```

启动客户端的 Foxmail，登录 whit@vms1.whit.com，接收 root@vms1.whit.com 发来的邮件并回复，如图 14-6 所示。

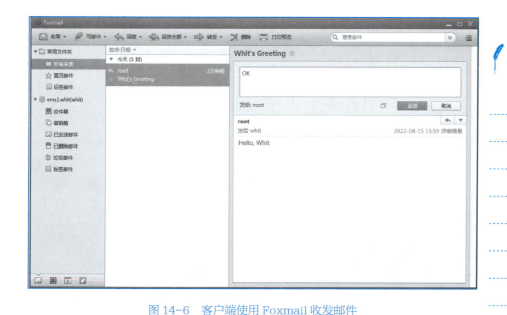

图 14-6　客户端使用 Foxmail 收发邮件

服务器端的 root 用户执行 mailx 命令查看 whit@vms1.whit.com 回复邮件情况，具体命令及执行结果如下。

```
[root@mail ~]# mailx
Heirloom Mail version 12.5 7/5/10.  Type ? for help.
"/var/spool/mail/root": 3 messages 3 new
>N  1 whit@vms1.whit.com    Mon Aug 15 15:08   16/618   "*** SECURITY information
for vm"
  N  2 whit@vms1.whit.com     Mon Aug 15 16:03   53/2264  "Re: Whit's Greeting"
& 2
Message  2:
From whit@vms1.whit.com  Mon Aug 15 16:03:52 2022
Return-Path: <whit@vms1.whit.com>
X-Original-To: root@vms1.whit.com
Delivered-To: root@vms1.whit.com
From: "whit@vms1.whit.com" <whit@vms1.whit.com>
To: root <root@vms1.whit.com>
Subject: Re: Whit's Greeting
Date: Mon, 15 Aug 2022 16:03:51 +0800
X-Priority: 3
X-Has-Attach: no
X-Mailer: Foxmail 7.2.24.96[cn]
Content-Type: multipart/alternative;
    boundary="----=_001_NextPart008836405516_=----"
Status: R
Content-Type: text/plain;
    charset="utf-8"
```

```
Hello, Whit
& exit
您在 /var/spool/mail/root 中有邮件
```

【实训】 安装与配置 E-mail 服务

实训目的

熟练掌握在 Linux 服务器端与客户端安装与配置 E-mail 服务的步骤与方法。

实训内容

在 Linux 服务器端搭建 E-mail 服务,私网用户可以使用 E-mail 客户端收发邮件。子网、邮件服务器内网地址等根据实训场地实际情况而定。

1. 安装配置 Postfix。
2. 安装并配置 Dovecot。
3. 设置 Mozilla Thunderbird 并使用 Mozilla Thunderbird 收发邮件。

实训环境

见表 1-7。

实训步骤

步骤 1:设置 E-mail 服务器私网 IP 地址,配置 DNS 服务,添加相应的 MX 记录和 A 记录。添加系统用户 test 并设置密码。

步骤 2:安装 Postfix 软件包,配置 Postfix 服务,修改/etc/postfix/main.cf 文件,设置相关参数。修改完成后,重启 Postfix 服务。将 Postfix 服务设置为开机启动,添加防火墙规则,允许 SMTP 数据包通过。

步骤 3:安装与设置 Dovecot 服务,并设置服务开机启动。添加防火墙策规则,允许 POP3、IMAP 数据包通过。

步骤 4:下载并安装 Mozilla Thunderbird 邮件客户端软件。

步骤 5:在 Mozilla Thunderbird 软件中添加 test 开头的邮件账号,设置账号密码,使用 Mozilla Thunderbird 软件进行私网的邮件收发操作。

【项目总结】

本项目首先介绍 E-mail 的工作原理以及工作流程等基础知识;接着介绍 Linux 服务器端 E-mail 服务配置文件的编写规则;最后以任务实操的方式讲解在 Linux 服务器端以及客户端安装与配置 E-mail 服务的实际应用全过程。

【课后练习】

练习答案

1. 选择题

（1）Postfix 的主要配置文件是_____。

    A．/etc/postfix/main.cf   B．/etc/postfix/master.cf

    C．/etc/postfix/access   D．/etc/postfix/generic

（2）Dovecot 软件属于邮件服务器的_____。

    A．MUA   B．MRA

    C．MTA   D．MDA

（3）SMTP 服务的端口号是_____。

    A．25   B．80

    C．110   D．143

（4）在下列协议中，不属于电子邮件服务所使用的协议是_____。

    A．SMTP   B．FTP

    C．POP3   D．IMAP

（5）下列属于 MTA 软件的是_____。

    A．Foxmail   B．Wechat

    C．Postfix   D．Nginx

2. 简答题

（1）分别简述 MUA、MTA 和 MRA 的功能。

（2）分别简述 SMTP、POP3 和 IMAP 的概念及各自的作用。

参 考 文 献

[1] 颜晨阳. Linux 网络操作系统任务教程[M]. 北京：高等教育出版社，2020.

[2] 沈平，潘志安，唐娟. Linux 操作系统应用[M]. 3 版. 北京：高等教育出版社，2021.

[3] 刘遄. Linux 就该这么学[M]. 2 版. 北京：人民邮电出版社，2021.

[4] 陈祥琳. CentOS 8 Linux 系统管理与一线运维实战[M]. 北京：机械工业出版社，2022.

[5] 阮晓龙，冯顺磊，董凯伦，等. Linux 服务器构建与运维管理从基础到实战（基于
CentOS 8 实现）[M]. 北京：中国水利水电出版社，2020.

郑重声明

高等教育出版社依法对本书享有专有出版权。任何未经许可的复制、销售行为均违反《中华人民共和国著作权法》，其行为人将承担相应的民事责任和行政责任；构成犯罪的，将被依法追究刑事责任。为了维护市场秩序，保护读者的合法权益，避免读者误用盗版书造成不良后果，我社将配合行政执法部门和司法机关对违法犯罪的单位和个人进行严厉打击。社会各界人士如发现上述侵权行为，希望及时举报，我社将奖励举报有功人员。

反盗版举报电话　（010）58581999　58582371

反盗版举报邮箱　dd@hep.com.cn

通信地址　北京市西城区德外大街 4 号　高等教育出版社法律事务部

邮政编码　100120

读者意见反馈

为收集对教材的意见建议，进一步完善教材编写并做好服务工作，读者可将对本教材的意见建议通过如下渠道反馈至我社。

咨询电话　400-810-0598

反馈邮箱　gjdzfwb@pub.hep.cn

通信地址　北京市朝阳区惠新东街 4 号富盛大厦 1 座　高等教育出版社总编辑办公室

邮政编码　100029